高等职业教育新业态新职业新岗位系列教材

网页设计项目教程

王婷婷 王 丽 主 编

刘 辉 刘丽娜 副主编

電子工業出版社
Publishing House of Electronics Industry
北京•BEIJING

内 容 简 介

本书从初学者的角度出发，以一个完整的旅游网站前端页面的开发项目为载体，按照项目开发流程和学生的认知规律，由浅入深、循序渐进地将 HTML5 和 CSS3 的理论知识和关键技术融入各个工作任务中。通过具体任务的实施及项目的完整实现，使学生能够快速掌握网站前端页面开发相关的理论知识和职业技能，从而独立设计开发各种类型的商业网站。

本书包含 12 个项目，项目涉及的主要知识点和技能点包括：网站开发环境的选取和配置、DIV+CSS 页面布局技术、HTML5 标记与 CSS3 样式属性的使用、浮动与定位的设置、HTML5 音视频技术、表单的应用、CSS3 的动画制作、响应式页面开发、弹性盒布局技术等，并配有微课视频、课件、源代码、任务拓展、阅读拓展、习题等数字教学资源。

本书既可作为高职院校、应用型本科院校相关专业网站设计与制作课程的教材或教学参考书，又可作为“Web 前端开发 1+X 职业技能等级证书”考核的辅导用书，还可作为广大计算机从业者和爱好者的参考书。

图书在版编目（CIP）数据

网页设计项目教程 / 王婷婷，王丽主编. —北京：电子工业出版社，2024.1

ISBN 978-7-121-46903-9

Ⅰ. ①网… Ⅱ. ①王… ②王… Ⅲ. ①网页制作工具－程序设计－高等学校－教材 Ⅳ. ①TP393.092.2

中国国家版本馆 CIP 数据核字（2023）第 245867 号

责任编辑：王昭松

印　　刷：山东华立印务有限公司

装　　订：山东华立印务有限公司

出版发行：电子工业出版社

　　　　　北京市海淀区万寿路 173 信箱　　　邮编：100036

开　　本：787×1092　1/16　印张：19.5　字数：512 千字

版　　次：2024 年 1 月第 1 版

印　　次：2024 年 1 月第 1 次印刷

定　　价：58.00 元

凡所购买电子工业出版社图书有缺损问题，请向购买书店调换。若书店售缺，请与本社发行部联系，联系及邮购电话：（010）88254888，88258888。

质量投诉请发邮件至 zlts@phei.com.cn，盗版侵权举报请发邮件到 dbqq@phei.com.cn。

本书咨询联系方式：（010）88254015，wangzs@phei.com.cn。

PREFACE
前言

伴随着互联网的飞速发展和 5G 时代的到来，网站已成为企业和个人的网络名片，用于展示自己或与用户进行信息交互。随着网页设计技术的不断发展，标准化网页设计方式逐渐取代了传统的网页布局方式。在 Web 2.0 标准中，HTML 负责页面结构，CSS 负责样式表现，两者各尽其职，实现了样式与内容的分离，从而大大简化了 HTML 代码。

网页设计技术可以粗略地划分为前台浏览器端技术和后台服务器端技术。无论网页设计技术如何日新月异，用户在客户端通过浏览器打开的网页都是静态网页，都是由 HTML 和 CSS 技术构成的，因此 HTML 和 CSS 技术是网页设计技术的基础和核心。

本书编者深入学习和贯彻党的二十大精神，紧密围绕“培养什么人、怎样培养人、为谁培养人”这一教育根本问题，推进教材内容整体设计和系统梳理。以落实立德树人为根本任务，将家国情怀、文化自信、工匠精神、职业道德、社会责任、法律法规等思政元素有机地融入各项目的课程教学，在价值传播中凝聚知识底蕴，在知识传播中强调价值引领，充分发挥教材的铸魂育人功能，为培养德智体美劳全面发展的社会主义建设者和接班人奠定坚实基础。

本书从 HTML5 和 CSS3 的基础知识入手，重点讲解 HTML5 和 CSS3 的新增功能和最新前端技术；基于网站前端页面的完整开发过程，一体化设计教学内容；通过大量案例对 HTML5 和 CSS3 进行深入浅出的分析，使学生在学习技术的同时，掌握网页设计和开发的精髓，提高综合应用能力。

一、本书主要内容

项目 1 主要介绍 Web 和 HTML5 的发展历程、常用浏览器及集成开发环境、HTML5 页面的基本结构等，以及如何创建第一个 HTML5 页面。

项目 2 主要介绍 CSS 样式规则及引入方式、CSS 基础选择器、盒模型的相关属性及内减模式等，以及如何使用 DIV+CSS 搭建页面基础布局。

项目 3 主要介绍文本相关的 HTML 标记与 CSS3 样式属性、图像标记、元素显示模式转换等，以及如何实现页面中文字及图片内容的排版。

项目 4 主要介绍元素的浮动、清除浮动的不良影响的办法、定位的分类、元素的层叠等级等，以及如何实现页面复杂布局的排版。

项目 5 主要介绍不同的列表标记和常见的列表样式，以及如何实现页面新闻中心等模块的排版。

项目 6 主要介绍超链接标记、CSS 属性选择器、CSS 关系选择器、CSS 伪类选择器等，以及如何实现页面导航菜单等模块的排版。

项目 7 主要介绍 HTML5 的音频标记和视频标记等，以及如何实现页面中音频和视频的播放。

项目 8 主要介绍表格的相关标记、表格的常用属性及样式设置等，以及如何通过表格实现页面中复杂信息的展示和局部小模块的布局。

项目 9 主要介绍表单的相关标记、常用表单控件、HTML5 新增的表单属性等，以及如何实现页面中登录表单等模块的制作。

项目 10 主要介绍 HTML5 新增标记与属性、CSS3 的渐变属性等，以及如何通过这些标记增强页面的结构化和语义化。

项目 11 主要介绍 CSS3 的过渡属性、CSS3 的变形属性、CSS3 的动画属性等，以及如何实现页面中丰富多彩的动画效果。

项目 12 主要介绍响应式布局技术、Flex 弹性盒布局技术等，以及如何实现响应式页面的开发。

二、本书主要特色

1. 紧密对接“1+X”证书制度

本书由校企“双元”合作开发，对标“Web 前端开发 1+X 职业技能等级证书”考核，对接 Web 前端开发职业标准和岗位需求，基于企业真实案例，一体化设计教学内容，展现行业新业态、新水平、新技术。以国家职业技能标准为依据，以综合职业能力培养为目标，以典型工作任务为载体，以学生为中心，以能力培养为本位，将理论学习与技能实践相结合。教学任务注重真实性和典型性，项目选取注重实践性和创新性，配套资源注重针对性和时效性，可作为高职院校学生获取“Web 前端开发 1+X 职业技能等级证书”的辅导用书。

2. 采用“项目+任务+实践”的组织方式

本书的旅游网站开发项目源于企业真实案例，该项目基本覆盖了目前网站开发的主流技术，内容全面、重点突出；遵循学生的认知规律，采用“项目+任务+实践”的组织方式进行重构，将一个完整的大项目划分为 12 个小项目，每个小项目又划分为若干个学习任务，循序渐进地讲解了 HTML5 和 CSS3 的相关知识及其在实际工作中的应用，符合 Web 前端开发岗位的相关技能需求。本书的教学项目相对独立，知识点难易结合，教师可根据不同专业、不同学生的特点，有选择地进行分层次的教学。

3. 免费提供丰富的数字教学资源

为方便教学和学生自学，本书提供微课视频、课件、源代码、任务拓展、阅读拓展、习题等数字教学资源。学生可以通过手机扫码，随时观看讲解视频，拓展相关知识，体验不一样的学习过程。

三、编写分工和致谢

本书由济南职业学院计算机学院与山东新视觉数码科技有限公司合作开发。本书的项目 7 到项目 9、项目 11、项目 12 由王婷婷老师编写，项目 1、项目 5、项目 6 由刘丽娜老师编写，项目 2 和项目 3 由王丽老师编写，项目 4 和项目 10 由刘辉老师编写，山东新视觉数码科技有限公司的王进老师提供了部分案例资源，并对本书的内容安排提出了许多建设性意见。同时，在本书的编写过程中，还得到了计算机学院多位同事和山东新视觉数码科技有限公司许多朋友的关心和帮助，在此深表感谢。

由于本书涉及知识面较广，书中难免存在不当之处，恳请广大读者批评指正，我们将不断鞭策自己，持续改进。

编　者

CONTENTS
目录

项目 1

制作第一个网页

情景引入

随着人们生活水平的不断提高，旅游作为一种休闲方式已经成为人们假期的首选。电子商务的发展和网民规模的不断扩大，也让越来越多的人习惯了从旅游网站中获取相应的信息和订购旅游产品。为了获取更详细的旅游资讯，小李同学计划制作一个旅游网站。要设计出让人眼前一亮的网站，不仅要熟练掌握网页设计软件的基本操作，还要掌握网页制作的基础知识。

任务 1.1 认识网页、浏览器与 WWW

HTML5 概述

【任务提出】

在制作网站之前，小李同学要先了解一些网页制作的基础知识，了解网站开发必须遵循的 Web 标准，认识各种常用的浏览器，并学会使用浏览器查看网页。

【学习目标】

知识目标	技能目标	思政目标
√了解网页基本概念； √了解 Web 标准； √了解 HTML5 发展历程	√能够使用浏览器查看网页结构	√树立行业标准意识

【知识储备】

随着网络的发展，网站已逐渐成为各行各业进行形象展示、信息发布、业务拓展、客户服务的重要阵地。人们常常通过网站查询信息、浏览新闻、看视频等。那么网站是如何制作出来的呢？在动手制作网站之前，要先了解一些网页制作的基础知识。

1.1.1 Web 的发展历程和相关概念

1.1.1.1 基本概念

1. 网页

网页是网站中的一个页面，由文本、图像、超链接、表单、动画、音频和视频等多种信息构成，如图 1-1 所示。

图 1-1　某商业网站首页示例

网页实际上是一个纯文本文件。我们用浏览器打开任意一个网页，在网页上右击，选择快捷菜单中的“查看网页源代码”命令，就可以查看网页的实际内容了。我们在 Google Chrome 的地址栏中输入淘宝网站的网址，按“Enter”键打开淘宝网站的首页，在首页上右击，选择快捷菜单中的“查看网页源代码”命令，就可以查看淘宝网站首页的源代码了，如图 1-2 所示。这个纯文本文件会通过各种标记对网页中的文本、图像、表单、音频、视频等元素进行描述。通过浏览器对这些标记进行解析，就可以得到我们看到的网页。

图 1-2　淘宝网站首页及其源代码

2. 网站

网站（Website）是用于展示特定内容的相关网页的集合。

在浏览器地址栏中输入网站的网址后，首先看到的网页被称为首页或主页，图 1-2 所示的网页就是淘宝网站的首页。首页可以看作一个网站中所有主要内容的索引，访问者可以按照首页中的分类来精确、快速地找到自己想要的信息。首页的文件名一般是 index.htm 或 index.html。

除首页外，网站中的其他网页称为子页面。例如，在单击淘宝网站首页的导航链接时，会从首页跳转到其他子页面，如聚划算、天猫超市等。多个网页通过超链接集合在一起就形成了网站，网页与网页之间可以通过超链接互相访问。

3. 静态网页与动态网页

网页可以分为静态网页与动态网页。

静态网页：是指使用 HTML 语言编写的网页。静态网页一旦编写完成，内容就不再变化。如果要修改网页的内容，则必须先修改网页的源代码，然后将源代码重新上传到服务器上。在浏览静态网页时，用户无法与服务器交互，如图 1-1 所示的网页就是静态网页。

动态网页：是指使用 ASP、PHP、JSP 等程序生成的网页。动态网页在静态网页的基础上插入了向数据库请求连接的代码，使数据库中的最新数据可以及时更新并显示在网页上。动态网页不仅可以供用户浏览，还可以让用户与服务器交互。

现在互联网上的大部分网站都是由静态网页和动态网页混合组成的。

1.1.1.2 Web 标准

Web（World Wide Web）即全球广域网，也称万维网，它是一种基于超文本技术和超文本传送协议（Hypertext Transfer Protocol，HTTP）的、全球性的、可动态交互的、跨平台的分布式图形信息系统，是建立在 Internet 上的一种网络服务。Web 为用户在 Internet 上查找和浏览信息提供了图形化的、易于访问的、直观的界面，其中的文档及超链接将 Internet 上的信息节点组织成一个互连的网状结构。

由于不同的浏览器对同一个网页文件的解析效果可能不一致，因此，为了让用户能够看到正常显示的网页，开发者经常为兼容不同版本的浏览器而苦恼。为了使 Web 得到更好的发展，在开发新的应用程序时，浏览器开发商和站点开发商共同遵守标准就显得很重要，为此 W3C 与其他标准化组织共同制定了一系列的 Web 标准。

Web 标准并不是某一个标准，而是一系列标准的集合，主要包括结构（Structure）、表现（Presentation）和行为（Behavior）3 个方面。

1\. 结构

结构用于对网页元素进行整理和分类，主要包括 HTML、XML 和 XHTML。

HTML（Hypertext Markup Language）是超文本标记语言。HTML 文档包含很多标记，目的是创建结构化的文档并提供文档的语义。

XML（Extensible Markup Language）是一种可扩展标记语言。XML 最初的目的是弥补 HTML 的不足，它具有强大的扩展性，可用于网络数据的转换和描述。

XHTML（Extensible Hypertext Markup Language）是可扩展超文本标记语言。XHTML 是基于 XML 的标记语言，是在 HTML 4.0 的基础上对 XML 的规则进行扩展而建立起来的，可以用于实现 HTML 向 XML 的过渡。

2\. 表现

表现是指网页的外在样式，一般包括网页的版式、颜色、字体大小等。通常使用 CSS 来设置网页的样式。

CSS（Cascading Style Sheets）是层叠样式表。建立 CSS 标准的目的是以 CSS 为基础进行网页布局，控制网页的样式。CSS 布局与 XHTML 相结合，能帮助开发者分离网页的外观与结构，使网站的访问及维护更加容易。

3\. 行为

行为是指网页模型的定义及交互的编写，主要包括两个部分：DOM 和 ECMAScript。

DOM（Document Object Model）指的是 W3C 标准中的文档对象模型，是浏览器与网页结构沟通的接口，使用户可以访问网页上的标准组件。

ECMAScript 是 ECMA（European Computer Manufacturers Association）以 JavaScript 为基础制定的标准脚本语言，用于实现具体界面上对象的交互操作。

一个网页由结构、表现和行为 3 个方面组成。如果我们用建筑房屋类比制作网页，那么 HTML 就如同房屋的地基和墙壁，赋予房屋结构并将其结合在一起。先建好房屋，再装修房屋。CSS 就如同使房屋看起来更漂亮的油漆、窗帘、地板、瓷砖等，而 JavaScript 就如同房屋内的灶具、电器、家具等，这些东西为房屋提供了有用的功能。

综上所述，结构决定了网页“是什么”，表现决定了网页看起来“是什么样子”，而行为决定了网页“能做什么”。

1.1.2 常用浏览器

浏览器是运行网页的平台，只有经过浏览器的解析和渲染，网页才能将美丽的效果呈现给用户。常用的浏览器有 Google Chrome、IE、火狐浏览器等。

1. Google Chrome

谷歌浏览器（Google Chrome）是一款由谷歌（Google）公司开发的网页浏览器，该浏览器基于其他开源软件撰写，目标是提升稳定性、速度和安全性，并创造出简单且有效率的用户界面。在国内，Google Chrome 的应用非常广泛，占据较大的市场份额，因此本书中涉及的案例将全部在 Google Chrome 中运行和演示。

2. IE

IE 的全称为“Internet Explorer”，是由微软公司推出的一款网页浏览器，目前 IE 的最新版本是 11.0。

Microsoft Edge 同样是由微软公司开发的，是基于 Chromium 开源项目及其他开源软件开发的网页浏览器。2015 年 4 月 30 日，微软公司放弃 IE，在旧金山举行的 Build 2015 开发者大会上宣布——Windows 10 内置代号为“Project Spartan”的全新浏览器被正式命名为“Microsoft Edge”。Microsoft Edge 在 HTML5 可访问性方面提供了很好的支持。

3. 火狐浏览器

Mozilla Firefox，中文俗称“火狐”，是一个由 Mozilla 开发的自由及开放源代码的网页浏览器。火狐浏览器发布于 2002 年，对 Web 标准的执行比较严格，所以在实际的网页制作过程中，火狐浏览器是最常用的浏览器之一，对 HTML5 的支持度也很好。

另外，Safari 浏览器是苹果公司开发的浏览器，Opera 浏览器是 Opera 公司开发的浏览器，这些浏览器也在支持 HTML5 上采取了措施。

1.1.3 HTML5 的发展历程和相关概念

HTML（Hypertext Markup Language，超文本标记语言）是一种标记语言。它包括一系列标记，通过这些标记可以将网络上的文档格式统一，使分散的 Internet 资源连接为一个逻辑整体。HTML 提供了许多标记，如段落标记、标题标记、超链接标记、图像标记等，网页中需要定义什么内容，就用相应的 HTML 标记描述即可。

HTML 发展至今，经历了多个版本，HTML5 是目前最新的版本。HTML 的发展历程如下。

（1）HTML 1.0：1993 年 6 月作为因特网工程任务组（IETF）工作草案发布。

（2）HTML 2.0：1995 年 11 月在 RFC 1866 中发布。

（3）HTML 3.2：1997 年 1 月 14 日作为 W3C 推荐标准。

（4）HTML 4.0：1997 年 12 月 18 日作为 W3C 推荐标准。

（5）HTML5：HTML5 的第一份正式草案已于 2008 年 1 月发布，并得到了各大浏览器开发商的支持。HTML 规范得到了持续的完善，最终于 2014 年 10 月 29 日，HTML5 标准规范制定完成并公开发布。HTML5 取代了 1999 年制定的 HTML 4.01 和 XHTML 1.0 标准，实现了桌面系统和移动平台的无缝衔接。

【任务实施】通过 Google Chrome 浏览网页

学习完前面的内容，下面来动手实践一下吧。

打开 Google Chrome，在地址栏中输入网易网站的网址，打开网站首页。在首页上右击，选择快捷菜单中的“查看网页源代码”命令，查看网页的源代码，如图 1-3 所示。

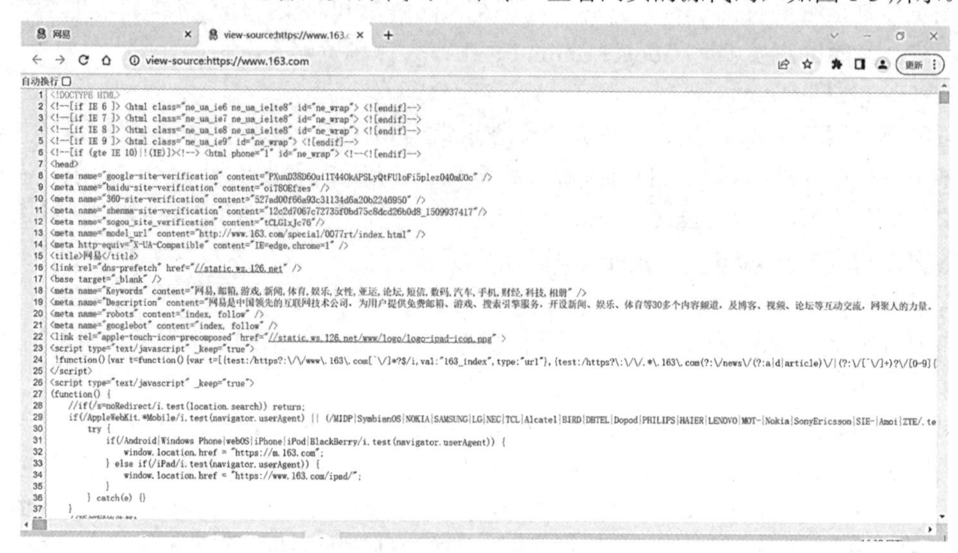

图 1-3　网易网站首页源代码

在查看首页源代码时，按 F12 快捷键，打开“开发者工具”，也可以显示当前网页的源代码，如图 1-4 所示。

图 1-4　Google Chrome 的开发者工具

任务 1.2　创建第一个 HTML5 网页

HTML5 语法特性

【任务提出】

小李同学计划制作一个简单的网页。他决定先从 HTML5 的基本结构和语法规则学起，然后通过 HBuilder 网页编辑器，完成一个简单的 HMTL5 网页的编写。

【学习目标】

知识目标	技能目标	思政目标
√了解常用的 HTML 编辑器。 √掌握 HTML5 文档的基本格式	√学会使用 HBuilder 创建简单的网页	√遵守项目开发规范

【知识储备】HTML5 基本结构

1.2.1 建立网站的目录结构

在制作网站时，应该在本地计算机上建立网站目录。网站的本质是一个文件夹，该文件夹中保存了网站的所有网页文件、样式表文件和网页素材等文件。制作网站就是逐个制作网页，并将它们分类保存到网站文件夹的各个子文件夹中的过程。

在建立网站目录时，一般按照网站栏目内容建立文件夹，即首先为网站创建一个根目录，然后创建多个子文件夹，按照类别把文件存放到不同的文件夹中。

文件夹层次不要太多，以免造成系统维护的不便，中小型网站建议不要超过 3 层。

避免用中文命名文件夹或文件。因为许多 Internet 服务器运行的是英文操作系统，不能对中文命名的文件夹和文件提供很好的支持，可能会导致访问失败或浏览错误。另外，文件夹名和文件名不要过长，一般遵循方便理解、见名知意的原则，可用英文单词或拼音及其缩写来命名。

1.2.2 常用的集成开发环境

在建立网站时，为了快速、高效地完成任务，通常会使用一些具有代码高亮显示、语法提示、界面设计等便捷功能的集成开发环境。常用的集成开发环境有 Sublime、Visual Studio Code、Dreamweaver、HBuilder 等，具体介绍如下。

1. Sublime

Sublime 全称为 Sublime Text，是一个代码编辑器，最早由程序员 Jon Skinner 于 2008 年 1 月开发出来。Sublime Text 具有漂亮的用户界面和强大的功能，如代码缩略图、功能插件等。Sublime Text 还是一个跨平台的编辑器，支持 Windows、Linux、Mac 等操作系统。

2. Visual Studio Code

Visual Studio Code 简称“VS Code”，是一个轻量级但功能强大的源代码编辑器，可以在桌面上运行，并且可用于 Windows、Mac 和 Linux 操作系统。它具有对 JavaScript、TypeScript 和 Node.js 的内置支持功能，并具有丰富的语言（如 C++、C#、Java、Python、PHP、Go）和运行时扩展的生态系统（如.NET 和 Unity）。

3. Dreamweaver

Dreamweaver 简称 DW（中文译为“梦想编织者”），是 Adobe 公司推出的一款集网页制作和网站管理于一身的“所见即所得”网页编辑器。DW 是第一套针对非专业网站建设人员的视觉化网页开发工具，利用它可以轻而易举地制作网页。

4. HBuilder

HBuilder 是 DCloud 推出的一款支持 HTML5 的 Web 开发软件。“快”是 HBuilder 的最大优势，通过完整的语法提示、代码输入法及代码块等，HBuilder 可以大幅提升 HTML、JavaScript 的开发效率。

本书中的案例将全部使用 HBuilder 编写。

1.2.3 HTML5 网页的基本结构

1.2.3.1 HTML5 文档的基本结构

在使用 HBuilder 新建 HTML5 文档时，文档会默认自动生成一些源代码，如图 1-5 所示。

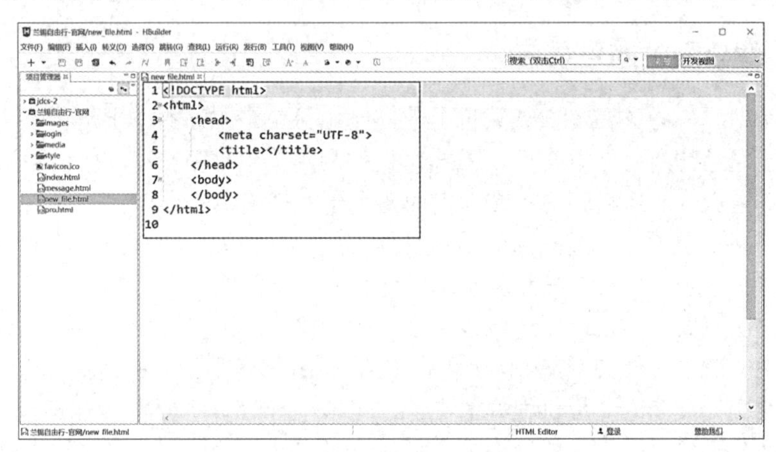

图 1-5 在使用 HBuilder 编辑网页时的默认源代码

这些默认的源代码构成了 HTML5 文档的基本结构，主要包括<!DOCTYPE>声明、<html>标记、<head>标记、<body>标记。

1. <!DOCTYPE>声明

<!DOCTYPE>是文档类型声明，位于文档的最前面，用于向浏览器说明当前文档使用哪种 HTML 或 XHTML 标准规范。因此只有在开头处使用<!DOCTYPE>声明，浏览器才能将该文档作为有效的 HTML 文档，并按指定的文档类型进行解析。HTML5 文档中的 DOCTYPE 声明非常简单，代码如下。

```
<!DOCTYPE html>
```

2. <html>标记

<html>标记位于<!DOCTYPE>之后，也称根标记。根标记主要用于告知浏览器其自身是一个 HTML 文档，其中<html>标志着 HTML 文档的开始，</html>标志着 HTML 文档的结束，它们之间是文档的头部和主体内容。

3. <head>标记

<head>标记用于定义 HTML 文档的头部信息，也被称为头部标记，紧跟在<html>之后。头部标记主要用来封装其他位于文档头部的标记，如<title>、<meta>、<link>及<style>等，分别用来描述文档的标题、作者，以及样式表等。

一个 HTML 文档只能包含一对<head>标记，绝大多数文档头部包含的数据都不会真正作为内容显示在页面中。

4. <body>标记

<body>标记用于定义 HTML 文档要显示的内容，也被称为主体标记。浏览器中显示的所有文本、图像、音频和视频等信息都必须位于<body>标记内，才能最终展示给用户。

🕮注意：一个 HTML 文档只能含有一对<body>标记，且<body>标记必须在<html>标

记内，<head>头部标记之后，并且与<head>标记是并列关系。

1.2.3.2 HTML 标记

一个 HTML 文档是由一系列 HTML 标记构成的。HTML 标记由尖括号和关键词组成，其基本形式为“<标记名称>”。上面提到的<html>、<head>、<body>都是 HTML 标记。HTML 标记也称 HTML 标签或 HTML 元素，本书统一称作 HTML 标记。

1. 标记的分类

根据 HTML 标记的组成特点，通常将其分为两类，分别是“双标记”和“单标记”。

（1）双标记。

双标记是指由开始和结束两个标记符号组成的标记。双标记的语法格式如下。

```
<标记名称>内容</标记名称>
```

“<标记名称>”表示标记作用开始，一般被称为“开始标记”；“</标记名称>”表示标记作用结束，一般被称为“结束标记”。两者的区别是在“结束标记”的前面加了“/”关闭符号。

双标记在 HTML 文档中会成对出现，HTML 标记大多数是双标记，如<html> </html>、<head></head>、<body></body>等。

（2）单标记。

单标记也称空标记，是指用一个标记符号即可完整地描述某个功能的标记。单标记的语法格式如下。

```
<标记名 />
```

单标记一般在标记的尾部加一个“/”作为结束标识。

在 HTML5 标准规范中使用<标记名称>或者<标记名称 />都是可以的，前者是 HTML 的写法，后者是 XHTML 的写法，解析时都能被识别。常见的单标记有
、<hr>、<img>等。

当我们使用 HBuilder 编辑器编写 HTML5 文档时，单标记的自动提示中都不加斜杠，举例如下。

```
<meta charset="utf-8">
```

2. 标记的属性

在使用 HTML 制作网页时，要想让 HTML 标记提供更多的信息，如希望水平线加粗显示或水平线突出显示为其他颜色等，此时仅依靠 HTML 标记的默认显示样式已经不能满足要求了，因此可以使用 HTML 标记的属性来实现，其语法格式如下。

```
<标记名称 属性名称 1="属性值 1" 属性名称 2="属性值 2"...>内容</标记名称>
```

标记属性规则如下。

（1）一个标记可以拥有多个属性，属性必须写在开始标记中，位于标记名称后面，标记名称与属性以空格分开。注意有的标记没有属性。

（2）属性值用引号引起来，放在相应的属性名称后面，用“=”连接。

（3）属性之间不分先后顺序。

（4）任何标记的属性都有默认值，省略描述该属性则取默认值。

在网页中设置一段水平线，代码如下。

```
<hr size="5" color="blue">
```

其中，单标记<hr>表示在文档当前的位置上画一条水平线，一般是从窗口当前行的最左端一直画到最右端。“size”为属性名称，用于设置该水平线的粗细。“5”为属性值，表示水平线的粗细程度。“color”属性用于为水平线设置颜色，其属性值为“blue”，表示设置水平线颜色为蓝色。

1.2.3.3 HTML5 文档头部相关标记

HTML 文档头部即<head></head>标记所在的区域，该区域用于定义网页的基本信息，如网页的标题、字符集、作者、关键词，以及与其他文档的关系等，文档头部配置的信息一般不会显示在网页中。

1. <title>网页标题标记

<title>标记用来设置 HTML 网页标题，必须位于<head>标记内部。一个 HTML 网页只能包含一对<title></title>标记，其语法格式如下。

```
<title>网页标题名称</title>
```

<title></title>之间的内容将显示在浏览器窗口的标题栏中。网页标题会被谷歌、百度等搜索引擎采用，从而大致了解网页内容，并将其作为搜索结果中的链接显示。

2. <meta>元信息标记

<meta>标记是一个单标记，用于定义网页的元信息。<meta>标记能够提供文档的关键字、作者及描述等多种信息，它定义的信息并不会显示在浏览器中。HTML 文档的头部可以包含任意数量的<meta>标记。<meta>标记通过“名称/值”的形式成对使用，其属性可以用于定义网页的相关参数。<meta>标记常见用法如下。

（1）设置字符集。

设置字符集的代码如下。

```
<meta charset="utf-8" />
```

上述代码可以告知浏览器该 HTML 网页将使用 utf-8 字符集编码格式，以便浏览器做好“翻译”工作。utf-8 是目前最常用的字符集编码格式，常用的字符集编码格式还有 GBK 和 GB2312。

（2）提供搜索引擎信息。

在<meta>标记中，使用 name 和 content 属性，可以为搜索引擎提供信息，其中 name 属性可以提供搜索内容，content 属性可以提供对应的搜索内容值，代码如下。

```
<meta name="keywords" content="education" />
<meta name="author" content="jnvc" />
```

在上述代码中，name 属性的值为 keywords，用于定义搜索内容名称为网页关键字。content 属性的值用于定义关键字的具体内容，如果有多个关键字，则多个关键字之间用“,”分隔。

name 属性的值为 author，用于定义搜索内容为网页的作者。content 属性的值用于定义具体的作者信息。name 和 content 属性的值是一一对应的。

3. <link>引用外部文件标记

在 HTML 文档头部，可以使用<link>标记引用外部文件，一个网页可以通过多个<link>标记引用多个外部文件，代码如下。

```
<link rel="stylesheet" type="text/css" href="style/page.css">
<link rel="stylesheet" type="text/css" href="style/web.css">
```

4. <style>内嵌样式标记

在<head>标记内部，可以使用<style>标记为 HTML 文档定义样式信息。在使用<style>

标记时，定义其属性为 type，相应的属性值为“text/css”，表示使用内嵌式的 CSS 样式。

1.2.4 代码注释

在 HTML 文档中添加注释，其语法格式如下。

```
<!-- 注释内容 -->
```

HTML 注释符可以用于对 HTML 代码添加注释说明，注释的内容不会显示在网页中，只有在查看网页源代码时才可以看到。对 HTML 代码添加注释说明，有助于提高代码的可读性，尤其是在编写大量代码时，注释的作用非常明显。HTML 注释符也可以用于注释 HTML 代码，被注释的 HTML 代码不会被浏览器解析，HBuilder 在执行时会跳过注释符中的代码，因此也不会显示在网页中。注释语句写入的位置不受限制，可以出现在 HTML 文档的任何位置。

【任务实施】使用 HBuilder 创建第一个 HTML5 网页

前面我们已经对 HTML5 有了一定的了解，下面使用 HBuilder 来创建一个 HTML5 网页。

1. 新建 Web 项目

打开 HBuilder，选择菜单栏中的“文件”→“新建”→“Web 项目”选项，如图 1-6 所示。在打开的“创建 Web 项目”窗口中，输入项目名称及项目的存储位置。这里我们创建一个名为“exam01”的 Web 项目，存储在 E 盘的 Webeg 文件夹下，如图 1-7 所示。单击“完成”按钮，就可以在项目管理器中看到新建的名为“exam01”的 Web 项目了，如图 1-8 所示。

从图 1-8 中可以看出，新建的 exam01 项目中有 3 个文件夹和一个名为 index.html 的文件，这是一个完整的静态网站所必需的文件结构。其中，style 文件夹用来存放网站的样式表文件，images 文件夹用来存放网站显示的图片文件，js 文件夹用来存放网站相关功能的脚本文件。在 HBuilder 中创建 Web 项目时会自动创建一个空的 index.html 文档，这是静态网站的首页文件。

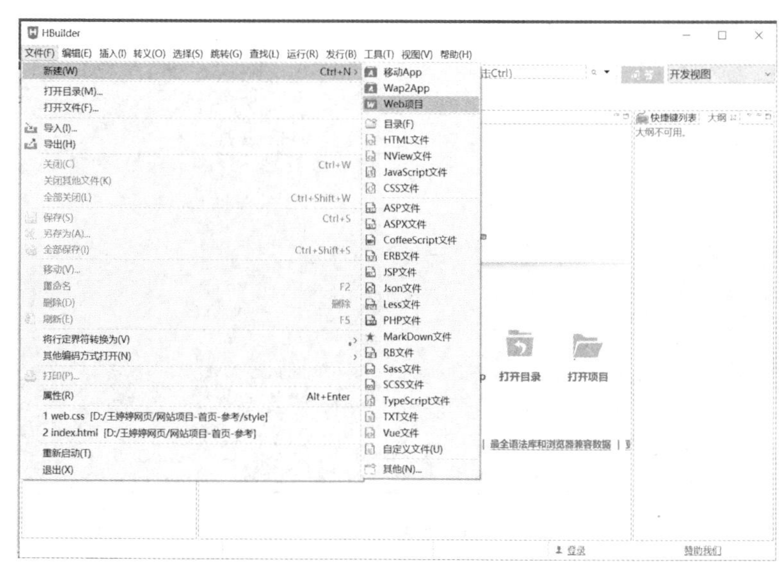

图 1-6　新建 Web 项目

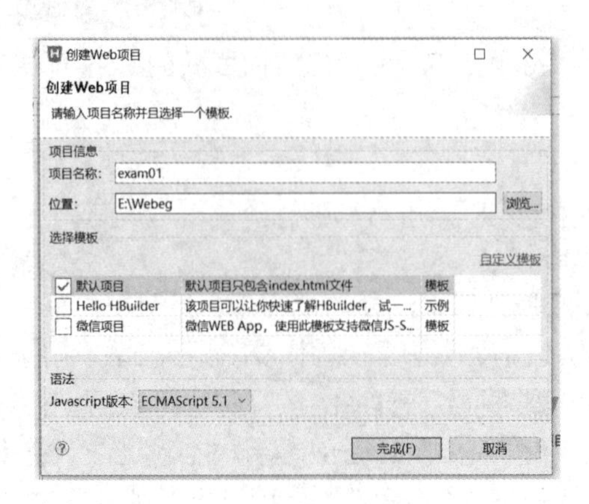

图 1-7　设置项目名称及项目位置

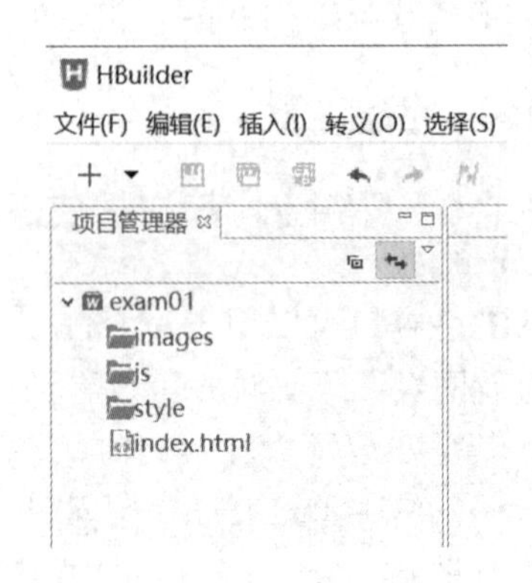

图 1-8　在项目管理器中查看项目

2. 创建 HTML5 网页

在 HBuilder 左侧的项目管理器中，右击 exam01 文件夹，在弹出的快捷菜单中选择“新建”→“HTML 文件”命令，如图 1-9 所示。在打开的“创建文件向导”窗口中，输入 HTML 文件名及选择文件所在目录。这里我们创建一个名为“example01.html”的 HTML5 文件，存储在 exam01 项目下，模板选择默认的“html5”，如图 1-10 所示。单击“完成”按钮，就可以在项目管理器中看到新建的名为“example01.html”的 HTML5 文件了，如图 1-11 所示。

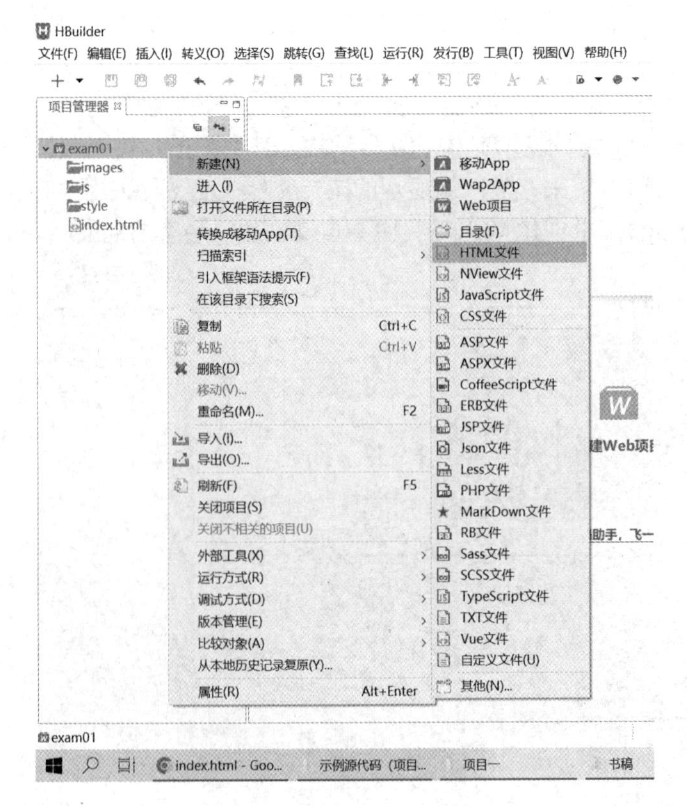

图 1-9　新建 HTML 文件

图 1-10　创建文件

图 1-11　在项目管理器中查看文件

3. 编写 HTML 代码

在创建好 HTML 文档后，在主窗口中就会出现 HBuilder 自带的代码，如图 1-12 所示。

图 1-12　HBuilder 自带的代码

在<title></title>标记之间输入 HTML 文档的标题，这里设置标题为“我的第一个 HTML 网页”。在<body></body>标记之间添加网页的主体内容。根据上面的分析，页面代码如例 1-1 所示。

【例 1-1】example01.html

```
<!DOCTYPE html>
<html>
    <head>
        <meta charset="utf-8">
        <title>我的第一个 HTML 网页</title>
    </head>
    <body>
        <p>Hello HTML5! </p>
    </body>
</html>
```

在 Google Chrome 中运行 example01.html，效果如图 1-13 所示。

在 example01.html 中，由于<body>标记中只定义了段落标记<p>，所以浏览器窗口中就只显示了一个段落文本。这样就用 HBuilder 创建了一个简单的 HTML5 网页。

图 1-13　在 Google Chrome 中的运行效果

项目小结

本项目主要介绍了网页设计的基础知识，包括网页相关名词和 Web 标准，常见浏览器及 HTML 发展历程，HTML 文档基本结构和语法规则等。

通过对本项目的讲解，让学生能够熟练地使用网页制作工具 HBuilder 创建简单的 HTML5 网页。

课后习题

一、选择题

1．下列关于 HTML 的描述中，错误的是（　　）。

A．HTML 是一种标记语言　　B．HTML 文档是超文本文档

C．HTML 可以控制网页和内容的外观　　D．HTML 文档总是静态的

2．下列选项中，属于网页构成元素的是（　　）。

A．音频　　B．视频　　C．文字　　D．PSD 图像

3．下列选项中的术语名词，属于网页术语的是（　　）。

A．Web　　B．HTTP　　C．DNS　　D．iOS

4．下列选项中，属于 Web 标准构成部分的是（　　）

A．结构标准　　B．表现标准　　C．行为标准　　D．模块标准

5．下列标记中，用于定义 HTML 文档所要显示内容的是（　　）。

A．<head></head>　　B．<body></body>

C．<html></html>　　D．<title></title>

二、判断题

1．因为静态网页的访问速度快，所以现在 Internet 上的所有网站都是由静态网页组成的。（　　）

2．在 Web 标准中，表现是网页展示给访问者的外在样式。（　　）

3．在 HTML 中，标记可以拥有多个属性。（　　）

4．一个 HMTL 文档可以包含多对<head>标记。（　　）

三、简答题

什么是 HTML5？写出 HTML5 文档的基本结构。

项目 2

搭建网页基础布局

情景引入

小李同学在设计搭建旅游网站时，使用 HBuilder 构建了网页框架，想要对网页内的元素进行精准控制和样式编辑，这时就要引入一部分新的内容——CSS（Cascading Style Sheet，层叠样式表）。HTML 从语义的角度描述网页结构，而 CSS 从审美的角度设计网页样式。

CSS 的引入给网站设计带来了很多好处，下面我们就开始对 CSS 的探索之旅吧！

任务 2.1 创建 CSS3 样式表

【任务提出】

根据网页效果图，在搭建了 HTML5 网页后，需要创建并引入 CSS 文件，为后续的设计建立好结构框架。本任务首先初识 CSS，了解 CSS 的使用规则和引入方式，以及 CSS 基础选择器的使用，掌握 CSS 的特性，为精准设计网页做好铺垫。

【学习目标】

知识目标	技能目标	思政目标
√了解 CSS3 的发展历史及主流浏览器的支持情况。 √掌握 CSS 的规则及引入方式。 √掌握 CSS 基础选择器，能够用其选择网页元素	√能够恰当地使用 CSS 的 3 种引入方式。 √能够正确使用 CSS 基础选择器进行目标选择。 √能够通过 CSS 特性准确判断元素显示效果	√增强法律意识，树立法治观念

【知识储备】CSS 入门

在网站设计中，CSS 技术的运用使得本来呆板的页面结构有了更加灵活生动的样式，增添了各种令人耳目一新的炫酷效果。它是如何一步步代替原有的表格布局的？主流浏览器对其兼容性如何？本节将从 CSS 的发展历史开始，逐步对 CSS 进行讲述，包括 CSS 的规则及相关内容。

2.1.1 CSS 概述

CSS 简介

1. 什么是 CSS

CSS 是一种标记语言，用户通过使用 CSS 可以设置网页的布局、字体、颜色、背景等，从而对网页中的元素实现精准控制。CSS 减少了大量的冗余代码，可以同时控制多张网页的布局，相反地，一个 HTML 网页也可以套用多个 CSS 文件，以呈现出截然不同的网页效果。

CSS3 是 CSS2.1 的扩展，它在 CSS2.1 的基础上增加了很多强大的新功能，不像 CSS2.1 那样是单一的规范。CSS3 被划分成几个模块，每个模块都是 CSS 的某个子集的独立规范，如选择器、文本和背景。每个模块都有各自独立的作者和时间表。这样做的好处是整个 CSS3 规范的发布无须停下来等待某个“难产”的小条目——这个模块或许尚需等待，但其他模块的流程能够继续向前推进。

在“兰锡自由行”的首页中，我们充分使用 CSS3 设置网页样式，将网页的内容与表现形式分离，无须在进行网站维护时逐个修改元素，只需修改页面的 CSS 文件即可。另外，通过使用 CSS 文件，可以使整个网站的风格整齐划一。以公司简介模块为例，使用 CSS 前后的效果如图 2-1 和图 2-2 所示。公司简介模块的 CSS 代码如图 2-3 所示。

图 2-1 未使用 CSS 的公司简介模块

图 2-2 使用 CSS 的公司简介模块

```
demo > # 3-1.css > ...
1   /*关于我们区域*/
2   .about{ width:1100px; height:270px; margin:85px auto; }
3   .about .tex{ width:560px; height:270px; padding:0 20px; margin-right: 10px; background:#fafafa; overflow: hidden;  display: inline-block;  }
4   .about .tex h2{ color:#00b3e1; font-size:24px; line-height:1em; margin-top: 30px;}
5   .about .tex b{ display:block; width:100px; height:1px; background:#8fdaf0; margin-top:10px;}
6   .about .tex h3{ color:#00b3e1; font-size:14px; font-weight: 400; line-height:1em; margin-top: 15px;}
7   .about .tex p{ color:#aaa; font-size:14px; line-height:1.7em; margin-top:15px;}
8   .about .tex span{width:100px; height: 28px;  background:#00b3e1;  display: block;  font-size: 12px;
9                   color: #fff; text-align: center;  line-height: 28px; margin-top: 15px;}
```

图 2-3　公司简介模块的 CSS 代码

2. CSS3 发展历史

20 世纪 90 年代，随着万维网的出现，诞生了 HTML。在 HTML 的发展初期，不同开发商的浏览器有着不同的样式语言，但随着 HTML 的发展，增加了许多功能，代码也越来越臃肿，HTML 就变得越来越乱，网页也失去了语义化，维护代码变得很艰难。1994 年，哈肯・维姆・莱（Hakon Wium Lie）与合伙人合作开发了 CSS。

W3C 于 1996 年发布了第一版 CSS 推荐标准。1997 年，W3C 颁布 CSS1.0 版本，CSS 1.0 较全面地规定了文档的显示样式，可分为选择器、样式属性、伪类/对象几个部分。这一标准立即引起了各方的关注，随即微软和网景公司的浏览器均能支持 CSS1.0，这为 CSS 的发展奠定了基础。

1998 年，W3C 发布了 CSS 的第二个版本，更新后的 CSS2 能支持一些新的网页布局技术，并且沿用至今，如元素的定位有相对定位（relative）、绝对定位（absolute）、固定定位（fixed）、层叠等级（z-index）等。

1999 年，W3C 发布了 CSS3 的草稿。不同于以往的版本，CSS3 分成了若干个独立的模块，每个模块都定义了可以单独发布和更新的特性。2001 年 5 月，W3C 完成了 CSS3 标准的制定。

3. 浏览器支持情况

我们需要知道各大主流浏览器或某类特定用户所使用的浏览器对某个 CSS3 特性的支持程度。有时候花了时间去增加一段还在实验阶段且支持度不佳的 CSS，例如，为某个特定的浏览器增加了一个小“彩蛋”，却只能被一小部分用户欣赏到，这样的工作通常是没有实际意义的。为了知道大部分用户能够体验到哪些 CSS3 的新特性，就必须了解当前浏览器对这些特性的支持程度。

目前主流浏览器有 Edge（替代 IE 浏览器）、Google Chrome、Safari（苹果浏览器）、Firefox 和 Opera（欧朋浏览器），如图 2-4 所示。

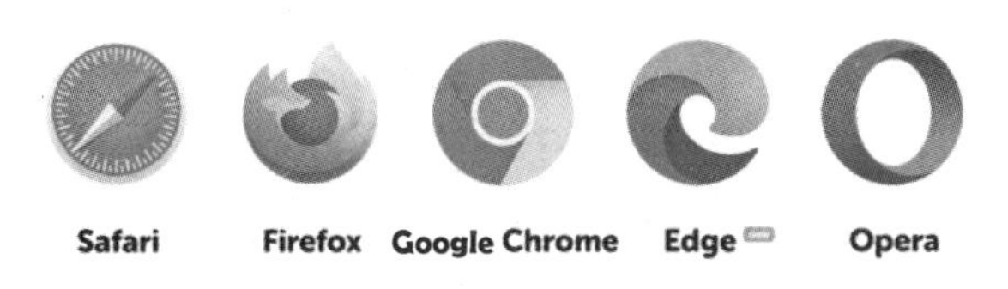

图 2-4　主流浏览器

以上的浏览器都支持 CSS3，针对不同浏览器目前采用添加前缀的方法使 CSS 文件生效。各浏览器的前缀如下。

Google Chrome：-webkit-

Safari：-webkit-

Firefox：-moz-

Edge：-ms-

Opera：-O-

运行 Windows 操作系统的主流浏览器对 CSS3 模块的支持情况如表 2-1 所示。

表 2-1　运行 Windows 操作系统的主流浏览器对 CSS3 模块的支持情况

	Edge		Google Chrome	Safari	Firefox		Opera
	9	10	10	5	3.6	4	11.1
RGBA	√	√	√	√	√	√	√
HSLA	√	√	√	√	√	√	√
Background Size	√	√	√	√	×	√	√
Multiple Backgrounds	√	√	√	√	×	√	√
Border Image	×	×	√	√	√	√	√
Border Radius	√	√	√	√	√	√	√
Box Shadow	√	√	√	√	√	√	√
Text Shadow	×	×	√	√	√	√	√
Opacity	√	√	√	√	√	√	√
CSS Animations	×	×	√	√	×	×	×
CSS Columns	×	√	√	√	√	√	√
CSS Gradients	×	√	√	√	×	√	√
CSS Reflections	×	×	√	√	×	×	×
CSS Transforms	√	√	√	√	√	√	√
CSS Transforms 3D	×	×	×	×	×	×	×
CSS Transitions	×	×	√	√	×	√	√
CSS FontFace	√	√	√	√	√	√	√
FlexBox	×	√	√	√	√	√	×

2.1.2　CSS 样式规则及引入方式

CSS 样式规则及引入方式

2.1.2.1　CSS 样式规则

1. CSS 的基本结构

CSS 样式是由若干条样式声明组成的，其语法格式如下。

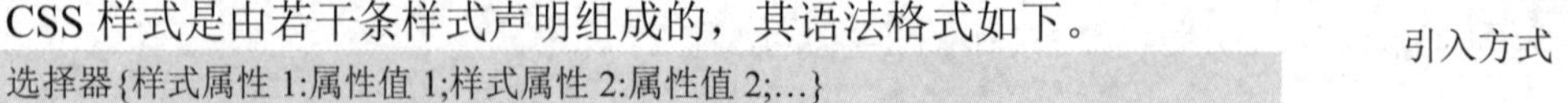

```
选择器{样式属性 1:属性值 1;样式属性 2:属性值 2;…}
```

在 CSS 样式的格式中，出现了“选择器”“样式属性”“属性值”3 个名词，其对应含义如下。

（1）选择器。

选择器也称选择符，指的是当前样式所要应用到的 HTML 对象，通常指一个 HTML 标记，如<body>、<a>、<div>、<ul>等，也指 id 名或者类（class）名标记，如#index、.header 等。

（2）样式属性。

样式属性和属性值都是以“键-值对”的形式出现的，其中，样式属性是选择器指定的标记所包含的属性，如颜色、宽度、字体等。

（3）属性值。

属性值是对指定的对象设置样式属性的取值。

样式属性和属性值之间用英文冒号（:）分隔，多个“键-值对”之间用英文分号（;）

分隔，示例代码如下。

```
body{ background:#fff; height:100%;}
```

上述代码是一个完整的 CSS 样式。选择器是<body>标记，background 和 height 是两个样式属性，#fff 为 background 样式属性的属性值，100%为 height 样式属性的属性值。这行代码的效果是将网页的背景色设置为白色，高度设置为其父元素高度的 100%。

2. CSS 的注释

CSS 的注释是指为 CSS 代码加入的说明性文字，用于解释和说明此段代码的含义和作用，就如同我们学习语文时在文言文、诗词中用不同颜色做的批注说明。在通常情况下，CSS 的注释是不会被浏览器解析的。添加注释有助于后期维护，特别是在多人共同合作开发网站时，合理的注释可以提高工作效率，提高代码的可读性。

CSS 注释的书写格式如下。

```
/*注释内容*/
```

3. CSS 的书写规范

在书写 CSS 时，除了要遵循语法结构，还要注意以下几点。

（1）按照正确的样式顺序进行书写，可以提升浏览器的渲染性能，通常采用的书写顺序为：位置属性、大小、文字、背景及其他，示例代码如下。

```
.pro{ width:100%; height:630px; background:#f2f4f6;z-index:2;}
```

浏览器在解析此段代码时，最后才会解析 z-index:2，这时就需要通过重新渲染来调整元素的叠加顺序，但会降低解析效率，正确的写法如下。

```
.pro{ z-index: 2;width:100%; height:630px; background:#f2f4f6; }
```

在书写 CSS 的时候，应尽量把父级样式放在前面，子级样式放在后面，避免子级样式被覆盖。

（2）在熟练掌握了 CSS 之后，应尽量使用 CSS 缩写属性，在后面的项目中会有属性连写的讲解。

（3）CSS 选择器严格区分大小写，选择器命名一般采用小写英文字母。

（4）所有声明语句都应以分号结尾，最后一条声明语句后面的分号是可选的，但为了保持一致性，最好还是保留分号。

（5）为了提高代码的可读性，可使用空格键、Tab 键、回车键等对样式进行排版。另外，在每个声明块的左花括号及分号前后各添加一个空格，则 CSS 代码中的空格不会被解析。

2.1.2.2 CSS 的引入

要想在网页中应用 CSS 中设置的样式，就需要在 HTML 文档中引入 CSS。引入的方法有 4 种：行内样式、内部样式、链接外部样式表、导入外部样式表。

1. 行内样式

行内样式也称内联样式，通过标记的 style 属性设置元素样式，其语法格式如下。

```
<标记 style="属性 1:属性值 1; 属性 2:属性值 2; 属性 3:属性值 3; ...">内容</标记>
```

（1）该格式中的 style 是 HTML 标记的属性，实际上，任何 HTML 标记都拥有 style 属性。通过该属性可以设置标记的样式。

（2）引号内的属性指的是 CSS 属性，不同于 HTML 标记的属性。CSS 属性和属性值在书写时不区分大小写，按照书写习惯一般采用小写形式。

（3）引号内的属性和属性值之间用英文冒号分隔，多个属性之间必须用英文分号分隔，最后一个属性值后的分号可以省略。

其中，（2）和（3）对于内部样式表和外部样式表中的样式都适用。

下面通过一个案例来学习如何在 HTML 文档中添加 CSS 行内样式，代码如例 2-1 所示。

【例 2-1】example01.html

```
<!doctype html>
<html>
    <head>
        <meta charset="utf-8">
        <title>行内样式表的引入</title>
    </head>
    <body>
        <h1 style="text-align: center; color:green;">使用行内样式设置标题 1 为绿色居中</h1>
    </body>
</html>
```

在例 2-1 中，对<h1>标记的 style 属性设置标题文字样式，使得标题文字在浏览器中居中显示，字体颜色为绿色。其中，text-align 和 color 都是 CSS 常用的样式属性。运行代码，效果如图 2-5 所示。

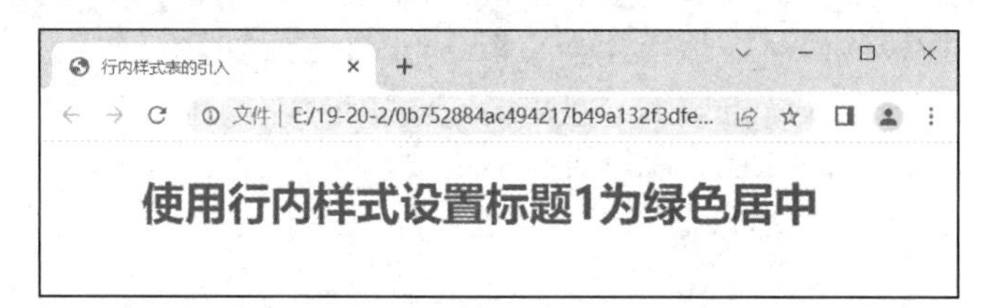

图 2-5　行内样式的运行效果

行内样式用法简单、效果直观，但无法体现网页内容与样式分离的优势，增加了后期维护成本，一般不推荐使用。只有在样式规则较少且只在该元素上使用一次，或者需要临时修改某个样式规则时才使用该方法。

2. 内部样式

内部样式也称内嵌式，是指将 CSS 代码添加到<head></head>标记中，放置在<style>标记里进行定义，基本语法格式如下。

```
<head>
<style type="text/css">
    选择器{属性 1:属性值 1; 属性 2:属性值 2; 属性 3:属性值 3; …}
</style>
</head>
```

在该语法中，<style>标记一般位于<head>标记中、<title>标记之后。其实它可以位于 HTML 文档的任何地方，但是由于浏览器是从上到下解析代码的，因此把 CSS 代码放在头部便于提前被下载和解析，以避免网页内容下载之后没有样式修饰。同时必须设置 type 的属性值为 text/css，这样浏览器才可以知道<style>标记包含的是 CSS 代码。

下面通过一个案例来学习内部样式的引入，代码如例 2-2 所示。

【例 2-2】example02.html

```
<!doctype html>
<html>
    <head>
        <meta charset="utf-8">
        <title>内部样式的引用</title>
        <style type="text/css">
            h2 {        /*定义标题居中对齐*/
                font: 20px;
                color: darkblue;
                text-align: right;
            }
            p {         /*定义段落的样式*/
                font-size: 16px;
                color: blue;
                text-decoration: underline;
            }
        </style>
    </head>
    <body>
        <p>如果你不能飞，那就跑；如果跑不动，那就走；实在走不了，那就爬，无论做什么，你都
要勇往直前。</p>
        <h2>马丁·路德·金</h2>
    </body>
</html>
```

在例 2-2 中，<style>标记写在头部标记的<title>标记之后，采用内部样式的引入方式，分别对段落标记<p>和标题标记<h2>进行修饰。运行代码，效果如图 2-6 所示。

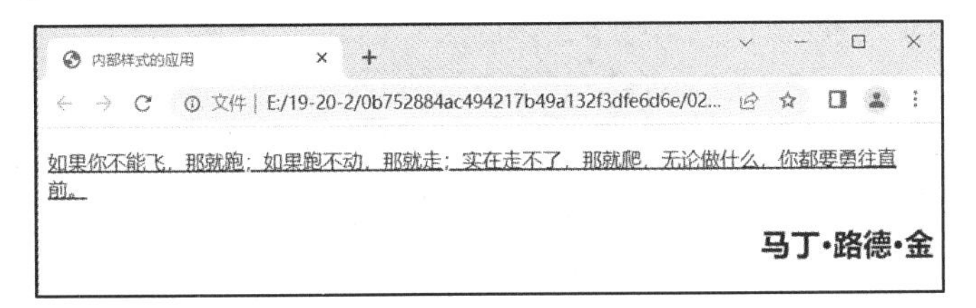

图 2-6　内部样式的运行效果

📖**提示：**同一标记的 CSS 样式可以写在一行，也可以每条独占一行。

内部样式的写法是将所有的样式代码都放置在<head>标记中，便于对当前网页的代码进行核对与修改，但是通用性差，仅适用于单个或者几个网页，对于网页数量比较多的网站，此方法就不适用了。

3. 链接外部样式表

链接外部样式表是在 HTML 文档之外建立的一个新文档，可以包含所有的样式。用户可以通过<link>标记将外部样式表文件链接到 HTML 文档中，其中该文档的扩展名是.css，也就是我们常说的 CSS 文件。在链接外部样式表时，<link>标记必须写在<head></head>标记对之间，语法格式如下。

```
<head>
    <link rel="stylesheet" href="CSS 文件的路径" type="text/css" />
```

```
</head>
```

rel：relations 的缩写，用于定义当前文档与被链接文档之间的关系，此处取值为 stylesheet，表示被链接的文档是样式表文件。

href：指定 CSS 文件的 URL，可以是相对路径或绝对路径，需要正确引入，否则 HTML 文档会关联失败。

type：用来指明样式表的 MIME 类型，这里指定为 text/css，表示链接的外部文档是标准的 CSS 文件。

这种链接外部样式表的方法的使用频率最高，最大的优势是将 HTML 和 CSS 分成了两个独立的文档，真正实现了网页结构层和表现层的分离。在对网站进行维护时，修改网站样式只需要修改对应的外部样式表即可，不会影响其他元素，从而使网站的前期制作和后期维护都变得十分方便。

下面通过一个案例来学习如何在 HTML 文档中引入外部样式表，如例 2-3 所示。

【例 2-3】example03.html

（1）创建 HTML 文档，代码如下。

```
<!doctype html>
<html>
    <head>
    <meta charset="utf-8">
        <title>链入外部样式表</title>
    </head>
    <body>
        <h2>警世贤文 · 勤奋篇</h2>
        <p>宝剑锋从磨砺出，梅花香自苦寒来。</p>
    </body>
</html>
```

（2）创建外部样式表文件。在项目 2 的目录中创建文件夹，命名为“style”，用来专门存放本课程的 CSS 文件。右击“style”文件夹，选择“新建”→“.css 文件”命令，设置录入文件名为 example03.css，单击“创建”按钮。此时，example03.css 文件就创建好并且进入了编辑状态。（只有先选择 style 文件夹，再创建文件，文件才会被存入 style 文件夹。）

（3）在 CSS 文件中录入以下代码并保存。

```
/* CSS Document */
h2 {     /*定义标题修饰样式*/
    text-align: center;
    color: green;
}
p {      /*定义文本修饰样式*/
    font: 20px;
    color: darkgreen;
}
```

（4）HTML 文档和 CSS 文件已经建立并写好了，要使它们有关联，就需要在<head>标记中的<title>标记后添加<link>语句，具体代码如下。

```
<link rel="stylesheet" href="style/ example03.css" type="text/css" />
```

保存文档，运行代码，效果如图 2-7 所示。

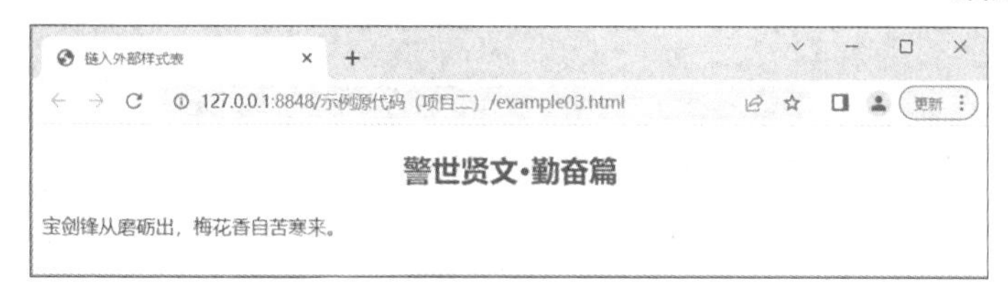

图 2-7　外部样式表的运行效果

4. 导入外部样式表

导入外部样式表和链接外部样式表的原理基本相同，都是在 HTML 文档中引入一个单独的 CSS 文件，只不过在语法和运行方式上略有差别。导入的外部样式表在 HTML 文档初始化时就被导入到了 HTML 文档中并成了该文档的一部分，而链接的外部样式表是在 HTML 标记需要样式时以链接的方法引入的文件。

导入外部样式表的方法是在<style></style>标记对中加入@import 语句，语法格式如下。

```
<head>
    <style type="text/css" >
    @import url(style/style.css);
    其他样式表的声明
    </style>
</head>
```

在一个 HTML 文档中可以导入多个样式表，只要注意使用多个@import 语句即可，通过这种方法导入的外部样式表相当于被存放在内部样式表中。

🕮**提示：**虽然 CSS 有 4 种引入方法，但实际上设计者普遍使用的都是链接外部样式表的方法，其他几种方法很少使用。网页设计者在制作网页时趋向于将 HTML 结构与 CSS 样式完全分离。

2.1.3 CSS 基础选择器

CSS 基础选择器

要想将 CSS 样式正确地应用于 HTML 元素中，首先要准确地指定该元素。起到指定元素作用的是 CSS 基础选择器。利用 CSS 基础选择器可以对 HTML 网页中的元素实现一对一、一对多或者多对一的控制。基础选择器的种类有很多，在什么情况下使用什么样的选择器，对初学者来说可能会有点混乱，但随着学习的深入会越来越熟练。下面对 CSS 基础选择器进行详细介绍。

CSS 基础选择器有标记选择器、类选择器、id 选择器、通用选择器、标记指定式选择器、后代选择器和并集选择器。

1. 标记选择器

标记选择器是指将 HTML 标记直接作为选择器，如<body>、<h2>、<p>、<img>等。

例如，为 HTML 网页中的<a>标记定义样式的写法如下。

```
a{ color:red; font-size:14px; }
```

那么该网页内所有的超链接都会变成 14 像素的红色文字。

HTML 标记所指定的范围有限，无法满足美化网页的所有需求。使用标记选择器可以快速为网页元素设定统一样式，但会缺少各异性。

2. 类选择器

类选择器使用英文的“.”开头，后面跟类名，用来选择有特定 class 属性的 HTML 元素，其语法格式如下。

```
.类名{属性 1:属性值 1; 属性 2:属性值 2; 属性 3:属性值 3; }
```

例如，为一个名为 demo 的类设置蓝色和加粗效果，代码如下。

```
.demo{ color:blue; font-weight:bold; }
```

类选择器可以应用于任何标记，浏览器会自动寻找所有特定 class 属性值的标记，并为这些标记应用样式。

多学一招 在网页中，一个标记的 class 属性允许有多个值，值与值之间用空格分隔，表示这个标记要使用多个类选择器的样式。

通过案例可以更清晰地学习类选择器的使用，如例 2-4 所示。

【例 2-4】example04.html

```
<!doctype html>
<html>
<head>
<meta charset="utf-8">
<title>类选择器</title>
<style type="text/css">
      .red{color:red; }
      .green{color:green; }
      .font22{font-size:22px; }
      p{
         text-decoration:underline;
         font:bolder 14px "黑体";
      }
</style>
</head>
<body>
      <h2 class="red">红色二级标题</h2>
      <p class="green font22">绿色段落大字号</p>
      <p class="red font22">红色段落大字号</p>
      <p>只显示 p 选择器中的样式</p>
</body>
</html>
```

在例 2-4 中，为标题标记<h2>和第二个段落标记<p>添加类名 class="red"，并通过类选择器设置它们的文本颜色为红色。为第一个段落和第二个段落添加类名 class="font22"，并通过类选择器设置它们的字号为 22px，同时对第一个段落应用类 green，将其文本颜色设置为绿色。通过标记选择器统一设置所有的段落字体为黑体，同时加下画线。运行代码，效果如图 2-8 所示。

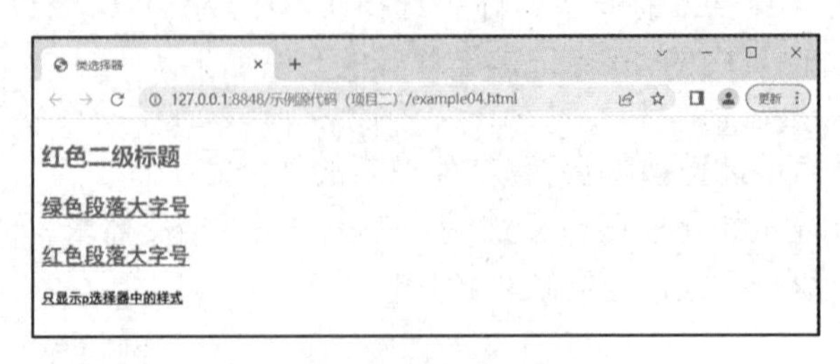

图 2-8　类选择器的使用效果

在例 2-4 中，类中包含 red 的文本均为红色，类中包含 font22 的文本字号都会增大，可见同一个 HTML 元素可以同时应用多个 class 类，多个类名之间用空格分隔。

多学一招 类名不能以数字开头，需要严格区分大小写。

3. id 选择器

id 选择器的用法与类选择器基本相同，要在 id 名称前加一个“#”，代码如下。

```
#box {                                                    /* id 样式*/
    background:url(images/1.png) center bottom;           /*定义背景图像并使其居中、底部对齐*/
    height:300px;                                         /*固定盒子的高度*/
    width:500px;                                          /*固定盒子的宽度*/
}
```

上述代码对 id 名为 box 的 HTML 元素进行了修饰，定义其背景图像并使背景居中、底部对齐，高度为 300px，宽度为 500px。

通过一个完整的案例进一步学习 id 选择器的应用，如例 2-5 所示。

【例 2-5】example05.html

```
<!DOCTYPE html>
<html>
    <head>
        <meta charset="utf-8">
        <title>id 选择器</title>
        <link href="style/ example05.css" rel="stylesheet" type="text/css" >
    </head>
    <body>
        <p id="p1">第一个 id 选择器</p>
        <p id="p2">第二个 id 选择器</p>
    </body>
</html>
```

CSS 文件 example05.css 的内容如下。

```
@charset "utf-8"
/* CSS Document */
#p1{ font-size: 20px; color: #F00; }
#p2{ font-size: 30px; color: #3CF; }
```

在上述 HTML 文档中，为两个<p>标记定义了 id 属性。在 CSS 文件中，通过 id 选择器分别为两个<p>标记设置了字号和颜色。运行代码，效果如图 2-9 所示。

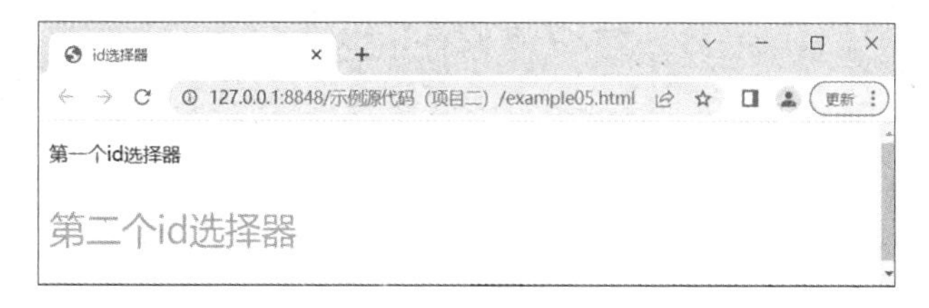

图 2-9　id 选择器的使用效果

从图 2-9 中可以看到，两个<p>标记中的内容对应显示了 CSS 中设置的样式。

类选择器和 id 选择器的不同点在于：id 选择器在 HTML 文档中只能使用一次，即一个 id 选择器只能匹配 HTML 网页中的一个元素，而类选择器可以匹配多个元素。将例 2-5 中的代码写成下面的格式就是错误的。

```
<p id="p1">第一个 id 选择器</p>
<p id="p1">第二个 id 选择器</p>
```

如果将 id 选择器修改为类选择器，则上述代码格式是正确的，还可以写成以下格式。

```
<p class="p1">第一个 id 选择器</p>
<p class="p1">第二个 id 选择器</p>
```

前面我们学过 HTML 文档中的相同元素可以设定多个样式，这是用类选择器实现的，如“p class="p1 bg"”，但是 id 选择器是不可以这样使用的，即在使用 id 选择器时不能写成“p id="p1 bg"”。

4. 通用选择器

在设计 HTML 网页时，很多时候需要给网页中的所有标记都使用同一条样式语句，这时可以选用通用选择器来实现。通用选择器也称通配符选择器，可以用来匹配所有可用元素。通用选择器用一个星号“*”表示。例如，使用通用选择器清除所有 HTML 标记的默认边距，代码如下。

```
*{
        margin: 0;                    /*清除外边距*/
        padding: 0;                   /*清除内边距*/
  }
```

🕮**提示**：“*”在实际工作中很少使用，因为基本不会有哪个样式是所有元素都需要定义的。如果某个样式是多个元素都需要的，如清除块元素默认的内、外边距，则也不用“*”来定义，而是把需要用到的标记一一列出来。原因是用“*”定义样式，浏览器会把所有标记都渲染一遍，而实际上很多标记不需要这些样式，这个过程会浪费资源，影响一部分浏览器的渲染速度。用“*”统一定义样式也可能会在后面的代码中引起很多麻烦。

5. 标记指定式选择器

标记指定式选择器又称交集选择器，其中第一个为标记选择器，第二个为 class 选择器或 id 选择器，两个选择器之间不能有空格，效果是选择具有某类的指定标记，如 div.special 或 p#name。

下面通过一个案例来进一步理解标记指定式选择器的应用，如例 2-6 所示。

【例 2-6】example06.html

```
<!doctype html>
<html>
<head>
<meta charset="utf-8">
<title>标记指定式选择器的应用</title>
<style type="text/css">
        p{ font-family:"楷体";}
        .special{ color:blue;}
        p.special{ color:orange;}        /*标记指定式选择器*/
</style>
</head>
<body>
        <p>普通段落文本（黑色）</p>
        <p class="special">指定了.special 类的段落文本（楷体、橘色）</p>
        <h3 class="special">指定了.special 类的标题文本（蓝色）</h3>
</body>
```

```
</html>
```

在例 2-6 中，分别定义了<p>标记和 special 类的样式，此外还单独定义了 p.special，用于特殊的控制。运行代码，效果如图 2-10 所示。

从图 2-10 中容易看出，第二段文本变成了橘色。可见标记选择器中 p.special 定义的样式仅仅适用于<p class="special">标记，而不会影响使用了 special 类的其他标记，效果如图 2-11 所示。

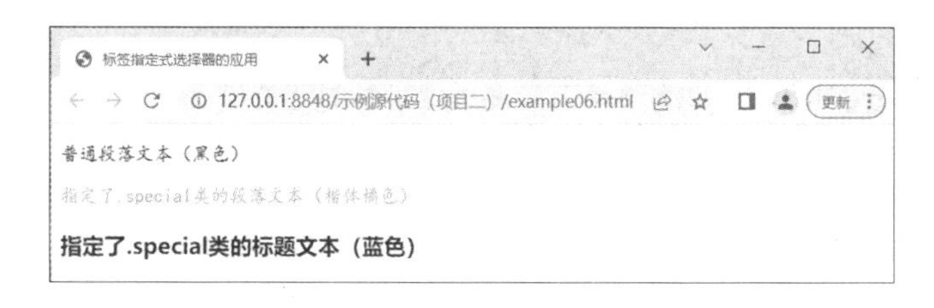

图 2-10 标记指定式选择器的使用效果

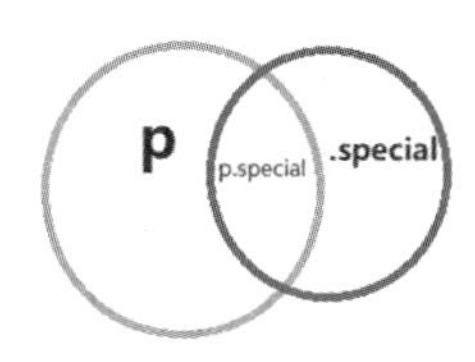

图 2-11 标记指定式选择器效果图

6. 后代选择器

后代选择器（Descendant Selector）又称包含选择器，可以选择作为某元素后代的元素。写法为把外层标记写在前面，中间用空格隔开，内层标记写在后面。如 h1 em{ color:red; }，表示 h1 元素后代的 em 元素的文本为红色，其他 em 文本（如段落或引用中的 em）则不会被这个规则选中。

【例 2-7】example07.html

```
<!doctype html>
<html>
<head>
<meta charset="utf-8">
<title>后代选择器</title>
<style type="text/css">
        p{ color:red; }         /*后代选择器*/
        h1 em{ color:blue; }
</style>
</head>
<body>
        <h1>This is a <em>important</em> heading</h1>
        <p>This is a <em>important</em> paragraph.</p>
</body>
</html>
```

在例 2-7 中定义了两个<em>标记，第一个嵌套在<h1>标记内，第二个嵌套在<p>标记内。运行代码，效果如图 2-12 所示。

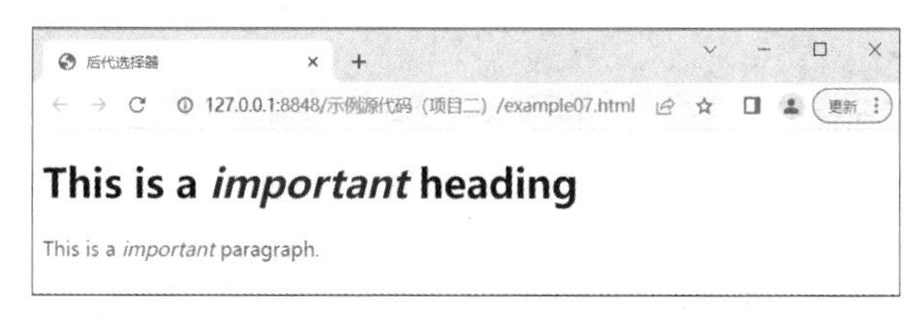

图 2-12 后代选择器的使用效果

从图 2-12 中可以看出，“h1 em”定义的样式仅在<h1>标记的<em>标记中生效，其他

<em>标记不受影响。

h1 em 选择器可以解释为“作为 h1 元素后代的任何 em 元素”，也可以换一种说法，即“包含 em 的所有 h1 会把以下样式应用到该 em 中”。

后代选择器不限于使用一级后代，可以使用多级后代。如果需要加入更多元素，则只需要在元素间加上空格即可。在例 2-7 中，假如<em>标记中还嵌套了一个<strong>标记，要想控制这个<strong>标记，只需要写成 h1 em strong 就可以选中它。

7. 并集选择器

并集选择器可以为所有选择器选中的标记设置属性，各选择器之间使用“,”来连接，选择器可以使用标记名称/id 名称/class 名称，语法格式如下。

```
选择器 1,选择器 2{ 属性 1:属性值 1; 属性 2:属性值 2;...}
```

利用并集选择器，同时选择 div 和第一个 p 元素，对其进行相同的样式设置，如例 2-8 所示。

【例 2-8】example08.html

```
<!DOCTYPE html>
<html>
	<head>
		<meta charset="utf-8">
		<title>并集选择器</title>
		<style type="text/css">
			div,#one{ font:bolder 20px "黑体"; color: brown; }
		</style>
	</head>
	<body>
		<div>离娄之明，公输子之巧，</div>
		<p id="one">不以规矩，不能成方圆。</p>
		<p>孟子·离娄章句上</p>
	</body>
</html>
```

在本例中，用英文逗号“,”连接而成的并集选择器 div,#one，控制了<div>标记和 id 名为 one 的<p>标记，修饰其字体和颜色。运行代码，效果如图 2-13 所示。

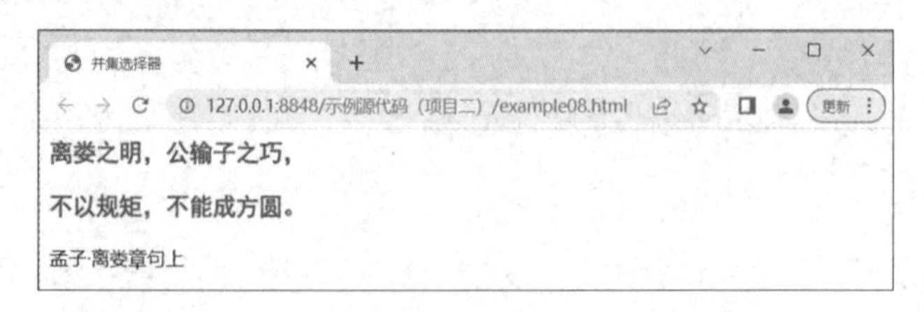

图 2-13　并集选择器的使用效果

2.1.4　CSS 的特征

CSS 特性

2.1.4.1　层叠性和继承性

在软件开发用到的众多语言中，CSS 是一个特别的存在，它既不是编程语言，却要求设计者有抽象思维；它也不是独立的设计，却要求设计者有创造力。

CSS 即层叠样式表，层叠性是 CSS 的基本特征之一。除此之外，CSS 还可以给元素添加样式，即 CSS 具有继承性。层叠性和继承性是 CSS 的两大基本特征。

1. 层叠性

层叠指的是一系列规则的叠加，是 CSS 的基础。为相同的选择器设置相同的样式，此时一个样式会覆盖（层叠）另一个与之冲突的样式。层叠性主要解决样式冲突的问题，熟知层叠的各种规则对开发人员来说很重要。

层叠性的原则如下。

- 样式冲突，遵循的原则是就近原则，即哪个样式离结构近，就执行哪个样式。
- 样式不冲突就不会重叠。

下面分别查看样式不冲突与样式冲突时 HTML 元素所呈现的效果，先来看样式不冲突的情况，如例 2-9 所示。运行代码，效果如图 2-14 所示。

【例 2-9】example09.html

```
<!DOCTYPE html>
<html>
    <head>
        <meta charset="utf-8">
        <title>样式不冲突</title>
        <style type="text/css">
            .box_one{ width:150px; height:100px; }
            .box_two{ background:gold; }
        </style>
    </head>
    <body>
        <div class="box_one box_two"></div>
    </body>
</html>
```

通过上述代码，在.box_one 选择器中设置了元素宽度和高度，在.box_two 中设置了背景颜色，样式代码并无冲突，两个选择器中的所有样式都叠加到了元素 div 上，div 最终呈现的是一个金色的、150px×100px 的容器。

再来看样式有冲突的情况，如例 2-10 所示。运行代码，效果如图 2-15 所示。

【例 2-10】example10.html

```
<!DOCTYPE html>
<html>
    <head>
        <meta charset="utf-8">
        <title>样式有冲突</title>
        <style type="text/css">
            .box_one{ width:150px; height:100px; background: greenyellow; }
            .box_two{ width:200px; background:navy; }
        </style>
    </head>
    <body>
        <div class="box_one"></div>
        <div class="box_one box_two"></div>
    </body>
</html>
```

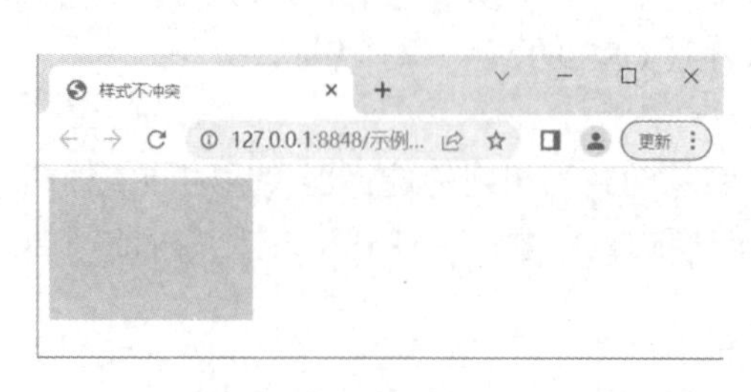

图 2-14　样式不冲突

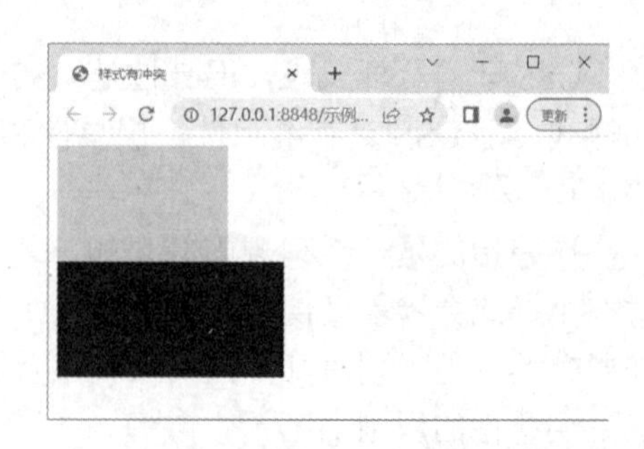

图 2-15　样式冲突

上述代码中有两个<div>标记，第一个<div>标记遵循.box_one 规定的样式，第二个<div>标记同时遵循.box_one 和.box_two 两个样式。第二个<div>标记在同级别（相同元素，都是 class 定义选择器名称）的样式代码中出现冲突，两个选择器中出现同一条 width 属性，则以 CSS 代码中最后出现的样式代码为准，元素 div 最终呈现的是一个 width 为 200px、height 为 100px、红色的容器。

提示：关于层叠，还有很多种情况，篇幅有限没办法逐一讲解。层叠性是一种处理冲突的能力。当不同的选择器对一个标记的相同样式有不同的值时，到底遵循哪条规则，CSS 对此有着严格的处理冲突的机制，譬如优先级、权重的计算。

2. 继承性

CSS 的继承是指子标记会继承父标记的某些样式，如文本颜色和字号。恰当地使用继承可以简化代码，降低 CSS 的复杂性。

如果一个标记的某个属性没有层叠值，则该标记可能会继承某个祖先标记的值。例如，通常会给<body>标记加上 font-family 属性，里面的所有祖先标记都会继承这个字体，就不需要给每个标记都明确指定字体了。

图 2-16 展示了继承性是如何顺着 DOM 树向下传递的。

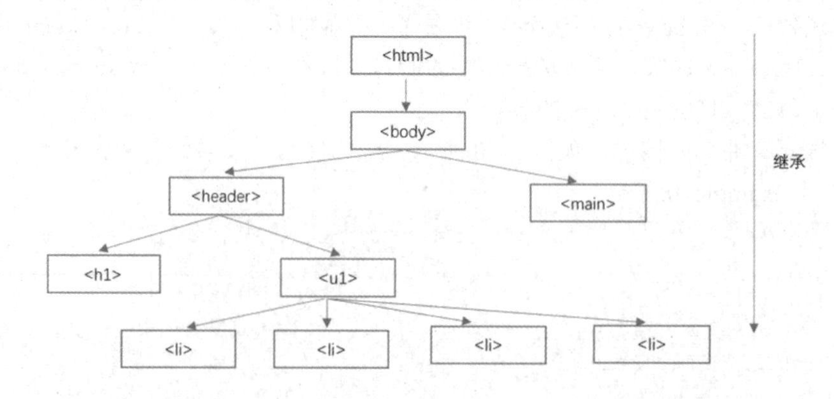

图 2-16　继承性由 DOM 树的父节点传递给后代节点

查看继承性的效果，如例 2-11 所示。

【例 2-11】example11.html

```
<!DOCTYPE html>
<html>
    <head>
        <meta charset="utf-8">
```

```
            <title>继承性</title>
            <style>
                div{
                    color:darkblue;
                    font-size: 20px;
                    }
            </style>
        </head>
        <body>
            <div>
                <p>我是 div 的子标记</p>
            </div>
        </body>
    </html>
```

运行代码，效果如图 2-17 所示。

在<style>标记中，我们并没有给<p>标记设置任何的属性，但由于它是<div>标记的子标记，所以它最终显示的效果是<div>标记的样式。

图 2-17　继承性的效果

与文本及列表相关的属性是可以被继承的，如 color、font、line-height、text-align、word-spacing、list-style 等。表格的边框属性 border-collapse 和 border-spacing 也是可以被继承的。

但不是所有的属性都能被继承。常见的不能被继承的属性如下。

- display：规定标记应该生成的边框的类型。
- 文本属性。
  - vertical-align：垂直文本对齐。
  - text-decoration：规定添加到文本的装饰。
  - text-shadow：文本阴影效果。
  - white-space：空白符的处理。
  - unicode-bidi：设置文本的方向。
- 盒子模型的属性：width、height、margin、border、padding。
- 背景属性：background、background-color、background-image、background-repeat、background-position、background-attachment。
- 定位属性：float、clear、position、top、right、bottom、left、min-width、min-height、max-width、max-height、overflow、clip、z-index。
- 生成内容属性：content、counter-reset、counter-increment。
- 轮廓样式属性：outline-style、outline-width、outline-color、outline。
- 页面样式属性：size、page-break-before、page-break-after。
- 声音样式属性：pause-before、pause-after、pause、cue-before、cue-after、cue、play-during。

多学一招　当属性值被继承和覆盖时，路径会很难被追踪。如果你还不熟悉浏览器的开发者工具，请开始养成使用它的习惯。

使用开发者工具能够看到哪些元素应用了哪些样式规则，以及为什么应用这些规则。层叠和继承都是抽象的概念，使用开发者工具是最好的追踪方式。通常使用 Google Chrome 的开发者工具对页面进行检查。在一个页面元素上右击，在弹出的快捷菜单中选择“检查”命令，就能打开开发者工具，如图 2-18 所示。

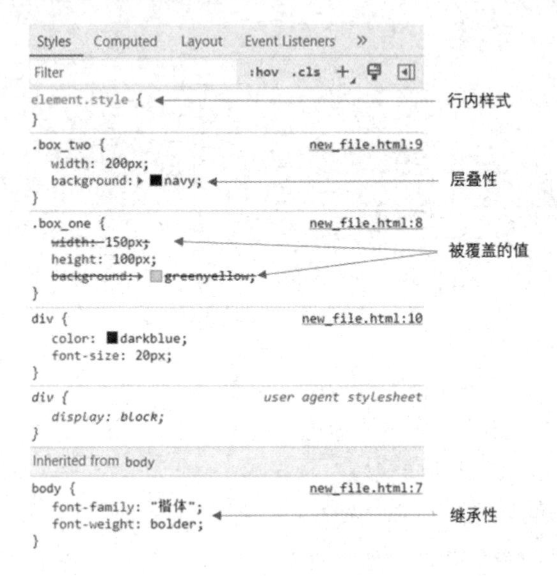

图 2-18　开发者工具

样式检查器显示了所检查元素的每个选择器，并根据优先级对其进行排列。在选择器下方是继承属性。元素所有的层叠和继承都一目了然。

开发者工具中的很多细节可以帮助开发人员弄清一个元素的样式是怎么产生的。靠近顶部的样式会覆盖下面的样式，被覆盖的样式上会显示删除线。右侧显示每个规则集的样式表和行号，可以在源代码中找到它们。这样不仅能准确判断哪个元素继承了哪些样式以及这些样式的来源，还能在顶部的筛选框中选择特定的声明，同时隐藏其他声明。

2.1.4.2　优先级

浏览器在解析 CSS 样式时是有先后顺序的，它会根据优先级来决定给元素应用哪个样式，而优先级仅由选择器的匹配规则来规定。下面我们来看一个案例，如例 2-12 所示。

【例 2-12】example12.html

```
<!DOCTYPE html>
<html>
	<head>
		<meta charset="utf-8">
		<title>文字颜色判断</title>
		<style type="text/css">
		body h1 {
		  color: green;
		}
		html h1 {
		  color: purple;
		}
```

```
        </style>
    </head>
    <body>
        <h1>Here is a title!</h1>
    </body>
</html>
```

上述代码分别通过 body h1 和 html h1 给<h1>标记设置了颜色，那么文字最终会显示成什么颜色呢？运行代码，判断文字颜色，效果如图 2-19 所示。

文字会呈现紫色。原因是 CSS 优先级会无视 DOM 树中节点距离的远近，即 DOM 树中的距离不会对元素优先级计算产生影响。如果 CSS 优先级相同，则靠后的 CSS 会被应用到元素上。由图 2-19 可知，html h1 更靠后，因此文字是紫色的，如果调换 html h1 和 body h1 的顺序，那就是绿色的了。

图 2-19　文字颜色判断

上个案例是优先级相同的情况，下面通过另一个案例来查看优先级不同的情况，如例 2-13 所示。

【例 2-13】example12.html

```
<!DOCTYPE html>
<html>
    <head>
        <meta charset="utf-8">
        <title>再来猜猜看</title>
        <style type="text/css">
            p{ color: green; }
            .blue{ color: blue; }
            #header{ color: red; }
        </style>
    </head>
    <body>
        <p id="header" class="blue">我会显示成什么颜色呢？</p>
    </body>
</html>
```

运行代码，判断优先级，效果如图 2-20 所示。

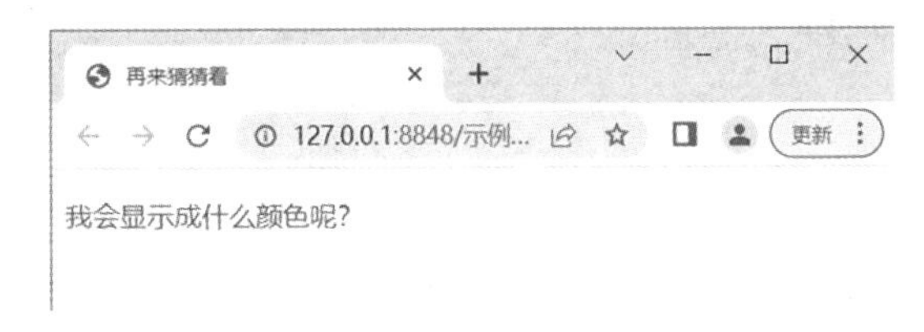

图 2-20　优先级判断

文字颜色为红色，是在 id 选择器中设置的颜色。这是遵循 CSS 优先级的规则产生的结果，影响 CSS 优先级的规则如下。

规则 1：最近的祖先样式比其他祖先样式的优先级高，像例 2-12 的效果。

规则 2：直接样式比祖先样式的优先级高，测试以下代码。

```
<!-- 类名为 son 的 div 的 color 为 blue -->
<div style="color: red">
    <div class="son" style="color: blue"></div>
</div>
```

规则 3：优先级遵循“行内样式 > id 选择器 > 类选择器 = 属性选择器 = 伪类选择器 > 标记选择器 = 伪元素选择器”。这也是例 2-13 中 id 选择器的样式会被显示出来的原因，在众多选择器中，优先级最高的是 id 选择器。（其他选择器的名称与使用在本书其他项目中有详细讲解。）

规则 4：根据权重判断优先级。在 CSS 中，会根据选择器的特殊性来决定所定义的样式规则的次序，更特殊的规则优先于一般的规则。如果两个规则的特殊性相同，则后定义的规则优先。我们把特殊性分为 4 个等级，每一个等级代表一类选择器，等级的值相加可以得出选择器的权重。4 个等级的定义如下。

- 第一等级：代表行内样式，如 style=""，权值为 1000。
- 第二等级：代表 id 选择器，如#content，权值为 100。
- 第三等级：代表类、伪类和属性选择器，如.content，权值为 10。
- 第四等级：代表标记选择器和伪元素选择器，如<div>、<p>，权值为 1。

📖**注意**：通用选择器、子选择器和相邻同胞选择器并不在这些等级中，所以它们的权值为 0。

计算选择符中 id 选择器的个数（*a*），计算选择符中类选择器、属性选择器以及伪类选择器的个数之和（*b*），计算选择符中标记选择器和伪元素选择器的个数之和（*c*）。按 *a*、*b*、*c* 的顺序依次比较大小，大的则优先级高，相等则比较下一个。若最后两个的选择符中 *a*、*b*、*c* 都相等，则按照“就近原则”来判断。代码如下。

```
#con-id span { color: red; }          /*权重#con-id span=100+1 */
div .con-span { color: blue; }        /*权重 div .con-span=1+10 */
```

规则 5：带有!important 的属性拥有最高的优先级。若两个属性都带有!important，则利用规则 3、4 判断优先级。

📖**提示**：尽量避免使用!important，它会破坏样式表中固有的级联规则，为后期维护带来极大的困难。

CSS 的三大特征在实际应用中的情况会有很多种，初学者还需要多次测试以选取想要达到的效果，利用浏览器的开发者工具，有助于更加清晰地分析 HTML 标记所遵循的规则。

【任务实施】创建并引入 CSS 文件

【效果分析】

1. 网页效果分析

观察网页效果图，可以看出页面占满整个浏览器窗口，且各个模块的宽度都和浏览器的宽度一致，背景颜色是白色。精准分析网页效果图，发现网页内的标题字体是黑体，正文字体是微软雅黑，字体颜色接近于黑色。网页中的列表不显示默认的符号或者序号，图片不带边框，所有超链接文字在鼠标移动到上面时没有默认的下画线样式，如图 2-21 所示。

图 2-21　网页效果图

2. 样式分析

通过对网页进行整体分析，我们得到了一些信息，具体设置如下。

（1）网页及各模块占满整个浏览器，上下没有留白，标题字体是黑体，正文字体是微软雅黑，字体颜色接近于黑色，对应的代码可以是*{margin:0;padding:0; font-family:"微软雅黑","黑体"; color:#333;}。

（2）网页背景颜色是白色，对应的代码可以是 body,html{ background:#fff;height:100%;}。

（3）列表不显示默认的符号或者序号，对应的代码可以是 ul,ol{ list-style:none}。

（4）图片不带边框，对应的代码可以是 img{ border:none;}。

（5）所有超链接文字没有默认的下画线，对应的代码可以是 a{ text-decoration:none;}。

【模块制作】

1. 引入外部样式表

在本项目目录的“style”文件夹内，右击空白处，选择“新建”→“.css 文件”命令，输入文件名“web.css”，单击“创建”按钮。此时，“web.css”文件就创建好了。

在已搭建好的 HTML 文档的头部<head>标记内，<title>标记之后，使用<link></link>标记对引入外部样式表“web.css”，代码如下。

```
<link rel="stylesheet" type="text/css" href="style/web.css">
```

2. 定义 CSS 样式

CSS 样式的具体代码如下。

```
/*重置浏览器的默认样式，清除元素内外边距，设置字体及颜色*/
*{margin:0;padding:0; font-family:"微软雅黑","黑体"; color:#333;}
```

```
/* 全局控制，设置网页背景颜色及高度 */
body,html{ background:#fff; height:100%;}
ul,ol{ list-style:none;}                    /*清除列表默认样式*/
img{ border:none;}                          /*清除图像边框样式*/
a{ text-decoration:none;}                   /*清除超链接默认样式*/
```

在编辑完 CSS 代码后，单击“保存”按钮，一并保存 HTML 文档。

任务 2.2　使用盒模型对网页进行基础布局

【任务提出】

根据网页效果图，可以看出其布局合理有序，每个功能模块都有固定的区域，彼此之间相对独立又紧密地排列在页面中。在整体布局上，顶端头部区域设计了导航栏，下面是展示广告的 banner 区域、公司简介区域、旅行故事区域、新闻区域，最下方设计了底部区域用来展示公司信息等内容，如图 2-22 所示。那么，如何实现 HTML 网页中功能模块清晰合理的布局呢？

图 2-22　旅游网页功能模块

【学习目标】

知识目标	技能目标	思政目标
√了解盒模型的概念。 √掌握盒模型的相关属性。 √掌握盒模型的内减模式。 √掌握背景样式的使用	√能够根据效果图建立盒子模型。 √能够准确通过内减模式控制盒模型的大小。 √能够设计背景颜色和图像	√培养学生的宏观意识、大局意识

【知识储备】

网页的布局涉及很多技术，盒模型是网页布局最基础的内容，只要打好基础，深刻理解浏览器是如何设置元素大小和位置的，就能控制网页中各个元素的效果。

盒模型是 CSS 中的核心概念之一，下面会讲解盒模型基础及相关属性、盒模型的内减模式、背景样式等内容。

CSS 盒模型基础

2.2.1 盒模型基础

CSS 盒模型如同字面意义，HTML 中的大部分元素都可以被看作封装在盒子里的，网页元素的定位实际就是这些大小不一的盒子在页面中的排列。盒子可以并排排列，也可以大盒子套小盒子，也就是嵌套排列。开发人员在进行网页布局时就要设计好各个盒子的尺寸、对齐方式等要素。

1. 盒模型初识

盒模型是一种借助盒子的用法来阐述网页元素形态结构的方法。把 HTML 网页中的元素看作一个矩形的盒子，即元素在盒子容器内。为了更好地理解盒模型，可以举一个生活中的例子，分析盒模型的构成，一面带相框的照片墙如图 2-23 所示。

一幅装裱了的相片包括相片本身、相片与相框的间距以及相框。如果把相片当成 HTML 网页中的一个元素，则整个相框便是一个 CSS 盒模型。其中，相片为内容，相片与相框的间距为 CSS 盒模型的内边距，相框的厚度为 CSS 盒模型的边框，多张相片挂在一起，它们之间的距离便是 CSS 盒模型的外边距。

一个标准的 W3C 盒模型是由 content（内容）、padding（内边距）、border（边框）和 margin（外边距）这 4 个属性组成的，如图 2-24 所示。

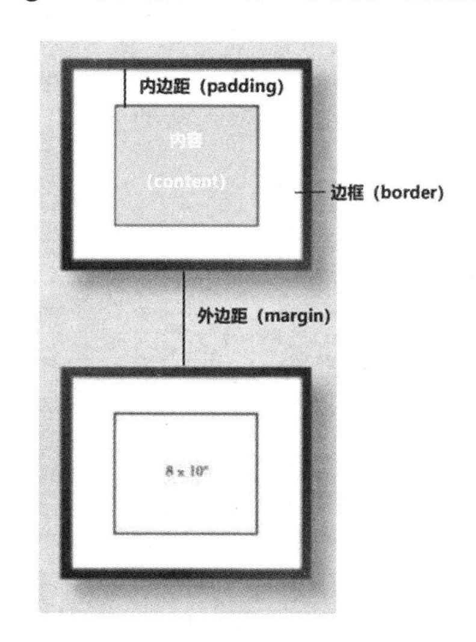

图 2-23　盒模型示例（1）

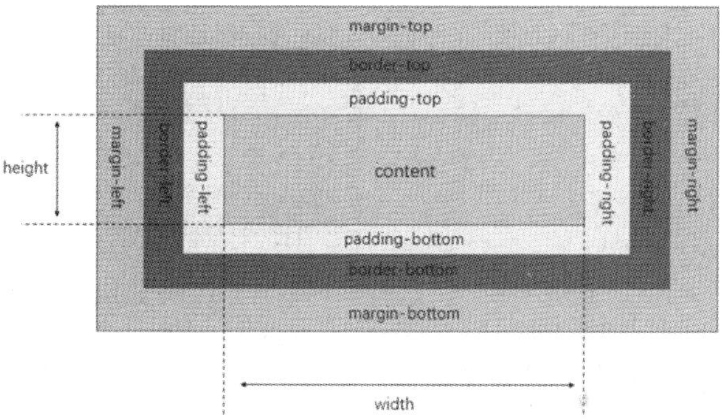

图 2-24　标准的 W3C 盒模型

在标准的 CSS 盒模型中，width 和 height 指的是内容区域（content）的宽度和高度，而不是盒子的实际大小。增加内边距、边框和外边距不会影响内容区域的尺寸，但是会增加元素框的总尺寸。

盒模型的各属性含义如下。

content：盒子的内容，显示文本和图像。

padding：内容与边框之间的距离，会受到框中填充的背景颜色的影响。

margin：盒子与其他盒子之间的距离。margin 是完全透明的，没有背景色。

border：盒子的边框，它具有 border-style、border-width、border-color 属性。边框会受到盒子背景颜色的影响。

通过一个具体的案例来认识盒模型各属性的应用及效果，如例 2-14 所示。

【例 2-14】example14.html

```
<!doctype html>
<html>
<head>
<meta charset="utf-8">
<title>盒模型初识</title>
<style type="text/css">
	.box{
		width:150px;				/*盒模型的宽度*/
		height:80px;				/*盒模型的高度*/
		border:10px solid brown;		/*盒模型的边框*/
		background:#FCC;			/*盒模型的背景颜色*/
		padding:40px;				/*盒模型的内边距*/
		margin:10px;				/*盒模型的外边距*/
	}
</style>
</head>
<body>
	<p class="box">这里是盒子里的内容</p>
</body>
</html>
```

在本例中，控制的盒模型属性可见代码注释。运行代码，效果如图 2-25 所示。

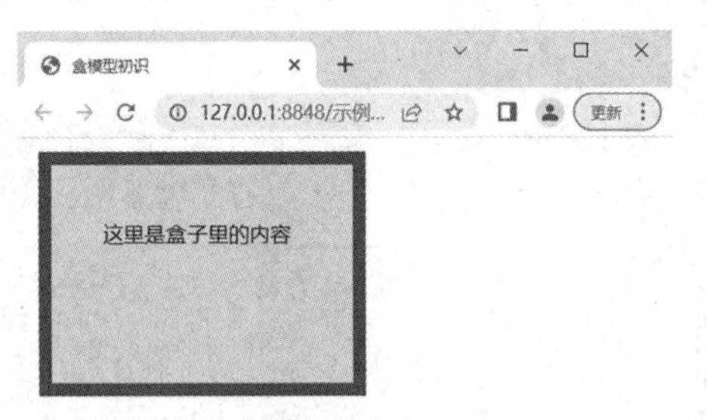

图 2-25　盒模型示例（2）

2. 盒子的宽度和高度

网页是由多个盒子排列而成的，每个盒子都有一定的大小。当指定了元素的宽度和高度属性时，只是设置了内容区域的宽度和高度，整个盒子所占的空间还需要算上盒模型的其他属性。

通过案例来计算网页中盒模型的大小，如例 2-15 所示。

【例 2-15】example15.html

```
<!DOCTYPE html>
<html>
	<head>
		<meta charset="utf-8">
		<title>计算盒模型大小</title>
```

```
        <style type="text/css">
            .box1{
                width: 100px;                    /*设置段落的宽度*/
                height: 100px;                   /*设置段落的高度*/
                padding: 100px;                  /*设置段落的内边距*/
                background: plum;                /*设置段落的背景颜色*/
                border: 1px solid blue;          /*设置段落的边框样式*/
                }
            .box2{
                width: 250px;
                height: 250px;
                padding: 25px;
                background: bisque;
                border: 1px solid red; }
        </style>
    </head>
    <body>
        <p class="box1"></p>
        <p class="box2"></p>
    </body>
</html>
```

在本例中，通过 width、height 属性分别控制类选择器的宽度和高度，并设置内边距、背景颜色和边框样式。运行代码，效果如图 2-26 所示。

在图 2-26 中我们惊奇地发现，两个段落的大小一样，返回 HTML 网页中查看代码，看到.box1 和.box2 类选择器设置的宽度和高度并不相同，这是为什么呢？

图 2-26　盒子的宽度与高度

在 CSS 标准中，盒模型的总宽度和总高度的计算原则如下。

盒子的总宽度= width+左、右内边距之和+左、右边框宽度之和+左、右外边距之和。

盒子的总高度= height+上、下内边距之和+上、下边框宽度之和+上、下外边距之和。

这里不妨打开开发者工具，查看例 2-15 中元素的盒模型。在开发者工具的左上角选择“在页面中选择元素”选项，选择 class 类为.box1 的第一个<p>标记，在右侧查看对应的盒模型，如图 2-27 所示。用同样的方法查看第二个<p>标记的盒模型，如图 2-28 所示。

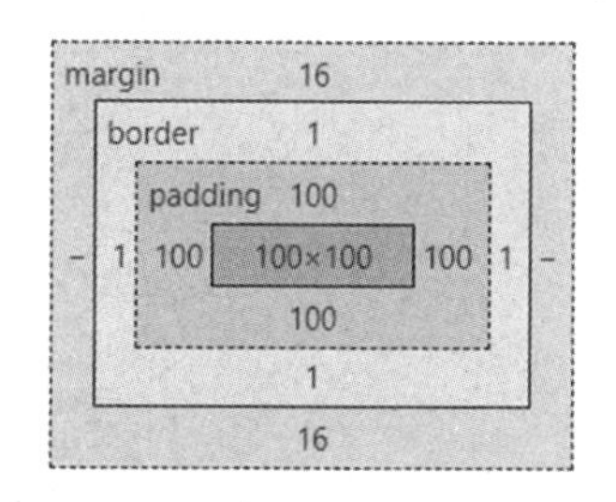

图 2-27　第一个<p>标记的盒模型

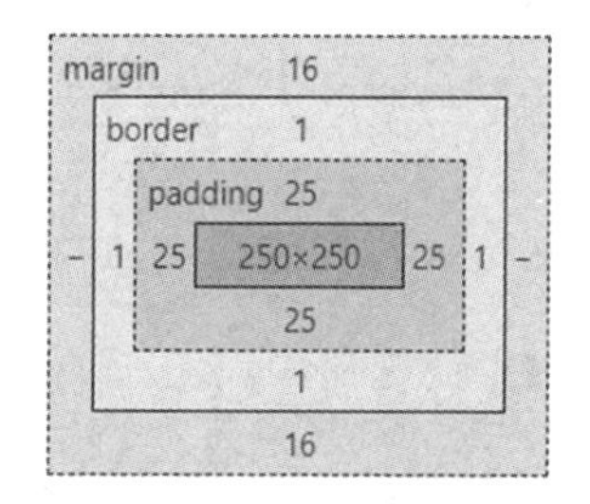

图 2-28　第二个<p>标记的盒模型

第一个盒子实际占用的宽度=100px（内容宽度）+100px*2（左、右内边距）+1px*2（左、右边框）=302px；第二个盒子实际占用的宽度=250px（内容宽度）+25px*2（左、右内边距）+1px*2（左、右边框）=302px，运算后发现两个盒子实际占用的宽度是相同的。

3. <div>标记

<div>是一种样式表中的定位技术，div 的全称就是 division，语法格式如下。

```
<div>内容</div>
```

<div>作为 HTML 网页中常用的标记，其默认样式是独占一行，其 CSS 样式需要被重新赋予。比如对<div>的宽度、高度，内部字体的大小、颜色等样式的设置都需要通过 CSS 来实现。

<div>标记自身是没有任何作用的，也不是特殊标记。<div>经常被作为主要的构造标记，配合其他标记以满足结构需求。前端工程师通常用<div>标记结合 CSS 来实现网页的布局，这种布局叫作“div+CSS”布局。<div>就像一个容器，可以容纳任何东西，因此<div>也习惯被称为“盒子”。所以说，网页是由众多的“盒子”嵌套组成的。

在 Google Chrome（Google Chrome 的开发辅助功能比较强大）中打开京东网站，按 F12 快捷键打开“开发者工具”（笔记本电脑需要按 Fn+F12 组合键），弹出网页的控制台面板。在控制台面板中选择“Elements”选项，就能在控制台中看到这个 HTML 网页的代码结构了，如图 2-29 所示。

图 2-29　京东网站首页的代码结构

这时你就会看到有很多<div>标记。单击工具栏左上角的“选择页面中元素”按钮，把鼠标随便放到一个<div>标记上，此时控制台面板上方的网页的相应部分会变成蓝色。<div>标记是网页中使用最多、最频繁的标记。

下面通过案例来演示<div>标记的用法，如例 2-16 所示。

【例 2-16】example16.html

```
<!doctype html>
<html>
<head>
<meta charset="utf-8"/>
<title><div>标记</title>
<style>
.one{
```

```
        width:400px;                        /*设置宽度*/
        height:50px;                        /*设置高度*/
        line-height:50px;                   /*设置行高*/
        background:rgb(241, 163, 7);        /*设置背景颜色*/
        font-size:20px;                     /*设置字体大小*/
        font-weight:bold;                   /*设置字体加粗*/
        text-align:center;                  /*设置文本水平居中对齐*/
    }
    .two{
        width:400px;                        /*设置宽度*/
        height:80px;                        /*设置高度*/
        background:rgb(66, 6, 245);         /*设置背景颜色*/
        font-size:30px;                     /*设置字体大小*/
        text-indent:2em;                    /*设置首行文本缩进*/
    }
    </style>
    </head>
    <body>
        <div class="one">
            用 div 标记设置的标题文本
        </div>
        <div class="two">
            <p>div 标记中嵌套的 p 标记中的文本</p>
        </div>
    </body>
    </html>
```

在本例的HTML代码中定义了两对<div>标记，第二对<div>标记中嵌套段落标记<p>，分别为两对<div>标记添加 class 属性，并设置宽度、高度、背景颜色等样式。运行代码，效果如图 2-30 所示。

查看图 2-30 可以发现，通过对<div>标记设置相应的 CSS 样式实现了预期的效果。

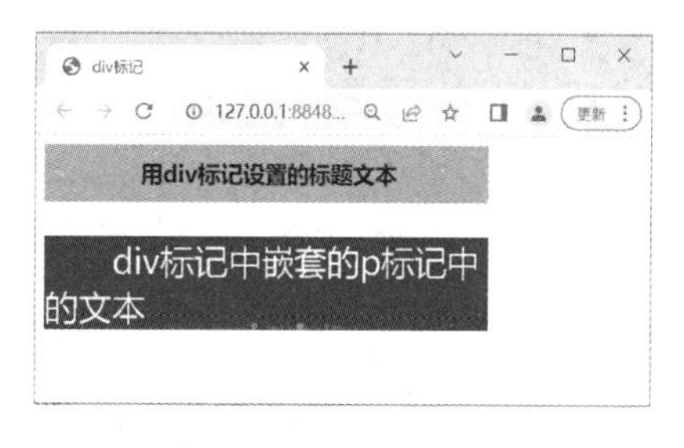

图 2-30　<div>标记示例

📖**注意：**

（1）<div>标记最大的意义在于和浮动属性 float 配合，实现网页的布局，这就是常说的“div+CSS”布局。浮动和布局会在其他项目中详细介绍。

（2）<div>可以替代块级元素如<h>、<p>等，但是它们在语义上有一定的区别。例如，<div>和<h2>的不同在于<h2>具有特殊的含义，语义较重，代表标题，而<div>是一个通用的块级元素，没有任何语义，主要用于布局。

2.2.2　盒模型的相关属性

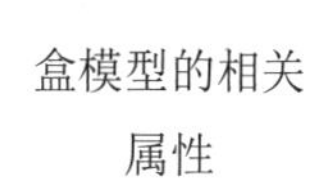

盒模型的相关属性

在默认情况下，每个盒子的边框都是不可见的，背景也是透明的，所以我们不能直接看到网页中的盒子结构。换言之，盒模型具有一些相关的属性，掌握了盒模型属性的设置，便能够自如地控制网页中的每个盒子。

2.2.2.1 边框属性

通过设置盒子的边框，可以将盒模型的轮廓显示出来。边框是盒模型的属性之一。在网页设计中，经常需要给元素设置边框效果。CSS 边框属性包括边框样式、边框宽度、边框颜色以及复合属性。在 CSS3 中还增加了许多新的属性，如圆角边框、图片边框等，具体的边框属性如表 2-2 所示。

表 2-2 边框属性

设置内容	属性	常用属性值
边框样式	border-style：上边[右边 下边 左边]	none 无（默认）、solid 单实线、dashed 虚线、dotted 点线、double 双实线
边框宽度	border-width：上边[右边 下边 左边]	像素值
边框颜色	border-color：上边[右边 下边 左边]	颜色值、#十六进制、rgb(r,g,b)、rgb(r%, g%, b%)
综合设置边框	border：4 边宽度 4 边样式 4 边颜色	
圆角边框	border-radius：水平半径参数/垂直半径参数	像素值或百分比
图片边框	border-images：图片路径 裁剪方式/边框宽度/边框扩展距离 重复方式	

1. 边框样式

在 CSS 中，border-style 属性用于设置边框样式，语法格式如下。

```
border-style: 上边 [右边 下边 左边];
```

在设置边框样式时，既可以对 4 条边分别进行设置，又可以综合设置 4 条边的样式。border-style 属性的常用属性值有 4 个，分别用于定义不同的显示样式，具体描述如下。

- solid：边框为单实线。
- dashed：边框为虚线。
- dotted：边框为点线。
- double：边框为双实线。

在使用 border-style 属性综合设置 4 条边的样式时，必须按上、右、下、左顺时针的顺序，省略时采用值复制的原则，即一个值为 4 条边，两个值为上下/左右，3 个值为上/左右/下，4 个值为上/右/下/左。

结合案例对边框样式的使用进行演示，如例 2-17 所示。运行代码，效果如图 2-31 所示。

【例 2-17】example17.html

```
<!DOCTYPE html>
<html>
<head>
<meta charset="utf-8">
<title>边框样式</title>
<style>
    h2 {border-style: solid;}                                    /*4 条边的边框样式相同*/
    .one {border-style: double solid;}                           /*上下双实线、左右单实线*/
    .two {border-style: dotted solid dashed;}                    /*上点线、左右单实线、下虚线*/
    .three {border-style: dashed dotted double solid;}           /*上下左右各不相同*/
</style>
</head>
```

```
<body>
    <h2 >边框样式---单实线</h2>
    <h3 class="one">边框样式---上下双实线左右单实线</h3>
    <span class="two">边框样式---上点线、左右单实线、下虚线</span>
    <p class="three">边框样式---上下左右各不相同</p>
</body>
</html>
```

🕮注意：由于兼容性的问题，不同的浏览器中的点线和虚线的显示样式可能会略有差异。

2. 边框宽度

在 CSS 属性中，border-width 属性用于设置边框宽度，语法格式如下。

```
border-width: 上边[右边 下边 左边];
```

在上面的语法格式中，border-width 属性常用取值单位为像素（px），并且同样遵循值复制的原则，其属性值可以设置为 1～4 个，即一个值为 4 条边，两个值为上下/左右，3 个值为上/左右/下，4 个值为上/右/下/左。结合案例对边框宽度的使用进行演示，如例 2-18 所示。

【例 2-18】example18.html

```
<!DOCTYPE html>
<html>
    <head>
        <meta charset="utf-8">
        <title>设置边框宽度</title>
        <style type="text/css">
        .one{ border-width:5px;}
        .two{ border-width:2px 4px;}
        .three{ border-width:5px 3px 1px;}
        p{ border-style: solid;}
        </style>
    </head>
    <body>
        <p class="one">边框宽度为 5px。</p>
        <p class="two">边框宽度为上下 2px，左右 4px。</p>
        <p class="three">边框宽度为上 5px，左右 3px，下 1px。</p>
    </body>
</html>
```

在例 2-18 中，对边框宽度属性分别定义了一个属性值、两个属性值和 3 个属性值来对比边框的变化。运行代码，效果如图 2-32 所示，段落文本显示出预期的边框效果。

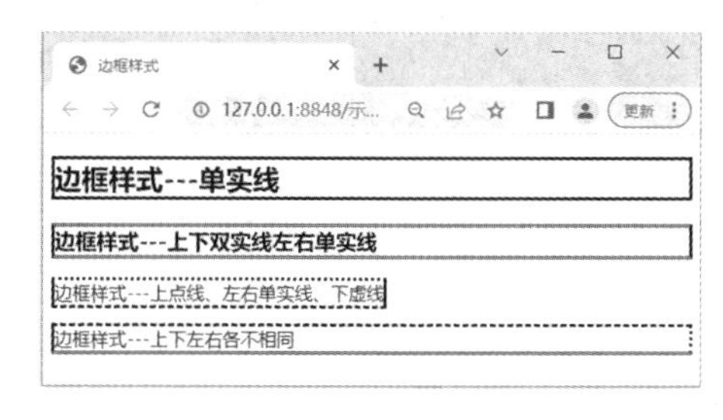

图 2-31　边框样式效果

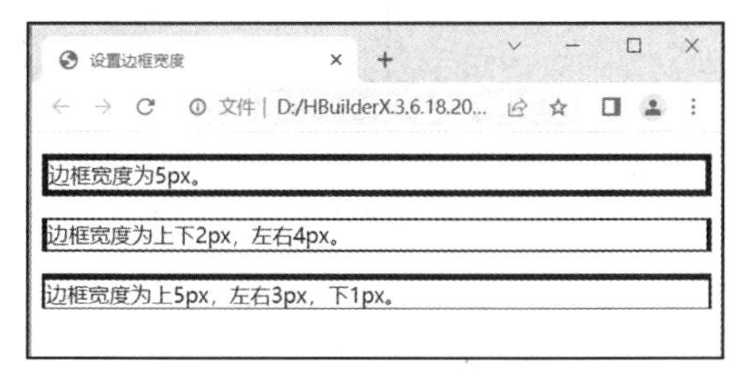

图 2-32　边框宽度效果

这里有一点需要注意，在设置边框宽度时，必须同时设置边框样式，如果未设置样式或设置为none，则不论将宽度设置为多少都没有效果。

在例2-18的CSS 代码中，为<p>标记添加边框样式，代码如下。

```
p{ border-style: solid;}                    /*综合设置边框样式*/
```

3. 边框颜色

在CSS属性中，border-color属性用于设置边框颜色，语法格式如下。

```
border-color: 上边[右边 下边 左边];
```

在上面的语法格式中，border-width 的属性值可以是预定义的颜色值、十六进制#RRGGBB（最常用）或RGB代码rgb（r,g,b），并且同样遵循值复制的原则，可以设置为1～4个。

CSS对边框颜色属性进行了增强，在原边框颜色属性（border-color）的基础上派生了4个边框颜色属性，分别为border-top-colors、border-right-colors、border-bottom-colors、border-left-colors。

在例2-19中查看边框颜色设置的效果。

【例2-19】example19.html

```
<!doctype html>
<html>
<head>
<meta charset="utf-8">
<title>设置边框颜色</title>
<style type="text/css">
    p{
        border-style: solid;
        border-width: 8px;
        border-color: bisque red yellow blueviolet;     /*依次设置上、右、下、左边框颜色*/
        }
</style>
</head>
<body>
    <p class="one">边框宽度为5px。</p>
</body>
</html>
```

运行代码，效果如图2-33所示，分别设置了边框上、右、下、左的颜色。

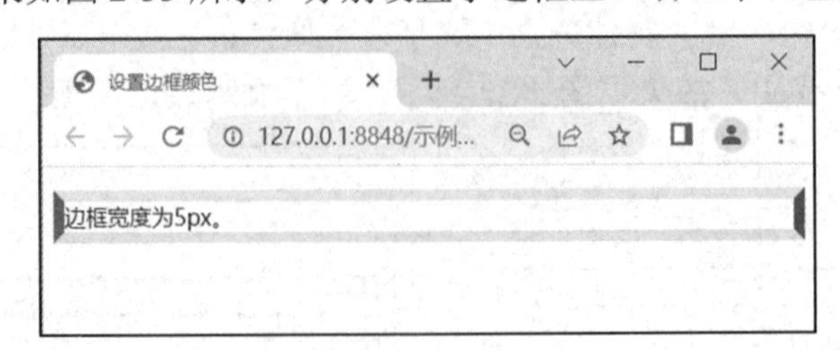

图2-33　边框颜色效果

4. 综合设置边框

使用border-style、border-color、border-width属性虽然可以实现丰富的边框效果，但是以这种方式书写的代码比较烦琐，且不便于阅读，CSS为此提供了更简单的边框设置方式，基本语法格式如下。

```
border:宽度 样式 颜色;
```

在上面的语法格式中，宽度、样式、颜色的顺序不分先后，可以只指定需要设置的属性，省略的部分将取默认值（样式不能省略）。

当每一侧的边框样式都不相同，或者只需单独定义某一侧的边框样式时，可以使用单侧边框的复合属性 border-top、border-bottom、border-left、border-right 进行设置。例如，定义下边框的综合样式可以写成如下格式。

```
border-bottom:5px double #FF6600;          /*定义边框各属性值，顺序任意*/
```

如果统一为 4 条边框设置样式，则可以使用 border 属性。

```
h2{ border:3px dashed blue; }
```

这时所有<h2>标记的边框都是红色的、3px 宽的虚线。

在 CSS 中，能够定义多种元素样式的属性被称为复合属性，如 border、border-top 等。常用的复合属性有 font、border、margin、padding 和 background 等。在实际工作中使用复合属性可以简化代码，提高网页的运行速度。

下面对标题、段落和图像分别使用 border 复合属性设置边框，如例 2-20 所示。

【例 2-20】example20.html

```
<!doctype html>
<html>
<head>
<meta charset="utf-8">
<title>综合设置边框</title>
<style type="text/css">
h2{
    border-top:3px dashed #F00;                /*使用单侧复合属性设置各边框*/
    border-right:10px double #900;
    border-bottom:5px double #FF6600;
    border-left:10px solid green;
}
.pingmian{
    width: 500px;
    height: 85px;
    border:15px solid #FF6600;}               /*使用 border 复合属性设置各边框*/
</style>
</head>
<body>
    <h2>综合设置边框</h2>
    <img class="pingmian" src="images/logo.png" alt="浏览器图标" />
</body>
</html>
```

在例 2-20 中，首先使用边框的单侧复合属性设置二级标题，使其各侧边框显示不同样式；然后使用复合属性 border，为图像设置 4 条相同的边框。运行代码，效果如图 2-34 所示。

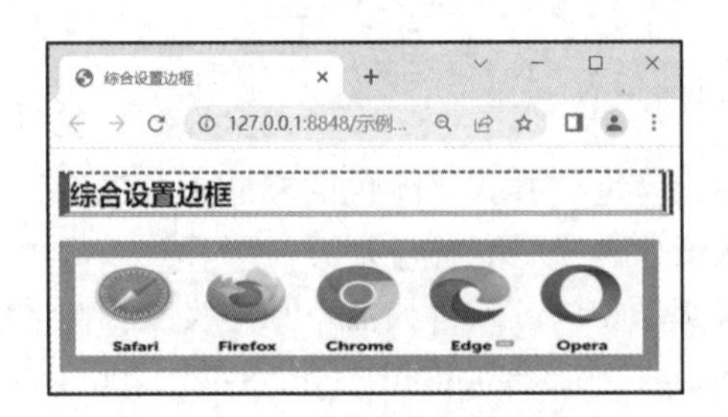

图 2-34　综合设置边框效果

5. 圆角边框

在网页设计中，经常需要设置圆角边框，运用 CSS3 中的 border-radius 属性可以将矩形边框圆角化，基本语法格式如下。

```
border-radius:参数 1/参数 2;
```

在上面的语法格式中，border-radius 的属性值包含两个参数，它们的取值可以为像素值或百分比。其中“参数 1”表示圆角的水平半径，“参数 2”表示圆角的垂直半径，两个参数之间用“/”隔开。

下面通过案例来体验圆角边框的使用，如例 2-21 所示。

【例 2-21】example21.html

```
<html>
<head>
        <title>圆角边框</title>
        <style type="text/css">
                div{
                        padding:20px;
                        border:3px solid orange;
                }
                #border-radius{
                        color: red;
                        border-radius:10px;
                }
        </style>
</head>
<body>
        <h1>全圆角：</h1>
        <div id="border-radius">
        <p><code>#border-radius{border-radius:10px;}</code></p>
        </div>
</body>
</html>
```

运行代码，效果如图 2-35 所示，<div>标记边框的 4 个角都变成了圆角。

需要注意的是，在使用 border-radius 属性时，如果省略第二个参数，则会默认等于第一个参数。

值得一提的是，border-radius 属性同样遵循值复制的原则，其水平半径（参数 1）和垂直半径（参数 2）均可以设置 1～4 个参数值，用来表示四周圆角半径的大小。border-radius 的属性值可以使用 px 或百分比作为单位。

- px：以该大小画一个圆弧。
- 百分比：如果是正方形，则是针对于宽度的百分比；如果是方形，则水平长轴以元素宽度采取百分比，垂直长轴以元素高度采取百分比。

把例 2-21 中的圆角代码替换为 border-radius:50%，则会变成图 2-36 的样子。如果边框的宽度和高度相等，则 border-radius:50%会使得边框变成正圆形。

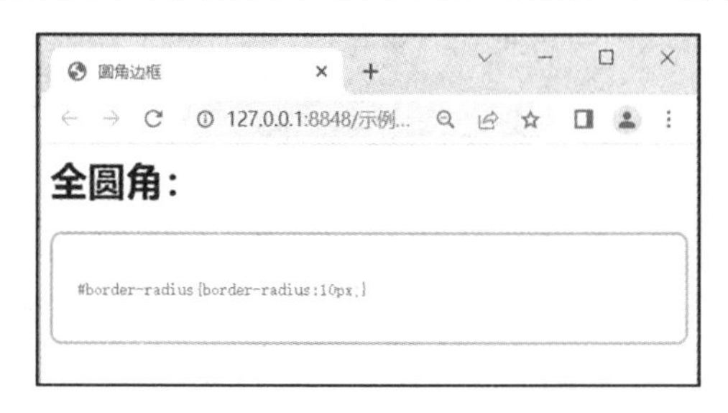

图 2-35　圆角边框

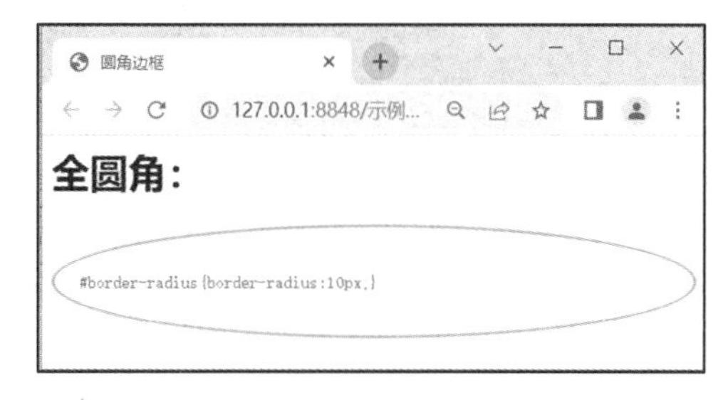

图 2-36　椭圆边框

6. 图像边框

在使用 CSS3 之前，border 属性只能简单地设置一些纯色或几种简单的线型（如 solid、dotted、double、dashed 等）。在 CSS3 中，border-image 属性实现了给边框设置不同的图像效果，并允许开发人员指定要使用的图像，该属性包括 3 个部分，即用作边框的图像、在哪里裁剪图像、定义中间部分应重复还是拉伸。

border-image 属性可以接收图像，首先，将其切成 9 个部分，就像井字游戏板一样；然后，将拐角放置在拐角处，并根据设置判断是重复还是拉伸中间部分。具体的 CSS 图像边框属性如表 2-3 所示。

表 2-3　CSS 图像边框属性

属性	描述
border-image-source	规定用作边框的图像的路径
border-image-slice	规定如何裁剪边框图像
border-image-width	规定边框图像的宽度
border-image-outset	规定边框图像区域超出边框盒的量
border-image-repeat	规定边框图像圆角应重复还是拉伸

下面使用图像 border.png 来讲解 border-image 各属性的使用。先来看在重复图像中间创建边框的效果，如例 2-22 所示。

【例 2-22】example22.html

```
<!DOCTYPE html>
<html>
<head>
<style>
    #borderimg {
      border: 10px solid transparent;
      padding: 15px;
      border-image-source: url(images/border.png); /*设置图像边框路径*/
      border-image-slice: 30;                      /*设置图像边框的向内偏移值*/
      border-image-repeat: round;                  /*设置图片平铺方式*/
```

```
        }
    </style>
    </head>
    <body>
        <h1>border-image 属性</h1>
        <p>重复图像的中间部分来创建边框：</p>
        <p id="borderimg">border-image: url(images/border.png) 30 round;</p>
        <p>这是原始图像：</p><img src="images/border.png">
        <p><b>注释：</b>Internet Explorer 10 以及更早的版本不支持 border-image 属性。</p>
    </body>
    </html>
```

运行代码，效果如图 2-37 所示。

border.png

图 2-37　重复中间部分效果

通过效果图可以看到，图像边框素材的四角位置和设置过 border-image 属性后的图片四角位置重合，四角之间的边框采用了重复图像的方法来填充。

其中，设置图像边框路径的代码为 border-image: url(images/border.png)，设置图像边框的向内偏移值的代码为 border-image-slice: 30，设置图像平铺方式的属性为 border-image-repeat，其取值有 3 种，如下所示。

- stretch：拉伸图像来填充区域。
- repeat：平铺图像来填充区域。
- round：类似 repeat。如果无法完整平铺所有图像，则对图像进行缩放以适应区域。

将例 2-22 中的填充方式改为拉伸填充，代码如下。

```
border-image-repeat: stretch;                    /*设置图像拉伸填充方式*/
```

保存网页，在运行代码之后，效果如图 2-38 所示。

border-image: url(images/border.png) 30 stretch;

图 2-38　填充方式改为拉伸填充的效果

同样地，在例 2-22 的基础上修改代码，了解不同裁剪值的效果。修改代码，将图像边框向内偏移值改为 50，代码如下。

```
border-image-slice: 50;
```

保存页面，运行效果如图 2-39 所示。

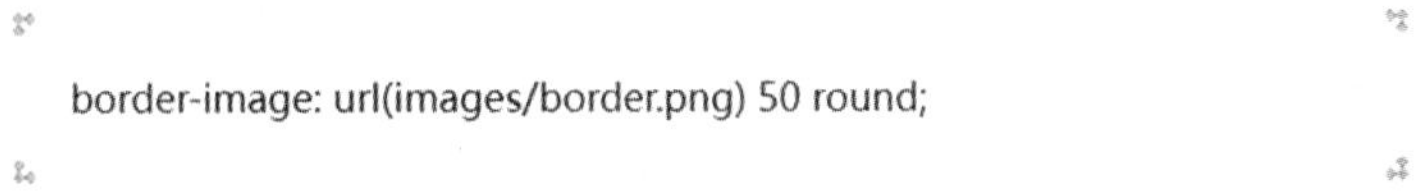

border-image: url(images/border.png) 50 round;

图 2-39 修改向内偏移值为 50 的效果

将图像边框向内偏移值改为 20%，代码如下。

```
border-image-slice: 20%;
```

保存页面，运行效果如图 2-40 所示。

border-image: url(images/border.png) 20% round;

图 2-40 修改向内偏移值为 20%的效果

border-image-slice 的取值有 3 种，可以为数字（number）、百分比（%）和参数（fill），其详细含义如表 2-4 所示。

表 2-4 border-image-slice 属性值

属性值	描述
number	数字值，代表图像中像素（光栅图像）或矢量坐标（矢量图像）
%	相对于图像尺寸的百分比值：图像的宽度影响水平偏移，高度影响垂直偏移
fill	保留图像边框的中间部分

2.2.2.2 边距属性

要想在盒模型中准确地控制盒子和页面之间的关系，就要使用边距属性。CSS 的边距属性包括内边距和外边距。

1. 内边距

在网页设计中，为了调整元素内容在盒子中的显示效果，通常需要给元素设置内边距，所谓的内边距指的是元素内容与边框之间的距离，也称内填充。CSS 的 padding 属性可用于设置内边距，效果与边框属性 border 一样，而且 padding 也是复合属性，其属性构成如下。

- padding-top：上内边距。
- padding-right：右内边距。
- padding-bottom：下内边距。
- padding-left：左内边距。
- padding：上内边距[右内边距 下内边距 左内边距]。

padding 相关属性的取值情况如下。

- auto：默认值，表示自动设置。
- 数值：规定以具体单位计的填充值，如像素、厘米等，默认值是 0px。
- %：规定基于父元素的宽度的百分比的填充。
- inherit：指定应该从父元素继承 padding。

同边框属性 border 一样，当使用复合属性 padding 定义内边距时，必须按顺时针顺序进行值复制，一个值为 4 边，两个值为上下/左右，3 个值为上/左右/下。

下面通过一个案例来演示内边距属性的用法和效果，使用 padding 相关属性，控制元素的显示位置，如例 2-23 所示。

【例 2-23】example23.html

```
<!doctype html>
<html>
<head>
<meta charset="utf-8">
<title>设置内边距</title>
<style type="text/css">
    .border{border:3px solid goldenrod;}              /*为图像和段落设置边框*/
    img{
        padding:50px;                                  /*图像 4 个方向内边距相同*/
        padding-bottom:0;                              /*单独设置下内边距*/
        }                                              /*上面两行代码等价于 padding:50px 50px 0;*/
    p{padding:10%;}                                    /*段落内边距为父元素宽度的 10%*/
</style>
</head>
<body>
    <img class="border" src="images/padding.png" alt="CSS" />
    <p class="border">段落内边距为父元素宽度的 10%。</p>
</body>
</html>
```

本例运用了 padding 的多种取值，控制页面内图像和段落的内边距。运行代码，效果如图 2-41 所示。

由于段落的内边距设置为了%数值，因此当拖动浏览器窗口改变其宽度时，段落的内边距会随之发生变化（此时<p>标记的父标记为<body>标记）。

📖**注意：**如果设置内外边距为百分比，则不论上下或左右的内外边距，都是相对于父元素宽度 width 的百分比，随父元素 width 的变化而变化，和高度 height 无关。

2. 外边距

网页中多个盒子排列在一起，盒子与盒子之间的距离，通过外边距 margin 来控制。外边距 margin 是指围绕在元素边框外的空白区域，设置外边距会在元素边框外创建额外的空白区域（这片区域不受 background 属性的影响，始终是透明的），它也是一个复合属性，与内边距 padding 的用法类似。外边距的相关属性如图 2-42 所示。

图 2-41　padding 设置效果

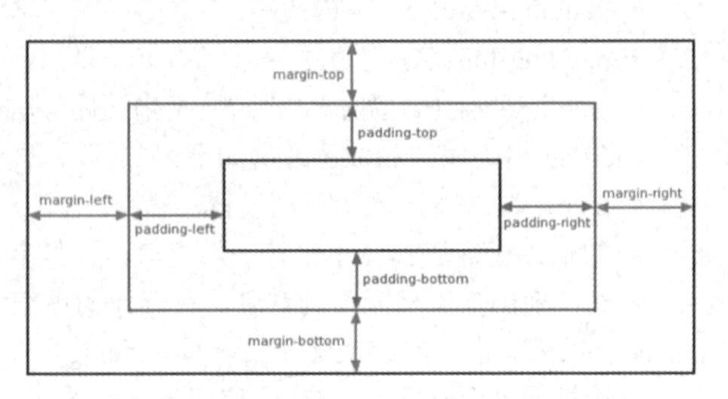

图 2-42　外边距的相关属性

可以使用下面的属性来为 HTML 元素设置外边距。

- margin-top：设置元素上方的外边距。
- margin-bottom：设置元素下方的外边距。
- margin-right：设置元素右侧的外边距。
- margin-left：设置元素左侧的外边距。
- margin：外边距的简写属性，可以同时设置元素 4 个方向（上、右、下、左）的外边距。

上述外边距属性的可选值如表 2-5 所示。

表 2-5　外边距属性值

属性值	描述
auto	由浏览器计算外边距的尺寸
length	使用具体数值配合 px、cm 等单位来定义元素外边距的尺寸，可以为负值，默认值为 0px
%	定义基于父元素的宽度百分比的外边距，可以为负值
inherit	从父元素继承外边距属性的值

margin 属性可以接收 1～4 个参数（各参数之间使用空格分隔）。

- 如果提供 4 个参数，则将按照上、右、下、左的顺序分别作用于元素 4 个方向的外边距；
- 如果提供 3 个参数，则第一个参数会作用在元素上方的外边距，第二个参数会作用在元素左、右两侧的外边距，第三个参数会作用在元素下方的外边距；
- 如果提供两个参数，则第一个参数会作用在元素上方和下方的外边距，第二个参数会作用在元素的左、右两侧的外边距；
- 如果只提供一个参数，则这个值会同时作用于元素上、下、左、右 4 个方向的外边距。

下面通过案例来讲解外边距属性 margin 的使用，如例 2-24 所示。

【例 2-24】example24.html

```
<!doctype html>
<html>
<head>
<meta charset="utf-8">
<title>设置外边距</title>
<style type="text/css">
    img{
        width:300px;
        border:10px solid blue;
        float:left;                     /*设置图像左浮动*/
        margin-right:50px;              /*设置图像的右外边距*/
        margin-left:30px;               /*设置图像的左外边距*/
        /*上面两行代码等价于 margin:0 50px 0 30px;*/
    }
    p{ text-indent:2em;}
</style>
</head>
<body>
    <img src="images/margin.jpg" alt="学习" />
```

```
        <p>积土成山，风雨兴焉；积水成渊，蛟龙生焉；积善成德，而神明自得，圣心备焉。故不积跬
步，无以至千里；不积小流，无以成江海。骐骥一跃，不能十步；驽马十驾，功在不舍。锲而舍之，朽木不
折；锲而不舍，金石可镂。蚓无爪牙之利，筋骨之强，上食埃土，下饮黄泉，用心一也。蟹六跪而二螯，非蛇
鳝之穴无可寄托者，用心躁也。</p>
    </body>
    </html>
```

本例使用了浮动属性 float，作用是使图片居左，并且分别设置了左外边距和右外边距。运行代码，效果如图 2-43 所示。（同时打开浏览器开发者工具查看外边距样式。）

在 Google Chrome 的开发者工具（F12 快捷键）中单击“选择页面元素”按钮，单击选中图片，可以看到图片所在盒模型的具体数值，盒子左侧距离其他元素为 30px，右侧为 50px。

采用同样的方法选中<p>标记的内容，如图 2-44 所示，看到该元素也存在外边距，然而我们并没有设置对应属性。可见网页中有些元素默认就存在内外边距，如<body>、<h1>~<h6>、<p>等。

图 2-43　外边距设置效果

图 2-44　<p>标记的盒模型

为了更方便地控制网页中的元素，在制作网页时，可使用以下代码清除元素的默认内外边距。

```
*{
    padding: 0;
    margin: 0;
}
```

将此段代码添加到<style>标记内，清除元素默认内外边距，保存页面，效果如图 2-45 所示，可以看到<p>标记的外边距消失了。

图 2-45　清除元素默认内外边距

3. box-shadow 属性

在设计网页时，有时需要通过给盒子添加阴影效果来修饰元素，CSS3 的 box-shadow 属性可以轻松实现图层阴影效果。box-shadow 有 6 个取值。

```
box-shadow: h-shadow v-shadow blur spread color inset;
```

各属性值的说明如表 2-6 所示。

表 2-6　box-shadow 的属性值

属性值	描述
h-shadow	必需的。水平阴影的位置。允许负值
v-shadow	必需的。垂直阴影的位置。允许负值
blur	可选。模糊距离
spread	可选。阴影的大小
color	可选。阴影的颜色。在 CSS 颜色值寻找颜色值的完整列表
inset	可选。从外层的阴影（开始时）改变内侧阴影

📖**注意：** 这里 inset 参数只能设置在第一位或者最后一位，其他位置无效！

下面通过几个案例来演示 box-shadow 各属性值的基本用法和效果。

（1）为元素的 4 条边设置阴影，如例 2-25 所示。

【例 2-25】example25.html

```
<!DOCTYPE html>
<html>
    <head>
        <meta charset="utf-8">
        <title>4 边阴影</title>
        <style type="text/css">
            .box{
                width:100px;
                height:100px;
                background:#69f;
                box-shadow:0px 0px 5px #f00;          /*偏移值为 0，模糊半径为 5px*/
                -webkit-box-shadow:0px 0px 5px #f00;
                -moz-box-shadow:0px 0px 5px #f00;
            }
        </style>
    </head>
    <body>
        <div class="box"></div>
    </body>
</html>
```

如果需要给一个元素的 4 条边设置阴影，则需要将 x-offset 和 y-offset 的偏移量设置为 0，只需要设置阴影模糊半径和阴影颜色即可。运行代码，效果如图 2-46 所示。

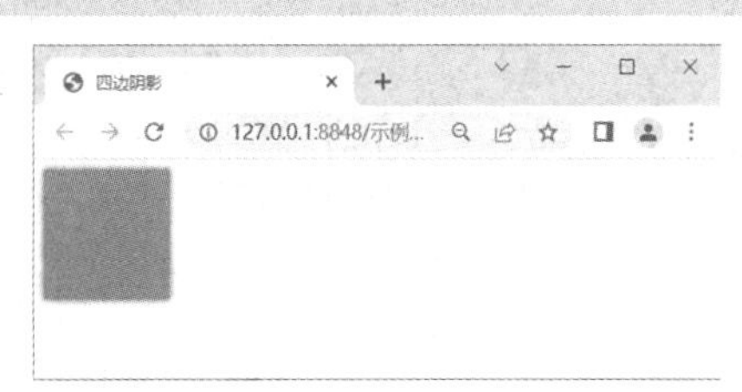

图 2-46　阴影效果

（2）为元素的 4 条边设置不同颜色的阴影。如果需要设置不同颜色的阴影，则用逗号分隔，如例 2-26 所示。

【例 2-26】example26.html（部分代码）

```
<style type="text/css">
.box{
	width:100px;
	height:100px;
	background:#69f;
	box-shadow:-5px 0px 5px #f00,                /*左边阴影设置 x-offset 为负*/
	              5px 0px 5px blue,              /*右边阴影设置 x-offset 为正*/
	              0px -5px 5px yellow,           /*顶部阴影设置 y-offset 为负*/
	              0px 5px 5px #000;              /*底部阴影设置 y-offset 为正*/
	-webkit-box-shadow:-5px 0px 5px #f00,
	              5px 0px 5px blue,
	              0px -5px 5px yellow,
	              0px 5px 5px #000;
	-moz-box-shadow:-5px 0px 5px #f00,
	              5px 0px 5px blue,
	              0px -5px 5px yellow,
	              0px 5px 5px #000;
	}
</style>
```

如果给对象的 4 条边设置不同的阴影效果，则需要通过改变 x-offset 和 y-offset 的正负值来实现，将左边阴影 x-offset 设置为负值，将右边阴影 x-offset 设置为正值，将底部阴影 y-offset 设置为正值，将顶部阴影 y-offset 设置为负值。运行代码，效果如图 2-47 所示。

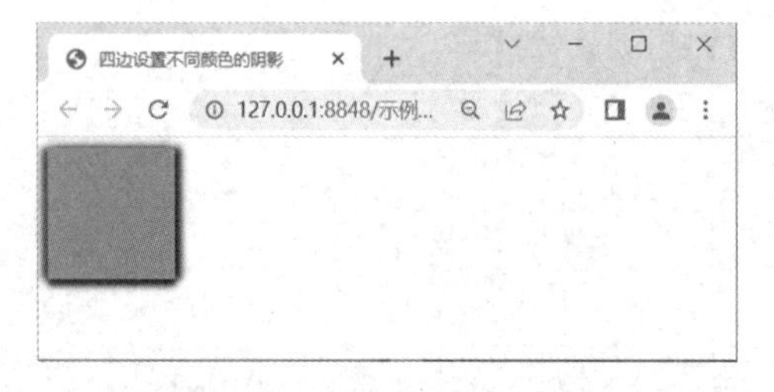

图 2-47　不同颜色的阴影效果

（3）为元素设置多重阴影。当给同一个元素使用多个阴影属性时，需要注意它的顺序，阴影将按照设置的顺序从里往外显示；还需要注意的一点是必须设置阴影扩展半径，并且按照设置的顺序，阴影扩展半径的值要依次递增，如例 2-27 所示。

【例 2-27】example27.html（部分代码）

```
.box{
	width:100px;
	height:100px;
	background:#69f;
	margin:20px 0 0 20px;
	box-shadow: 0px 0px 3px 3px white,
	            0px 0px 3px 6px yellow,
	              0px 0px 3px 9px blue;
	-webkit-box-shadow: 0px 0px 3px 3px white,
	                    0px 0px 3px 6px yellow,
	                    0px 0px 3px 9px blue;
	-moz-box-shadow: 0px 0px 3px 3px white,
	                 0px 0px 3px 6px yellow,
```

```
                        0px 0px 3px 9px blue;
        }
```

运行代码，效果如图 2-48 所示。

📖注意：box-shadow 属性的兼容性。

为了兼容各主流浏览器及其较低版本，在基于 Webkit 的 Google Chrome 和 Safari 等浏览器上使用 box-shadow 属性时，需要在属性名称前加上-webkit-，写成-webkit-box-shadow 的形式。在 Firefox 中则需要在属性名称前加上-moz-，写成-moz-box-shadow 的形式。

图 2-48 多重阴影效果

2.2.3 盒模型的内减模式

盒模型的内减模式

盒模型是有两种标准的，一个是标准盒模型，一个是 IE 盒模型。CSS 中设置盒模型的属性是 box-sizing，其最常用的属性值是 content-box 和 border-box。其中属性值为 content-box 的元素又称标准盒模型，Google Chrome 使用的是标准盒模型；IE 使用的是怪异盒模型 border-box（内减模式）。

1. 标准盒模型

标准盒模型如图 2-49 所示。

- CSS 中的 width、height 属性分别表示的是盒模型中 content 的宽度和高度。
- CSS 中的 padding 表示的是盒模型的 padding 部分。
- CSS 中的 border 表示的是盒模型中的 border 部分。
- CSS 中的 margin 表示的是盒模型中的 margin。

2. IE 盒模型（内减模式）

IE 盒模型如图 2-50 所示。

- CSS 中的 width、height 属性分别表示的是，盒模型中 content 的宽度和高度加上盒模型中 padding 和 border 的宽度。
- CSS 中的 padding 表示的是盒模型的 padding 部分。
- CSS 中的 border 表示的是盒模型中的 border 部分。
- CSS 中的 margin 表示的是盒模型中的 margin。

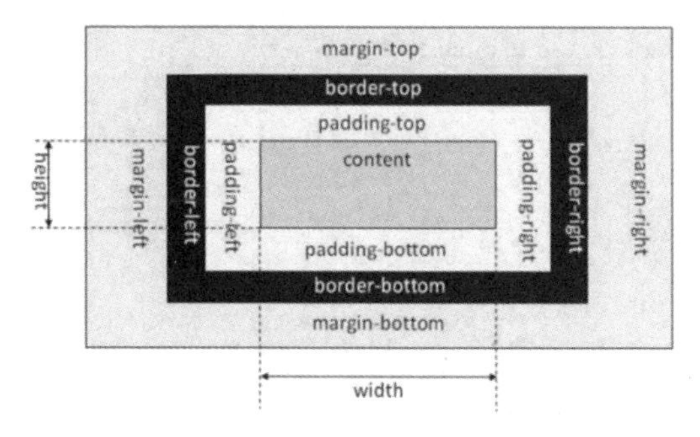

图 2-49 标准盒模型

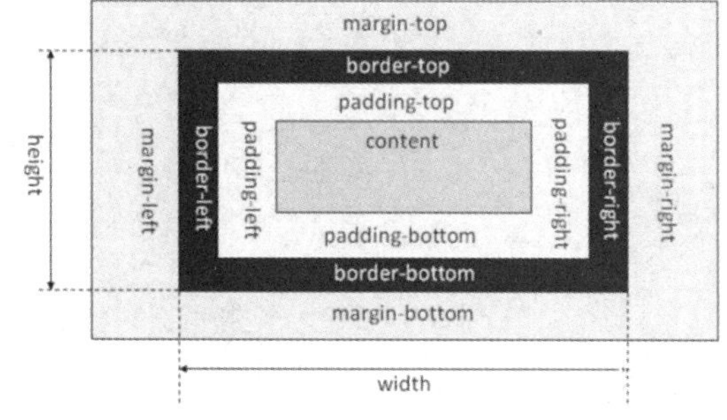

图 2-50 IE 盒模型

通过对比可知，两种盒模型的区别在于 width 和 height 的认定，所产生的结果是当同一段 CSS 代码作用在同一个元素上时，在使用不同盒模型的浏览器中，元素所占的宽度和高度不同。

3. box-sizing 属性

各浏览器默认使用的盒模型都不一样会严重影响页面效果，那么有没有办法实现自由切换呢？答案是肯定的。

box-sizing 是 CSS3 中的新属性，允许以特定的方式定义并匹配某个区域的特定元素。box-sizing 的出现可以解决由不同浏览器带来的盒模型的宽高差异，那么先来看一下浏览器的支持情况，如图 2-51 所示。

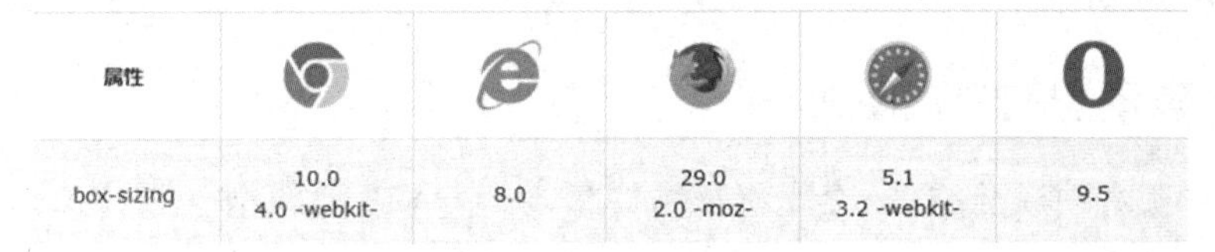

属性					
box-sizing	10.0 4.0 -webkit-	8.0	29.0 2.0 -moz-	5.1 3.2 -webkit-	9.5

图 2-51　浏览器的支持情况

🕮提示：表格中的数字代表浏览器的版本。

box-sizing 的基本语法格式如下。

```
box-sizing: content-box|border-box|inherit;
```

- content-box：宽度和高度是盒模型中 content 的宽度和高度，其属性值不包括 border 和 padding，效果和标准盒模型的效果一致。
- border-box：为元素指定的任何内边距和边框都将在已设定的宽度和高度内进行绘制，即 width 是指“盒模型中的 content 的宽度+padding+border 的宽度”，效果和 IE 盒模型的效果一致。
- inherit：从父元素继承 box-sizing 的属性值。

下面通过一个案例来体会 box-sizing 各属性值的效果，如例 2-28 所示。

【例 2-28】example28.html

```
<!DOCTYPE html>
<html>
    <head>
        <meta charset="utf-8">
        <title>box-sizing 测试</title>
        <style type="text/css">
            .box{ width: 300px; height: 200px; border: 5px solid orange;}
            .box1{
                box-sizing: content-box;
                width: 100%;
            }
            .box2{
                box-sizing: content-box;
                width: 100%;
                border: solid #5B6DCD 10px;
                padding: 5px;
            }
            .box3{
```

```
                        box-sizing: border-box;
                        width: 100%;
                        border: solid #5B6DCD 10px;
                        padding: 5px;
                    }
                </style>
            </head>
            <body>
                <div class="box">
                <div class="box1">继承父元素的大小</div>
                <div class="box2">设置内容宽度与父元素相同</div>
                <div class="box3">边框和边距宽度与父元素相同</div>
                </div>
            </body>
        </html>
```

在上述代码的外层定义了一个盒子，内层嵌套了 3 个盒子，将外层的盒子设置为宽度 300px、高度 200px，将内层的 3 个盒子的宽度都设置为 width: 100%，子盒子的宽度和父盒子一致。对内层的第一个盒子.box1 定义 box-sizing: content-box 样式；对第二个盒子同样定义 box-sizing: content-box 样式，添加内边距“padding: 5px”；对第三个盒子定义 box-sizing: border-box 样式，添加内边距 padding: 5px。运行代码，效果如图 2-52 所示。

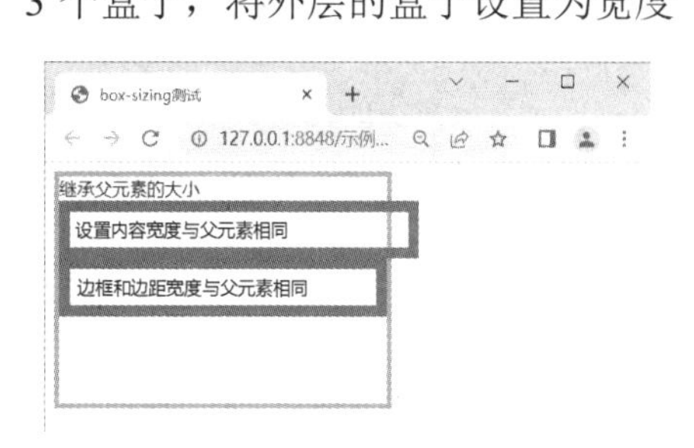

图 2-52　box-sizing 各属性值的效果

通过“开发者工具”查看 3 个子盒子的盒模型，如图 2-53 所示。

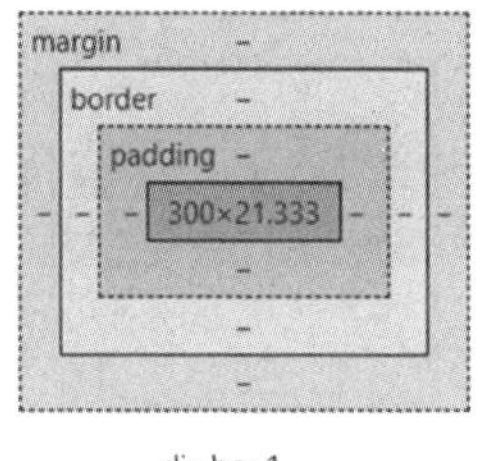

div.box1

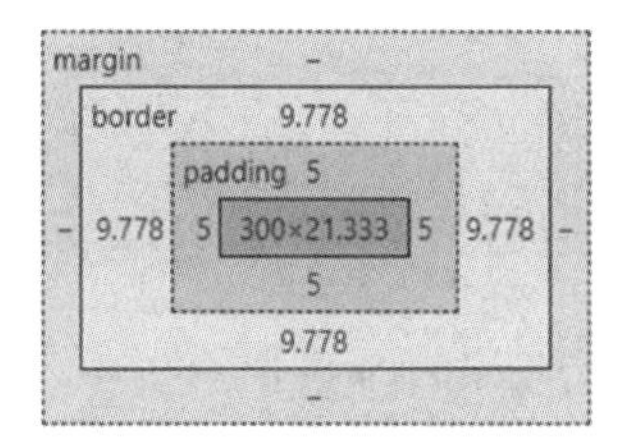

div.box2

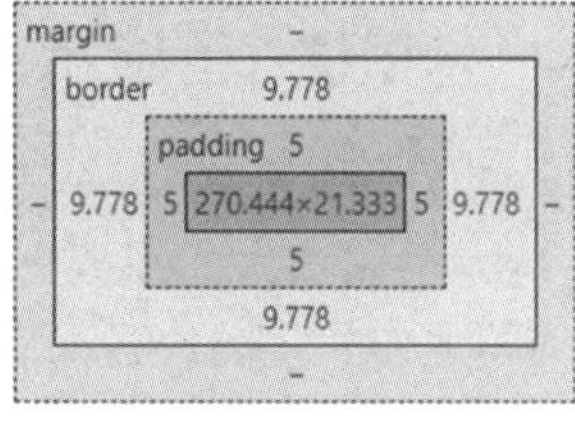

div.box3

图 2-53　子盒子的盒模型

对比 3 个盒子，计算 3 个盒子的宽度。div.box1 盒子的宽度为其父元素宽度 300px，div.box2 盒子的宽度为 300px+2*5px+2*9.778px=329.556px，div.box3 盒子的宽度为 270.444px+2*5px+2*9.778px=300px。

由此可见，在使用了 box-sizing: border-box 样式之后，盒子的总宽度和父元素的宽度一致，border 和 padding 的宽度被包含在内了。

使用通配符进行全局设置，即*{ box-sizing: border-box; }，如例 2-29 所示。

【例 2-29】example29.html（部分代码）

```
<style>
    * {
        box-sizing: border-box;
```

```
        }
        #example1 {
            width: 300px;
            padding: 40px;
            border: 15px solid blue;
        }
        #example2 {
            width: 300px;
            padding: 10px;
            border: 2px solid red;
        }
    </style>
    <body>
        <h2>通用的 box-sizing</h2>
        <p>使用 "box-sizing:border-box"……</p>
        <div id="example1"><div>的完整宽度为 300px, 不需要考虑内边距和边框。</div>
        <br>
        <div id="example2">这个<div>的完整宽度也是 300px, 也不需要考虑内边距和边框。</div>
    </body>
    </html>
```

本例中在 CSS 文件中写入*{ box-sizing:border-box; }，*代表所有标记，这时页面内的元素都是以内减模式显示的，用户设置的宽度就是实际宽度，不需要考虑页面内所有元素内边距和边框宽度的问题。设置两个<div>的宽度 width 都是 300px，而 border 和 padding 宽度都不同。运行代码，效果如图 2-54 所示。

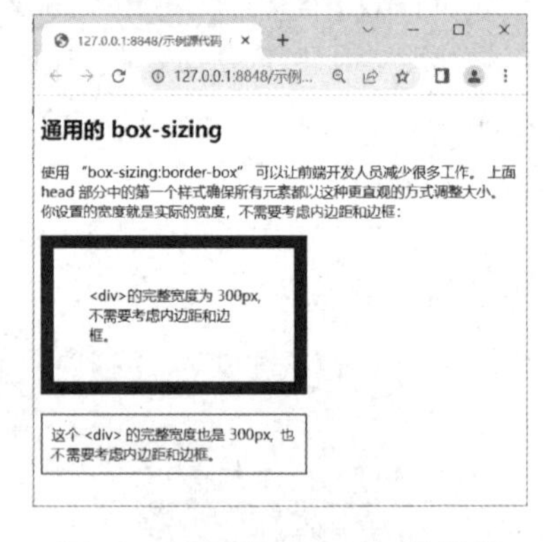

图 2-54　通用 box-sizing 的效果

2.2.4　背景样式基础

当我们在网上浏览各种好看的网页时，网页的背景样式往往是吸引注意力的重要因素，有用颜色作背景的，也有用图像作背景的。那么怎样利用 CSS 设置网页背景呢？

背景属性基础

网页设计的现状及发展趋势是结构、样式以及行为的逐步分离，所以网页背景的设置大部分是由 CSS 完成的。在设计背景的过程中，要考虑背景与网站主题的一致性，即网站的各个板块的风格统一。在运用图像作背景时要灵活选择，如企业网站，可以采用企业的宣传照片、企业的产品、企业的环境实拍或者企业的 logo 等作为背景，从而加深网站给人的印象。但是要注意背景图片的尺寸、位置、清晰度等因素。

本节将详细介绍在 CSS 中控制背景样式的方法，背景属性如表 2-7 所示。

表 2-7　CSS 背景属性

属性	说明
background-color	背景颜色
background-image	背景图像

续表

属性	说明
background-repeat	背景图像的重复方式
background-position	背景图像的位置
background-attachment	背景图像的固定模式
background-size	规定背景图像的尺寸
background-clip	规定背景图像的绘制区域
background-origin	背景图像的定位区域

1. CSS 中的颜色体系

通过表 2-7 可以看到，第一个背景属性是背景颜色，这里我们要用到颜色，不妨先对 CSS 中的颜色做些了解。CSS 主要采用关键字、十六进制和 RGB 这 3 种设置颜色的方式。CSS3 中增加了 RGBA、HSL、HSLA 这 3 种方式，极大地丰富了 CSS 设置颜色的方式。

（1）CSS 颜色名称。

在 CSS 中，可以使用颜色名称来指定颜色，如 red、gray、orange 等，CSS 支持 140 种标准颜色名称，代码如下。

```
<h3 style="color:Tomato;">Hello World</h3>              /*三级标题内的文字颜色为番茄色*/
```

（2）十六进制颜色值。

任何颜色都是由 3 种最基本的颜色叠加形成的，这 3 种颜色被称为"三基色"。在 HTML 中，通过一个以"#"开头的 6 位十六进制数表示一种颜色。6 位数字分为 3 组，每组两位，依次表示红、绿、蓝 3 种颜色的强度，代码如下。

```
<h1 style="background-color:#ff0000;">标题</h1>          /*一级标题的背景色为红色*/
```

颜色值"#FF0000"为红色，因为红色的值达到了最高值 FF（十进制的 255），其余两种颜色强度为 0。"#FFFF00"表示黄色，因为当红色和绿色都为最大值，且蓝色为 0 时，产生的就是黄色。黑色为"#000000"，白色为"#FFFFFF"。

（3）RGB 模式。

通过组合不同的红色、绿色、蓝色的值创造出的颜色被称为 RGB 模式的颜色，RGB 的取值范围为 0～255。例如，rgb(255,0,0)为红色，rgb(0,255,0)为绿色，rgb(0,0,255)为蓝色，代码如下。

```
<h1 style="background-color:rgb(60,179,113);">标题</h1>
```

设置一级标题的背景色为 rgb(60,179,113)，颜色接近绿色。

RGB 颜色叠加图如图 2-55 所示。

（4）RGBA 模式。

RGBA 模式在 RGB 模式的基础上增加了 Alpha 通道，用来设置颜色的透明度，这个通道值的范围是 0～1。0 代表完全透明，1 代表完全不透明，格式如下。

```
rgba(r,g,b,a)
```

例如，设置一级标题的背景色为 rgba(60, 179, 113,0.5)，半透明草绿色，代码如下。

```
<h1 style="background-color:rgba(60,179,113,0.5);">标题</h1>
```

（5）HSL 模式。

HSL 模式是指通过色调（H）、饱和度（S）、亮度（L）3 个颜色通道的变化及其相互的叠加得到各式各样的颜色。HSL 标准几乎可以涵盖人类视力所能感知的所有颜色，格式为 hsl(h,s,l)。

- h：色调（hue），可以为任意整数，其中 0（360 或-360）表示红色，60 表示黄色，120 表示绿色，180 表示青色，240 表示蓝色，300 表示洋红。
- s：饱和度（saturation），表示颜色的深浅度和鲜艳度，取值范围为 0～100%，其中 0 表示灰度（没有该颜色），100%表示饱和度最高（颜色最鲜艳）。
- l：亮度（lightness），取值范围为 0～100%，其中 0 表示最暗（黑色），100%表示最亮（白色）。

例如，设置一级标题的背景颜色叠加后为橙色，参考图 2-56 所示的 HSL 模式图。

```
<h1 style="background-color:hsl(39,100%,50%);">标题</h1>
```

（6）HSLA 模式。如同 RGBA 模式是 RGB 模式的扩展，HSLA 模式是 HSL 模式的扩展。HSLA 模式在 HSL 模式的基础上增加了一个透明 Alpha 通道来设置透明度。

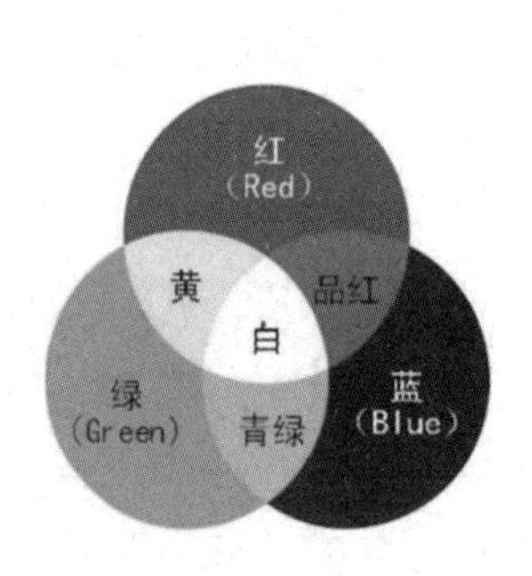

图 2-55　RGB 颜色叠加图

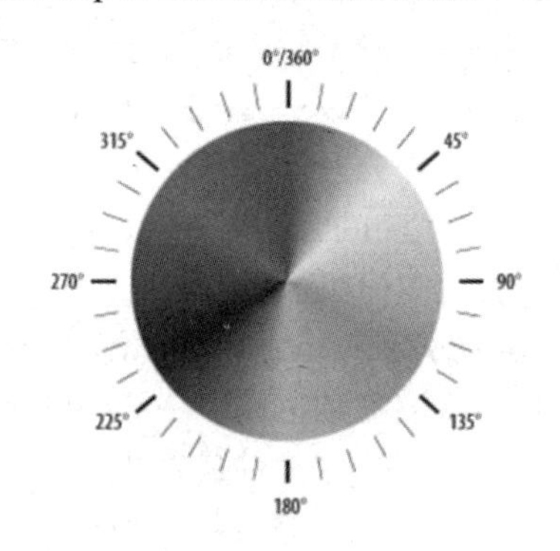

图 2-56　HSL 模式图

2. 设置背景颜色

CSS 中的 background-color 属性用来给网页元素添加背景颜色，颜色的值可以使用前面提到的方式设置，如 CSS 颜色名称、十六进制颜色值、RBG 模式等。除了使用颜色值，background-color 属性的默认值为 transparent，表示背景颜色为透明。

下面通过案例来演示 background-color 各属性值的用法和效果，为网页中的元素设置背景颜色，如例 2-30 所示。

【例 2-30】example30.html

```
<!doctype html>
<html>
<head>
<meta charset="utf-8">
<title>设置背景颜色</title>
<style type="text/css">
	body{
		background-color: #CCC;				/*设置网页的背景颜色*/
	}
	h2{
		font-family:"微软雅黑";
		color:#FFF;
		background-color: plum;				/*设置标题的背景颜色*/
	}
	h3{ background-color: rgba(144, 22, 8, 0.2)}		/* 设置三级标题的背景颜色 */
	p{ background-color: transparent;}			/* 设置段落背景透明 */
```

```
</style>
</head>
<body>
        <h2>书院</h2>
        <h3>【宋】刘过</h3>
        <p> 力学如力耕，勤惰尔自知。
        <br />但使书种多，会有岁稔时。</p>
</body>
</html>
```

在例 2-30 中，通过 background-color 属性分别控制多个标题和段落的背景颜色。运行代码，效果如图 2-57 所示。

从图 2-57 中可以看到，二级标题的背景颜色为紫红色，使用颜色名称来定义；三级标题的背景颜色为咖啡色，使用 RGBA 模式定义；段落背景透明，使用默认值 transparent 定义，尝试注释本行代码，发现段落背景仍然为透明，在不设置的情况下自动取默认值。

3. 设置背景图像

可以将背景设置为某个颜色，也可以将图像设置为元素的背景，background-image 属性用来为元素设置背景图像。元素的背景图像占据了元素的全部尺寸，包括内边距和边框，但不包括外边距。

背景图像默认位于元素的左上角，并在水平和垂直方向上重复。background-image 有以下属性值。

- url('URL')：指向图像的路径。
- none：默认值，不显示背景图像。
- inherit：规定应该从父元素继承 background-image 的属性值。

在例 2-30 中 body 元素的样式内添加背景图像，修改后的 CSS 代码如下。

```
body{
        background-color: #CCC;                    /*设置网页的背景颜色*/
        background-image: url(images/bg.png);       /*设置网页的背景图像*/
    }
```

保存页面，运行代码，页面效果更新为图 2-58 所示。

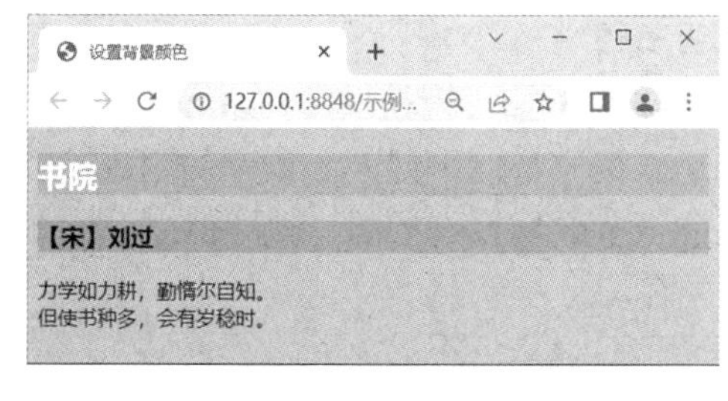

图 2-57　设置背景颜色

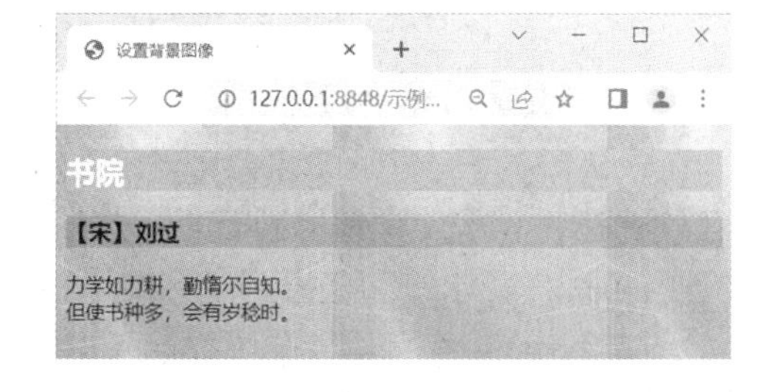

图 2-58　设置网页背景图像

在演示 background-color 属性时，我们通过设置背景颜色为 RGBA 模式，显示了背景的透明度效果。在 CSS3 中，opacity 属性用来设置一个元素的透明度级别，语法格式如下。

```
opacity: value|inherit;
```

其中，value 用来指定不透明度，取值范围从 0.0（完全透明）到 1.0（完全不透明）；inherit 表示 opacity 属性的值应该从父元素继承。

通过案例来了解 RGBA 模式定义透明度与 opacity 属性定义不透明度的用法，如例 2-31 所示。

【例 2-31】example31.html

```
<!DOCTYPE html>
<html>
<head>
<meta charset="utf-8">
<title>透明度与不透明度</title>
<style type="text/css">
        .a1{width: 250px;height: 100px;background: red;opacity: 0.5;}
        .a2{width: 250px;height: 50px;background: #008000;font-size: 30px;}
        .a3{width: 250px;height: 50px;background: rgba(55,100,200,0.5);}
</style>
</head>
<body>
        <div class="a1">
        <div class="a2">我也变透明了！</div>
        </div>
        <div class="a3">我没变透明！</div>
</body>
</html>
```

在本例中，对 div.a1 设置了 opacity 为 0.5，<a1>内嵌套了一个<div>；对 div.a3 定义了背景颜色为 rgba(55,100,200,0.5)，透明度为 0.5。运行代码，效果如图 2-59 所示。

图 2-59　透明度与不透明度

从图 2-59 中可以看到，在外层<div>中设置了 opacity 不透明度后，嵌套<div>的背景颜色和文字都呈现不透明度的效果，下面的<div>是通过 RGBA 模式设置的透明度，只影响背景的透明度，而不影响文字。

提示： opacity 会继承父元素的 opacity 属性，而 RGBA 模式设置的元素的后代元素不会继承不透明属性。

4. 设置背景图像平铺

在默认情况下，背景图像会自动沿着水平和竖直两个方向平铺，如果不希望图像平铺，或者只沿着一个方向平铺，则可以通过 background-repeat 属性来控制，该属性的取值如下。

- repeat：沿水平和竖直两个方向平铺（默认值）。
- no-repeat：不平铺（图像位于元素的左上角，只显示一个）。
- repeat-x：只沿水平方向平铺。
- repeat-y：只沿竖直方向平铺。

5. 设置背景图像位置

在设置了元素的背景图像后，默认以元素的左上角为基准点显示，background-position 属性用于指定背景图像的位置，有以下 3 种取值。

- 关键词：比如 top、right、bottom、left 和 center。
- 长度值：比如 px、em、rem 等。

- 百分值：%。

在以下代码中，设置背景图像并用 background-position 属性来控制它的位置，计量单位是 px。第一个数字表示 x 轴（水平）位置，第二个数字表示 y 轴（垂直）位置。

```
background-position: 0 0;             /*元素的左上角*/
background-position: 75px 0;          /*把图像向右移动 75px*/
background-position: -75px 0;         /*把图像向左移动 75px*/
background-position: 0 100px;         /*把图像向下移动 100px*/
```

通过案例来演示 background-position 属性的设置方法，如例 2-32 所示。

【例 2-32】example32.html

```
<!DOCTYPE html>
<html>
<head>
<meta charset="utf-8" />
<title>图像位置</title>
<style type="text/css">
    div {
        border: 1px solid black;
        width: 200px;
        height: 100px;
        background-image: url(images/po.png);     /*设置背景图像*/
        background-repeat: no-repeat;             /*设置背景图像不平铺*/
        margin-top: 10px;
        }
    .box1 {
        background-position: 10px 10px;          /*用像素值控制背景图像的位置*/
        }
    .box2 {
        background-position: center center;       /*用关键字控制背景图像的位置*/
        }
    .box3 {
        background-position: 50% 50%;             /*用百分比控制背景图像的位置*/
        }
</style>
</head>
<body>
    <div class="box1"></div>
    <div class="box2"></div>
    <div class="box3"></div>
</body>
</html>
```

在本例中，分别使用了像素值、关键字和百分比来控制背景图像的位置。运行代码，效果如图 2-60 所示。

在使用关键字控制背景图像位置时，若只设置了一个值，则另一个值默认为 center。同样，如果只有一个百分数，则将其作为水平值，垂直值默认为 50%。

6. 背景固定

当网页内容较多时，就会出现滚动条，网页中设置的背景图像会随着滚动条一起移动。

如果希望背景图像固定在窗口上，不随着滚动条移动，则可以使用 background-attachment 属性来实现背景固定。background-attachment 的属性值如下。

- scroll：默认值，背景图像不固定，在窗口内滚动元素时，背景图像跟随元素一起滚动。
- fixed：背景图像固定，在窗口内滚动元素时，背景图像不跟随元素一起滚动。

在案例中查看background-attachment属性的使用效果，如例 2-33 所示。

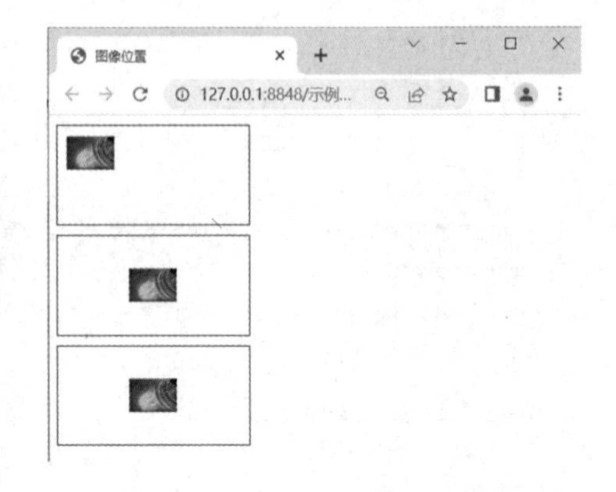

图 2-60　控制背景图像的位置

【例 2-33】example33.html

```
<!DOCTYPE html>
<html>
<head>
<meta charset="utf-8">
<title>背景固定</title>
<style>
body {
background-image: url(images/fix.jpg);
background-repeat: no-repeat;
background-position: center top;
background-attachment: fixed;                    /*把背景图像固定住*/
background-color: black;
color: #fff;
font-size: 20px;
}
</style>
</head>
<body>
<h2>山居秋暝</h2>
<h4>王维</h4>
<p>空山新雨后，</p>
……(略)
<p>王孙自可留。</p>
</body>
</html>
```

运行代码，效果如图 2-61 所示。

拖动浏览器的滚动条，可以看到背景图像是固定的，其位置不变。

7. 设置背景图像的大小

在 CSS2.1 中，我们是不能使用 CSS 来控制背景图像大小的，背景图像的大小都是由图像实际大小决定的。在 CSS3 中，我们可以使用 background-size 属性来定义背景图像的大小，这样可以使得同一张背景图像在不同的场景中重复使用，语法格式如下。

```
background-size: 取值;
```

background-size 的属性值有两种，一种是长度值，如 px、em、百分比等；另一种是关键字，如下所示。

- 像素值：设置背景图像的高度和宽度。第一个值为宽度，第二个值为高度。如果只设置一个值，则第二个值默认为 auto。
- 百分比：以父元素的百分比来设置背景图像的宽度和高度。第一个值为宽度，第二个值为高度。如果只设置一个值，则第二个值默认为 auto。

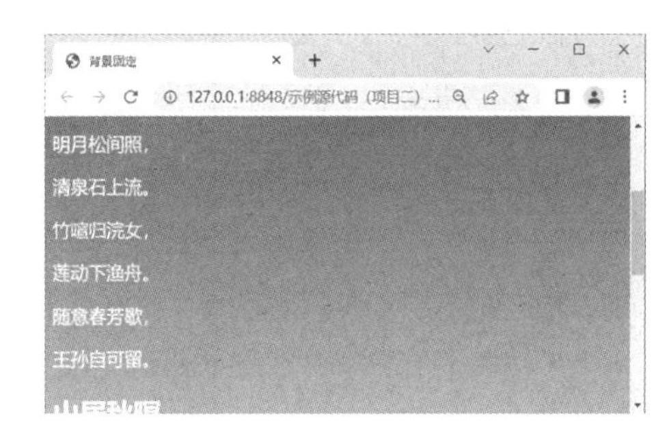

图 2-61　固定背景图像

- cover：把背景图像扩展至足够大，使背景图像完全覆盖背景区域。背景图像的某些部分也许无法显示在背景区域中。
- contain：把图像扩展至最大尺寸，使其宽度和高度完全适应内容区域。

通过案例来控制背景图像的大小，如例 2-34 所示。

【例 2-34】example34.html

```
<!DOCTYPE html>
<html>
<head>
<meta charset="utf-8" />
<title>背景图像大小</title>
<style type="text/css">
	div {
		border: 1px solid red;
		width: 200px;
		height: 200px;
		margin-top: 10px;
		background-image: url(images/dx.png);		/*设置背景图像*/
		background-repeat: no-repeat;		/*设置背景图像不平铺*/
		}
		.box1 {
		background-size: contain;		/*调整背景图像的大小，适应内容区域*/
		}
		.box2 {
		background-size: cover;		/*调整背景图像的大小，填满内容区域*/
		}
		.box3 {
		background-size: 50px 50px;
		}
</style>
</head>
<body>
	<div class="box1"></div>
	<div class="box2"></div>
	<div class="box3"></div>
</body>
</html>
```

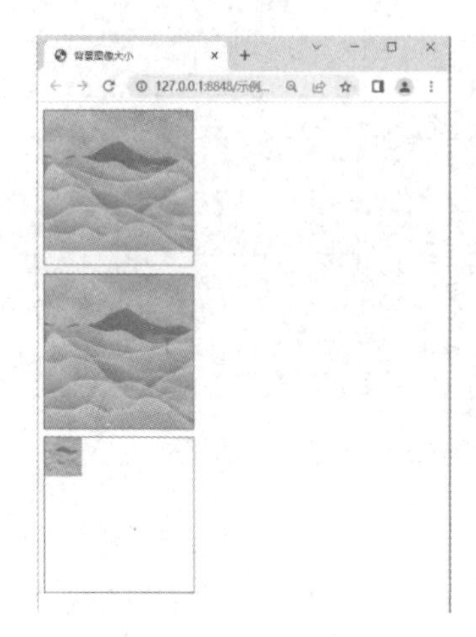

图 2-62　控制背景图像的大小

本例使用了 3 种方法调整背景图像的大小，分别是 contain、cover 和像素值。运行代码，效果如图 2-62 所示。

从图 2-62 中可以看到，div.box1 中的背景图像正比例缩放至充满盒子宽度，div.box2 中的背景图像放大至填满整个盒子，div.box3 中的背景图像按照设置的尺寸显示。

8. 设置背景图像的显示区域

在默认情况下，background-position 属性总是以元素左上角为坐标原点定位背景图像。运用 CSS3 中的 background-origin 属性可以改变这种定位方式，自行定义背景图像的相对位置，基本语法格式如下。

```
background-origin:属性值;
```

在上面的语法格式中，background-origin 有 3 种属性值，分别表示不同的含义，具体解释如下。

- padding-box：相对于内边距区域来定位背景图像。
- border-box：相对于边框来定位背景图像。
- content-box：相对于内容区域来定位背景图像。

通过案例对 background-position 属性的用法进行演示，如例 2-35 所示。

【例 2-35】example35.html

```
<!DOCTYPE html>
<html>
	<head>
		<title>背景显示区域</title>
		<style>
			#example1 {
				border: 10px solid black;
				padding: 30px;
				background: url(images/flower_1.png);
				background-repeat: no-repeat;
				background-origin: border-box;
				/*相对于边框来定位背景图像*/
			}
			#example2 {
				border: 10px solid black;
				padding: 30px;
				background: url(images/flower_1.png);
				background-repeat: no-repeat;
				background-origin: content-box;
				/*相对于内容区域来定位背景图像*/
			}
		</style>
	</head>
	<body>
		<h1>background-origin 属性</h1>
		<p>background-origin: border-box:</p>
		<div id="example1">
```

```
                <h2>I Want Nothing</h2>
                <p>I asked nothing，only stood at the edge of the wood behind the tree.Languor was still upon the eyes of the dawn，and the dew in the air.The lazy smell of the damp grass hung in the thin mist above the earth.</p>
                <p>Under the banyan tree you were milking the cow with your hands，tender and fresh as butter.And I was standing still.</p>
            </div>
            <p>background-origin: content-box:</p>
            <div id="example2">
                <h2>I did not come near you.</h2>
                <p>The sky woke with the sound of the gong at the temple.The dust was raised in the road from the hoofs of the driven cattle.</p>
                <p>With the gurgling pitchers at their hips，women came from the river.Your bracelets were jingling，and foam brimming over the jar.The morning wore on and I did not come near you.</p>
            </div>
        </body>
    </html>
```

本例为<div>添加了背景图像，通过 background-origin 属性分别对两个盒子的背景图像位置进行了修改。运行代码，效果如图 2-63 所示。

图 2-63　设置背景图像的显示区域

9. 设置背景图像的裁剪区域

在 CSS 样式中，background-clip 属性用于设置背景图像的裁剪区域，基本语法格式如下。

```
background-clip:属性值;
```

在语法格式上，background-clip 属性和 background-origin 属性的取值相似，但含义不同，具体解释如下。

- border-box：默认值，从边框区域向外裁剪背景图像。
- padding-box：从内边距区域向外裁剪背景图像。
- content-box：从内容区域向外裁剪背景图像。

通过案例来演示 background-clip 属性的用法，如例 2-36 所示。

【例 2-36】example36.html

```
<!DOCTYPE html>
<html>
<head>
<meta charset="utf-8" />
<title>背景图像裁剪</title>
<style type="text/css">
    div {
        width: 100px;
        height: 100px;
        margin-top: 10px;
        padding: 20px;
        border: 5px dotted yellow;
        background-image: url(images/dog.png);          /*设置背景图像*/
```

```
            background-repeat: no-repeat;                    /*设置背景图像不平铺*/
            background-origin: border-box;                   /*设置背景定位方式*/
            }
        .box1 {
            background-clip: border-box;                     /*从边框向外裁剪背景图像*/
            }
        .box2 {
            background-clip: padding-box;                    /*从内边距向外裁剪背景图像*/
            }
        .box3 {
            background-clip: content-box;                    /*从内容区域向外裁剪背景图像*/
            }
</style>
</head>
<body>
    <div class="box1">border-box</div>
    <div class="box2">padding-box</div>
    <div class="box3">content-box</div>
</body>
</html>
```

图 2-64　设置背景图像的裁剪区域

本例分别使用 3 种不同的裁剪方式对背景图像进行裁剪。运行代码，效果如图 2-64 所示。

10. 设置多重背景图像

CSS3 增强了背景图像的功能，允许一个容器里显示多个背景图像，使背景图像效果更容易控制。但是 CSS3 中并没有为实现多背景图像提供对应的属性，而是通过 background-image、background-repeat、background-position 和 background-size 等属性提供多个属性值来实现多重背景图像效果，各属性值之间用逗号隔开。通过案例来演示多重背景图像的设置，如例 2-37 所示。

【例 2-37】example37.html

```
<!DOCTYPE html>
<html>
<head>
<meta charset="utf-8">
<title>多重背景</title>
<style type="text/css">
div{
    width:600px;
    height:300px;
    border:1px dotted #999;
    background-image:url(images/bird.png),url(images/sun.png),url(images/sky.jpg);
    background-repeat:no-repeat;
    background-position:left top,right top， top;
    }
```

```
</style>
</head>
<body>
    <div>设置多重背景图像</div>
</body>
</html>
```

在例 2-37 中，首先通过 background-image 属性定义了 3 张背景图像，然后设置背景图像的平铺方式为 no-repeat，最后通过 background-position 属性分别设置 3 张背景图像的位置。其中 left top 用于设置小鸟的位置，right top 用于设置太阳的位置，top 等价于 top center，用于设置天空的位置。运行代码，效果如图 2-65 所示。

图 2-65　设置多重背景图像

11. 背景复合属性

同边框属性一样，CSS 的背景属性也是一个复合属性，可以将背景相关的样式都综合定义在一个复合属性 background 中。使用 background 复合属性设置背景样式，语法格式如下。

```
background:[background-color] [background-image] [background-repeat] [background-attachment] [background-position] [background-size] [background-clip] [background-origin];
```

在上述语法格式中，各个样式的顺序可以打乱，没有样式的属性可以省略。通过案例演示背景复合属性的设置，如例 2-38 所示。

【例 2-38】example38.html

```
<!doctype html>
<html>
<head>
<meta charset="utf-8">
<title>背景复合属性</title>
<style type="text/css">
    div{
        width:300px;
        height:300px;
        border:5px dashed papayawhip;
        color: darkmagenta;
        padding:25px;
        background:#B5FFFF url(images/caodi.png) no-repeat left bottom padding-box;
        }
</style>
</head>
<body>
    <div>我不去想是否能够成功<br />既然选择了远方<br />便只顾风雨兼程<br />我不去想能否赢得爱情<br />既然钟情于玫瑰<br />就勇敢地吐露真诚<br />我不去想身后会不会袭来寒风冷雨<br />既然目标是地平线<br >留给世界的只能是背影<br />我不去想未来是平坦还是泥泞<br />只要热爱生命<br />一切，都在意料之中</div>
</body>
</html>
```

本例运用背景复合属性为<div>定义了背景颜色、背景图像、图像平铺方式、背景图像的位置和裁剪区域等多个属性。运行代码，效果如图 2-66 所示。

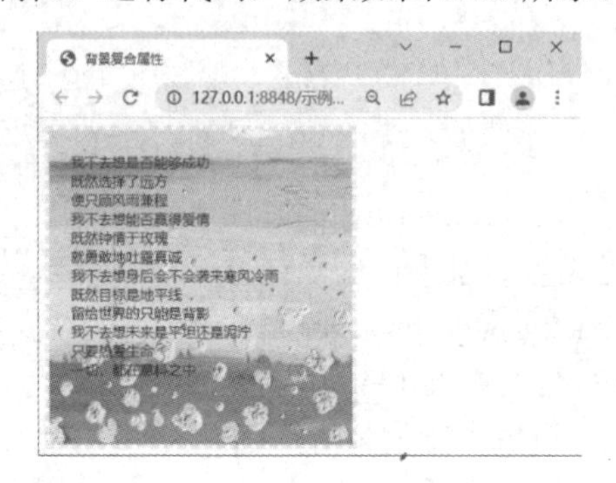

图 2-66　背景复合属性

【任务实施】使用 div+CSS 对网页进行简单布局

【效果分析】

只有熟悉页面的结构及版式，才能更加高效地完成网页的布局和排版。下面对旅行网站首页的效果图进行 HTML 结构和 CSS 样式的分析。

1. 结构分析

旅游网站首页从上到下分为 6 个模块，如图 2-22 所示。从上到下分别是头部区域、banner 区域、公司简介、旅行故事、新闻区域和底部区域。每个区域用一个<div>单独包裹起来，初步规划需要 6 个模块，首页结构图如图 2-67 所示。

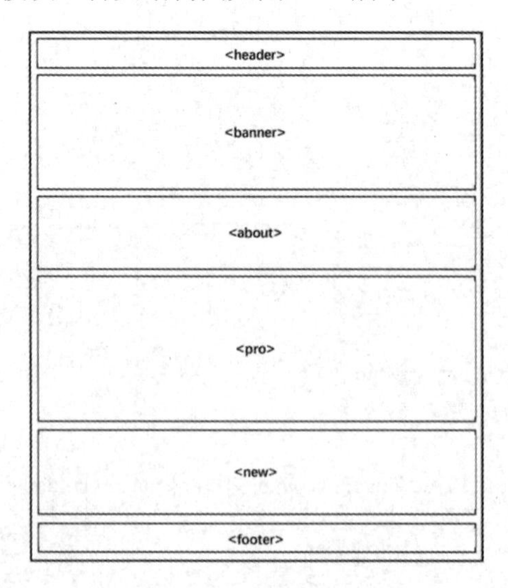

图 2-67　首页结构图

2. 样式分析

观察并测量网页的各个模块，可以看出网页的背景颜色是白色，字体颜色接近黑色，在前面的项目中已经写进了 CSS 样式表。6 个模块的宽度有两种，一种是和网页宽度一致，即 width 为 100%，另一种的宽度为 1100px，高度各不相同，需要逐个进行设置。“旅行故事”模块的背景颜色接近灰色，使用#f2f4f6 来定义。

【模块制作】

1. 搭建 HTML 结构

根据上面的结构分析，使用相应的 HTML 标记来搭建页面整体结构，如例 2-39 所示，新建一个 HTML 文档，将网页命名为 example39.html。

【例 2-39】example39.html

```
<!DOCTYPE html>
<html>
    <head>
        <meta charset="utf-8">
        <title>兰锡自由行</title>
        <link rel="stylesheet" href="style/web.css" type="text/css">
    </head>
    <body>
        <!-- 头部区域 -->
        <div class="header"></div>
        <!-- banner 区域 -->
        <div class="banner"></div>
        <!-- 公司简介 -->
        <div class="about"></div>
        <!-- 旅行故事 -->
        <div class="pro"></div>
        <!-- 新闻区域 -->
        <div class="new"></div>
        <!-- 底部区域 -->
        <div class="footer"></div>
    </body>
</html>
```

页面布局对于改善网站的外观起着重要的作用，为了使网站页面结构更加清晰、有条理和可读，需要使用包含语义的名称来作为页面模块的类名。

2. 定义 CSS 样式

在搭建完页面结构后，接下来使用 CSS3 对页面样式进行修饰。

在 style 文件夹中打开之前创建的样式表文件“web.css”，并在 HTML 文档的<head>标记中，通过<link>标记引入样式表文件“web.css”。下面在样式表文件“web.css”中写入各个模块的 CSS 代码，控制模块的基础样式，具体代码如下。

```
/*重置浏览器的默认样式，清除元素内外边距，设置字体及颜色*/
*{margin:0;padding:0; font-family:"微软雅黑","黑体"; color:#333;}
/*全局控制,设置页面背景颜色及高度*/
body,html{ background:#fff; height:100%;}
ul,ol{ list-style:none}                          /*清除列表默认样式*/
img{ border:none;}                               /*清除图像边框样式*/
a{ text-decoration:none;}                        /*清除超链接默认样式*/
/*头部区域*/
.header{ width:1100px; height:106px; margin:0 auto; }
/*banner 区域*/
.banner{ width:100%; height:500px; }
```

```
/*公司简介*/
.about{ width:1100px; height:270px; margin:85px auto; }
/*旅行故事*/
.pro{ width:100%; height:630px; background:#f2f4f6; }
/*新闻区域*/
.news{width:1100px; height:440px; margin:85px auto; }
/*底部区域*/
.footer{ width:100%; height:250px; }
```

按照首页效果图分析和测量结果，分别设置各个模块的宽高以及外边距，并给旅行故事模块添加背景颜色#f2f4f6。

至此，使用 div+CSS 完成了旅游网站首页的页面结构和 CSS 基础样式的搭建。

项目小结

本项目先介绍了 CSS3 的发展史、CSS 样式规则和引入方式、CSS 基础选择器和 CSS 特性，搭建起了旅游网站的 CSS 文件，为日后的学习奠定了基础。随后介绍了盒模型的概念、盒模型的相关属性，以及盒模型常见的两种模式。最后详细介绍了色彩模式及背景样式的应用。

通过对本项目的学习，学生应该熟悉网页的盒模型，并能运行盒模型的相关属性控制页面中的元素，完成简单的模块制作。

课后习题

一、单选题

1．下列选项中，属于引入 CSS 的方式是（　　）。

A．行内式　　B．内嵌式　　C．外链式　　D．旁引式

2．下列选项中，用来表示通配符选择器的符号是（　　）。

A．*　　B．#　　C．.　　D．:

3．关于 RGB 模式的书写方法，下列选项正确的是（　　）。

A．rgb(255,0,0)　　B．rgb(100%,0%,0%)

C．rgb(100%,0,0)　　D．rgb(100 0 0)

4．下列选项中，不具有继承性的属性有（　　）。

A．padding　　B．background　　C．height　　D．border-top

5．下列选项中，属于盒模型基本属性的是（　　）。

A．内边距　　B．外边距　　C．边框　　D．宽和高

6．下列选项中，可以控制盒子宽度的属性是（　　）。

A．width　　B．height　　C．padding　　D．margin

7．下列选项中，属于边框属性的是（　　）。

A．border-style　　B．border-height

C．border-width　　D．border-color

8．下列关于内边距属性 padding 的描述中，正确的是（　　）。

A．padding 属性是复合属性

B．必须按顺时针的顺序采用值复制原则定义 4 个方向的内边距

C．其取值可为 1～4 个值

D．padding 的取值不能为负

9．下列选项中，可清除元素默认外边距的是（　　）。

A．font-size:0;　　B．line-height:0;

C．padding:0;　　D．margin:0;

二、判断题

1．外链式是指将所有的样式放在一个或多个以.css 为扩展名的外部样式表文件中。（　　）

2．CSS 的层叠性是指在书写 CSS 代码时，子标记会继承父标记的某些样式。（　　）

3．在权重相同时，CSS 样式遵循就近原则。（　　）

4．RGBA 模式用于设置背景图像的透明度。（　　）

三、简答题

1．请简要描述 CSS3 的优势。

2．请简要描述什么是结构与表现相分离。

项目 3

制作公司简介模块

情景引入

旅游网站首页的 HTML 页面结构和 CSS 基础样式已经搭建好了，小李同学想在首页上介绍旅游公司的起源和发展故事，文字描述是必不可少的，为了页面效果，配上一张风景照片，吸引浏览者的目光。

文字是网页信息传递的主要载体，虽然使用图像、动画或视频等多媒体信息可以增强可视化效果，但是文字所传递的信息是最准确的，也是最令人遐想的。图像是网站基本的媒体元素，能更加直观地展示信息，带给浏览者良好的视觉体验。那么，如何在页面中添加文字和图像并对其进行修饰呢？

任务 3.1 文字内容的制作

【任务提出】

根据网页效果图，旅游网站首页的公司简介模块左侧是本任务需要制作的文字内容，如图 3-1 所示，用于描述旅游网站的起源和发展故事。本任务学习 HTML 中有关文本控制的标记，如段落标记<p></p>、标题标记<h1>～<h6>、水平线标记<hr />等。接下来通过文本控制标记制作公司简介中的文字内容。

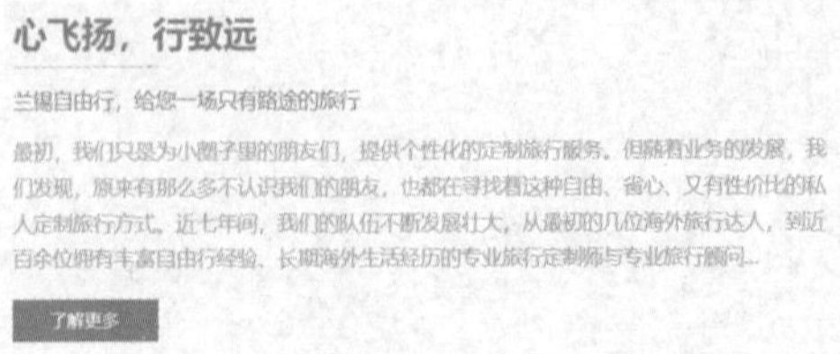

图 3-1　公司简介模块的文字内容

【学习目标】

知识目标	技能目标	思政目标
√掌握文本控制标记的使用。 √掌握语义化文本标记的运用。 √熟悉 CSS 文本样式属性	√能够运用文本标记制作简单的文字模块。 √能够运用文本样式属性定义文本样式	√激发对祖国美好山河的热爱，进行爱国主义思想教育

【知识储备】

文本是网页中最基础的部分，一个标准的文本可以起到传达信息的作用。对于一个优秀的网页，它的文本应该是一个有吸引力而且有效的文档，这正是 HTML 的优点之一。本任务将会讲解如何在网页中编辑文本段落并对其进行修饰。

3.1.1 文本相关的标记

文本控制标记

当使用文字处理软件时，只需要录入并选择相应的格式，即可呈现出我们想要的样式。在 HTML 文档中，分段、换行、标题等操作都需要使用对应的标记。一篇结构清晰的文章通常都有标题和段落，HTML 网页也不例外。为了使网页中的文字有条理地显示出来，HTML 提供了相应的标记。

1. 标题标记

为了使网页更具有语义化，我们经常会用到标题标记，HTML 提供了 6 个等级的标题标记，即<h1>～<h6>，<h1>代表等级最大的标题，<h6>代表等级最小的标题。标题标记具有语义，表示作为标题使用，重要性依次递减，语法格式如下。

```
<hn>标题文本</hn>
```

HTML5 不推荐使用 align 属性对标题标记进行排列方式的设置，可以使用 CSS 样式来调整。下面通过一个案例说明标题标记的使用，如例 3-1 所示。

【例 3-1】example01.html

```
<!DOCTYPE html>
<html>
    <head>
        <meta charset="utf-8">
        <title>标题标记</title>
    </head>
    <body>
        <h1>劝学</h1>
        <h2>荀子</h2>
        <h3>君子曰：学不可以已</h3>
        <h4>青、取之于蓝，而青于蓝；冰、水为之，而寒于水。</h4>
        <h5>木直中绳，輮以为轮，其曲中规，虽有槁暴，不复挺者，輮使之然也。</h5>
        <h6>故木受绳则直，金就砺则利，君子博学而日参省乎己，则知明而行无过矣。</h6>
    </body>
</html>
```

在例 3-1 中，使用<h1>～<h6>标记设置了 6 种等级的标题。运行代码，效果如图 3-2 所示。

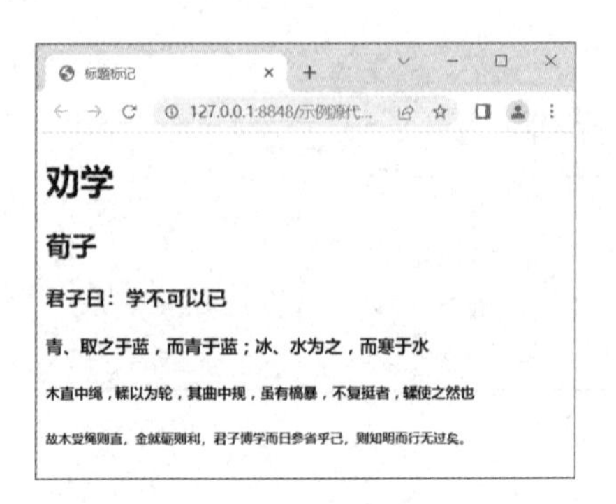

图 3-2　使用标题标记

从图 3-2 中可以看出，<h1>～<h6>的字体大小依次递减，但在代码中并没有赋予其任何 CSS 样式。标题标记拥有确切的语义，用来构建页面文档的层级结构。因此，不建议直接使用标题标记中的字体大小来进行排版，字号的调整应该在层叠样式表中来定义。

📖注意：

（1）<h1>标记在一个网页中最好只使用一次。例如，对该网页中唯一的标题使用<h1>标记。

（2）<h2>～<h4>标记可以在一个网页中多次出现，但不要随意或过度添加。

（3）<h1>标记是强调网页 HTML 文本标题的标记，用于加深网站和关键词的相关性，有利于搜索引擎的抓取。

（4）标题标记不能在<p></p>标记对中引用。例如，"<p>在段落中<h2>引用 h2 标记</h2>是错误的写法</p>"，这种写法是错误的。

2. 段落标记

网页如同文章，其段落有单独的标记来表示，段落标记也是最常见的标记之一，使用<p></p>表示。在需要分段换行时，在内容前加<p>，在内容后加</p>即可。

下面通过案例来演示段落标记<p>的用法，如例 3-2 所示。

【例 3-2】example02.html

```
<!DOCTYPE html>
<html>
    <head>
        <meta charset="utf-8">
        <title>段落标记</title>
    </head>
    <body>
        <h2>木兰花·拟古决绝词</h2>
        <p>人生若只如初见，何事秋风悲画扇。</p>
        <p>等闲变却故人心，却道故人心易变。</p>
        <p>骊山语罢清宵半，泪雨霖铃终不怨。</p>
        <p>何如薄幸锦衣郎，比翼连枝当日愿。</p>
        <p>满江红 怒发冲冠，凭栏处、潇潇雨歇。抬望眼、仰天长啸，壮怀激烈。三十功名尘与土，
八千里路云和月。莫等闲、白了少年头，空悲切。</p>
    </body>
</html>
```

第一首词的每一句都写在单独的<p>中，第二首词放在一个<p>中。运行代码，效果如

图 3-3 所示。

从图中可以看出，通过<p>标记实现的段落会独占一行，并且段与段之间存在间距。而不添加<p>标记的段落会根据浏览器窗口的大小自动换行，换行后的行与行之间没有空隙。

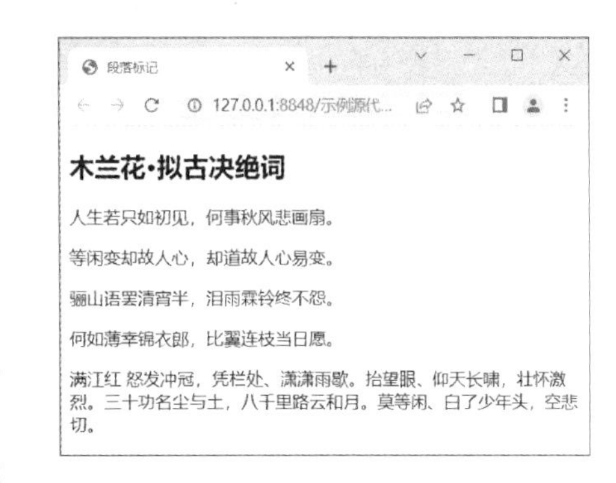

图 3-3　使用段落标记

3. <span>标记

在 HTML 中，<span>是经常使用的标记，用来显示一些文本信息。<span>没有固定的语法格式，当对它应用样式时，它会产生视觉上的变化。

<span>可以在行内划分好几个区域，从而实现某种特定的效果，还可以用来在行内标记文本，以及包装一小段文本，并且允许插入图片、添加样式及其他内容。<span>标记常用于添加样式，如改变字体的颜色、大小，以及添加图片等。

<span>标记的语法格式如下。

```
<span class=""> 内容 </span>
```

4. 换行标记

在 HTML 中，一个段落中的文字会从左到右依次排列，到浏览器窗口的右端自动换行。如果希望某段文本强制换行显示，则需要使用换行标记
，此标记是单标记，在 HTML 中按回车键可以产生换行的操作，在浏览器中无效。该标记有 3 种写法，即＜br＞、＜/br＞、＜br /＞。在案例中查看换行标记，如例 3-3 所示。

【例 3-3】example03.html（部分代码）

```
<p>使用 HTML 制作网页时通过 br 标记<br />可以实现换行效果</p>
<p>如果像在 word 中一样
敲回车换行就不起作用了</p>
```

本例在第一个<p>标记内使用了
标记来实现文本换行，在第二个<p>标记内使用了回车键来实现文本换行。运行代码，效果如图 3-4 所示。

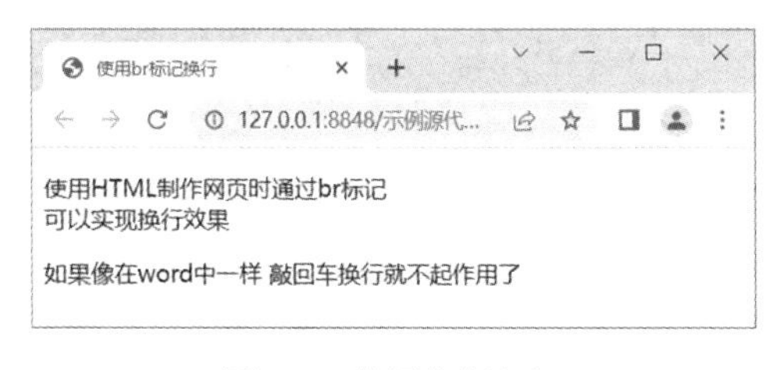

图 3-4　使用换行标记

从图 3-4 中可以看出，
标记使得文本强制换行，而在代码中使用的回车键在浏览器中没有效果，只是多出了一个空白字符。需要说明的是，一次换行使用一次
标记，多次换行需要使用多次
标记，连续使用两次
标记等效于一个段落换行标记<p/>。

5. 水平线标记

对于文档，有时需要按模块划分，在视觉上产生分成几个部分的效果，这时可以通过水平分割线来实现。HTML 中使用<hr />标记创建网页水平线。

在 HTML4 中，<hr />标记可以通过属性来改变外观，如 align、size、width、color 和 noshade，但在 HTML5 中实现了样式与结构的分离，因此<hr />的外观要通过 CSS 来修饰。

通过案例演示<hr />标记的用法，如例 3-4 所示。

【例 3-4】example04.html（部分代码）

```
<h2>李商隐 锦瑟</h2>
<hr />                          <!--水平线-->
锦瑟无端五十弦，<br />
一弦一柱思华年。<br />
庄生晓梦迷蝴蝶，<br />
望帝春心托杜鹃。<br />
沧海月明珠有泪，<br />
蓝田日暖玉生烟。<br />
此情可待成追忆，<br />
只是当时已惘然。
```

本例中的<h2>标记之后添加了一个<hr />水平线标记。运行代码，效果如图 3-5 所示。

图 3-5　使用水平线标记

6. 文本格式化标记

在网页中，有时需要为文字设置粗体、斜体或下画线效果，这时就需要用到 HTML 中的文本格式化标记，使文字以特殊的方式显示。

（1）<b></b>和<strong></strong>：文字以粗体方式显示。（XHTML 推荐使用后者。）

（2）<i></i>和<em></em>：文字以斜体方式显示。（XHTML 推荐使用后者。）

（3）<s></s>和<del></del>：文字以加删除线方式显示。（XHTML 推荐使用后者。）

（4）<u></u>和<ins></ins>：文字以加下画线方式显示。（XHTML 不赞成使用前者。）

（5）<small></small>：定义小号字体，标记包含的文本比周围的小一号。

（6）<big></big>：定义大号字体，标记包含的文字比周围的大一号。（HTML5 中已淘汰。）

（7）：定义下标文本，以当前文本流中字符高度的一半显示，但是字体、字号与文本流中的字符一致。

（8）：定义上标文本，以当前文本流中字符高度的一半显示，但是字体、字号与文本流中的字符一致。

下面通过案例演示各种文本格式化标记的效果，如例 3-5 所示。

【例 3-5】example05.html（部分代码）

```
<b>加粗</b>
<strong>加粗且强调</strong>
<i>倾斜</i>
<em>倾斜且强调</em>
<p>正常文字</p>
<small>小一号文字</small>
<p>正常显示：X1+X2=Y</p>
<p>下标：X<sub>1</sub>+X<sub>2</sub>=Y</p>
<p>上标：X<sup>2</sup>+Y<sup>2</sup>=Z</p>
<p>原价：<del>1999</del></p>
```

在本例中，对文字应用了多种文本格式化标记。运行代码，效果如图 3-6 所示。

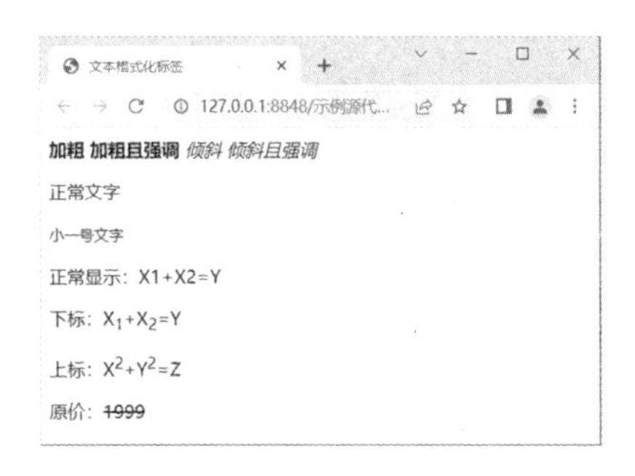

图 3-6　使用文本格式化标记

7. 特殊字符标记

HTML 中有一些字符无法通过键盘输入，这些字符对网页来说都属于特殊字符。要在网页中显示这些特殊的字符，必须使用转义字符的方式进行输入。转义字符标记由 3 个部分组成，第一个部分是“&”，第二个部分是实体名字或者“#”加上实体编号，第三个部分是分号，表示转义字符结束。常用特殊字符的表示如表 3-1 所示。

表 3-1　常用特殊字符的表示

特殊字符	描述	字符的代码	特殊字符	描述	字符的代码
	空格		¥	元（yen）	¥
<	小于号	<	€	欧元（Euro）	€
>	大于号	>	§	小节	§
&	和号	&	©	版权（copyright）	©
"	引号	"	®	注册商标	®
'	撇号	'(IE 不支持)	™	商标	™
¢	分（cent）	¢	×	乘号	×
£	镑（pound）	£	÷	除号	÷

在案例中演示部分特殊字符的效果，如例 3-6 所示。运行代码，效果如图 3-7 所示。

【例 3-6】example06.html（部分代码）

```
在 HTML 中，常用的特殊字符有：<br>
&cent;&pound;&yen;&euro;&sect;&copy;&reg;&trade;&times;&divide;等
```

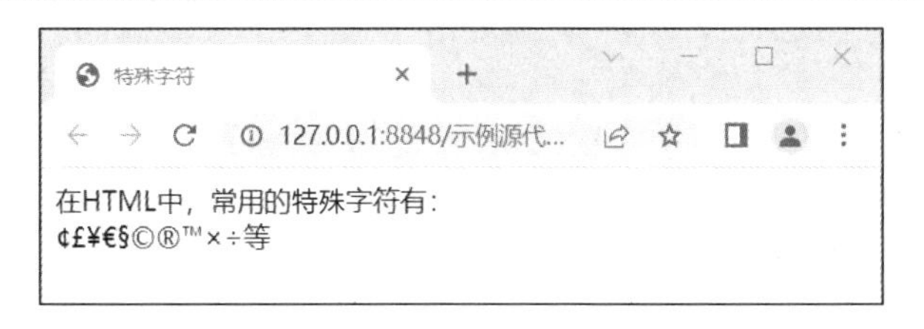

图 3-7　特殊字符标记

8. 预格式化标记

HTML 的输出是基于窗口的，因此 HTML 文档在输出时要重新排版，即忽略文本中一些额外的字符（包括空格、制表符和回车符等）。如果不需要重新排版，则可以用预格式化标记<pre>通知浏览器。

下面通过案例演示<pre></pre>标记对的效果，如例 3-7 所示。运行代码，效果如图 3-8

所示。

【例 3-7】example07.html（部分代码）

```
<body>
    <pre>
    李商隐 锦瑟

    锦瑟无端五十弦，
            一弦一柱思华年。
    庄生晓梦迷蝴蝶，
            望帝春心托杜鹃。
    沧海月明珠有泪，
            蓝田日暖玉生烟。
    此情可待成追忆，
            只是当时已惘然。
    </pre>
</body>
```

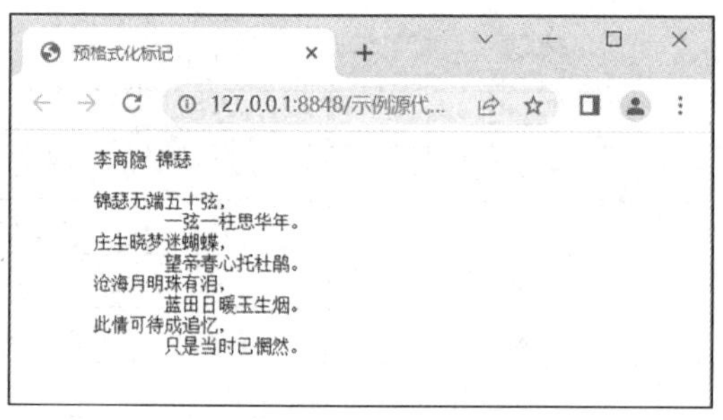

图 3-8　使用预格式化标记

从图 3-8 中可以看到，浏览器中的文本样式按照 HTML 代码中的文本样式原样输出。

3.1.2　CSS 字体及文本样式

文本外观属性

字体样式属性

CSS3 优化了字体和文本属性，使网页更具表现力和感染力，丰富了网页文本的样式。

3.1.2.1　字体样式属性

CSS 中的 font（字体）属性用于定义字体的系列、大小、粗细和文字样式（如斜体）。

1. 字体系列

CSS 使用 font-family 属性定义文本的字体系列。例如，定义段落字体为“微软雅黑”，网页内的英文字体为“Times New Roman”，可以使用以下 CSS 代码。

```
p { font-family: ‘微软雅黑’; }
body { font-family: 'Times New Roman', Times, serif;}
```

同时指定多个字体，各种字体之间必须使用英文状态下的逗号隔开，如果浏览器不支持第一个字体，则会尝试下一个，以此类推，代码如下。

```
body { font-family:'黑体','楷体','微软雅黑'; }
```

浏览器会优先显示写在前面的字体，如果不支持任何字体，则会使用默认的字体显示。

在使用 font-family 属性设置字体时，除了上面提到的，还需要注意以下内容。

- 在声明字体时，应该分别声明英文字体和中文字体，且英文字体的声明应该在中文字体之前。常用的英文字体有 Arial、Helvetica、Tahoma、Verdana、Lucida Grande、Georgia 等。常用的中文字体有宋体（SimSun）、黑体（SimHei）、微软雅黑（Microsoft YaHei）、仿宋（FangSong）、楷体（KaiTi）等。
- 在一般情况下，由空格隔开的多个单词组成的字体名，需要加引号。
- 如果字体名中包含空格、#、$等符号，则该字体名必须加英文状态下的单引号或双引号，如 body {font-family: 'Microsoft YaHei', tahoma, arial, 'Hiragino Sans GB'; }。
- 尽量使用系统自带的字体，保证在任何用户的浏览器中都能正确显示。

2. 字体大小

CSS 使用 font-size 属性定义字体大小，代码如下。

```
p { font-size: 20px; }
```

px（像素）是网页中最常用的单位。font-size 属性用来设置字体大小，它的值可以是预定义关键字、绝对大小、相对大小。

- 预定义关键字：有 xx-small、x-small、small、medium、large、x-large、xx-large，尺寸按顺序依次增大。它的可选值只有这几种，且不同浏览器厂商定义的预定义关键字对应的字体大小不一致，所以相同的属性值在不同浏览器中看到的大小不一样，建议不要使用这种方式设置字体大小。
- 绝对大小：绝对大小使用 px（像素）、pt（点，1pt 相当于 1/72in）、in（英寸）、cm（厘米）、mm（毫米）等单位设置字体大小。
- 相对大小：相对大小使用 em、%、rem 等设置字体大小，通过某个参考基准的字体大小来计算当前字体大小，只是参考基准不同而已。

在案例中演示字体大小的设置效果，如例 3-8 所示。

【例 3-8】example08.html

```
<!DOCTYPE html>
<html>
    <head>
        <meta charset="utf-8">
        <title>字体大小</title>
        <style type="text/css">
            body { font-family:'微软雅黑','黑体','楷体'; }
            p{ font-size: 30px; }
            h1{ font-size: 10pt; }
            div{ font-size: .3in; }
            span{ font-size: 1cm; }
            em{ font-size: 7mm; }
        </style>
    </head>
    <body>
        <p>使用 px(像素)</p>
        <h1>使用 pt(点，1pt 相当于 1/72in)</h1>
        <div>使用 in(英寸)</div>
        <span>使用 cm(厘米)</span><br>
        <em>使用 mm(毫米)</em>
    </body>
</html>
```

这里使用了多种方式给网页内的元素设置了字体大小。运行代码，效果如图 3-9 所示。

3. 文字样式

CSS 使用 font-style 属性设置文本的风格，可以将字体设置成斜体、倾斜或正常显示。此属性可设置 3 个值。

- normal：文字正常显示。
- italic：文本以斜体显示。
- oblique：文本为“倾斜”（倾斜与斜体非常相似，但支持较少）。

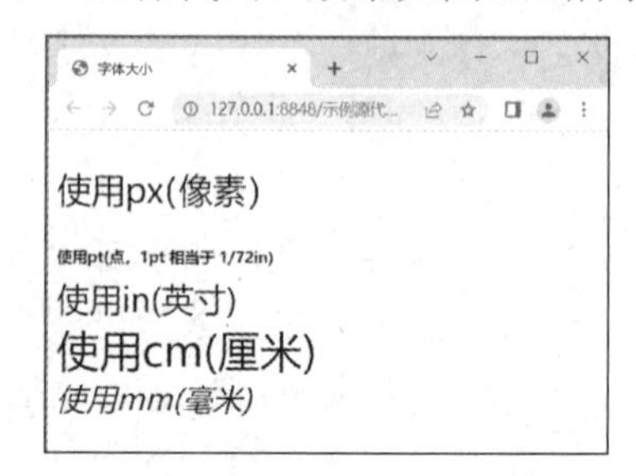

图 3-9 设置字体大小

4. 其他字体属性

其他字体属性有 font-weight（设置粗细的属性）、font-variant（设置小型大写字母的字体显示文本）。font-weight 属性用于设置字体加粗，其属性值如表 3-2 所示。

表 3-2 font-weight 的属性值

属性值	描述
normal	默认值。定义标准的字符
bold	定义粗体字符
bolder	定义更粗的字符
lighter	定义更细的字符
100～900	定义由细到粗的字符。400 等同于 normal，700 等同于 bold
inherit	规定应该从父元素继承字体的粗细

font-variant 属性用于设置小型大写字母的字体，这意味着所有的小写字母均会被转换为大写字母，但是所有小型大写字母与其余文本相比，其字体尺寸更小。font-variant 的属性值有 normal（标准字体显示）、small-caps（浏览器会显示小型大写字母）、inherit（继承父元素的设置）。

5. 综合设置字体样式

font 属性用于在一个声明中设置所有的字体属性，各个属性之间使用空格隔开，是上述几个属性的复合简写形式，其基本语法格式如下。

```
选择器{ font: font-style font-variant font-weight font-size/line-height font-family; }
```

在使用 font 属性时，必须按上面的顺序书写，可以不设置其中的某个属性，未设置的属性会使用其默认值。需要注意的是，font-size 和 font-family 的属性值是必需的，如果没有设置这两个属性值，则 font 属性将不会生效。下面使用 font 属性对字体样式进行综合设置，如例 3-9 所示。

【例 3-9】example09.html

```
<!DOCTYPE html>
<html>
    <head>
        <meta charset="utf-8">
        <title>font 复合属性设置</title>
        <style type="text/css">
            .f1{
                font: italic bold 20px 'sans-serif', 楷体;
```

```
                }
                .f2{
                    font: 200 14px 'Arial', 宋体;
                }
            </style>
        </head>
        <body>
            <p class="f1">段落 1 通过 font 属性设置字体为斜体、粗体、20px 大小、sans-serif（English 西文）楷体（中文）</p>
            <p class="f2">段落 2 为字体粗细 200、14px 大小、Arial（English 西文）宋体（中文）</p>
    <p>默认字体是这样的</p>
        </body>
    </html>
```

在本例中，分别对两个段落中的文字使用 font 属性进行综合设置。运行代码，效果如图 3-10 所示。

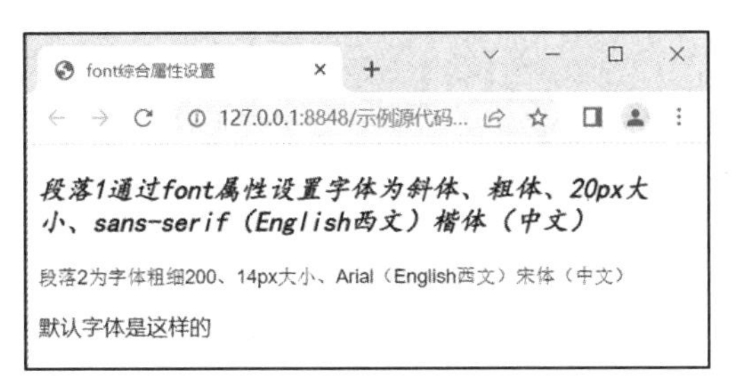

图 3-10　使用 font 属性综合设置字体样式

从图 3-10 中可以看出，段落 1 显示为斜体、粗体、20px 大小、西文为 sans-serif、中文为楷体的样式，段落 2 显示为字体粗细 200、14px 大小、西文为 Arial、中文为宋体的样式，段落 3 显示为字体的默认样式。

6. @font-face 属性

@font-face 属性用来设置自定义的字体。为了保证网站效果正常显示，有时只能使用“Web 安全字体”，即系统预装的字体，但是默认的字体效果可能并不理想，这时使用@font-face，可以使任何一台设备显示理想的字体效果，其基本语法格式如下。

```
@font-face{
        font-family:字体名称;
        src:字体路径;
    }
```

在上面的语法格式中，font-family 属性用于指定服务器字体的名称，该名称可以自定义；src 属性用于指定字体文件的路径。

下面通过案例来演示如何引入字体文件，在引入之前需要确认已经下载了字体文件，并且放入了 font 文件夹，如例 3-10 所示。

【例 3-10】example10.html

```
<!DOCTYPE html>
<html>
    <head>
        <meta charset="utf-8">
```

```
            <title>@font-face 属性</title>
            <style type="text/css">
                @font-face{
                    font-family:jianzhi;            /*服务器字体的名称*/
                    src:url(font/FZJZJW.TTF);       /*服务器字体的名称*/
                }
                p{
                    font-family:jianzhi;            /*设置字体样式*/
                    font-size:32px;
                }
            </style>
        </head>
        <body>
            <h1>@font-face 规则</h1>
            <p>通过 CSS，网站终于可以使用除预先选择的“网络安全”字体以外的其他字体。</p>
        </body>
    </html>
```

在本例中，@font-face 后的代码用于定义服务器字体，为<p>段落标记设置字体样式。运行代码，效果如图 3-11 所示。

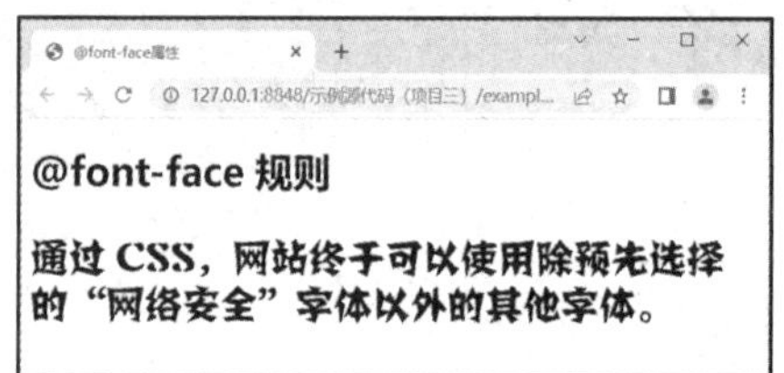

图 3-11　使用@font-face 属性

从图 3-11 中可以看出，在定义并设置服务器字体后，网页就可以正常显示剪纸字体了。需要注意的是，在服务器字体定义完成后，还需要对元素应用 font-family 字体样式。总结使用服务器字体的步骤为：下载字体、使用@font-face 属性定义字体、对元素应用字体样式。

3.1.2.2　文本外观属性

CSS 提供了一系列属性对文本的外观样式进行控制，如文本颜色、对齐方式、文本缩进、阴影效果等。

1. 文本颜色

color 属性用于定义文本的颜色，其取色方式有 3 种。

- 预定义的颜色值，如 red、green、blue 等。
- 十六进制颜色值，如#FF0000、#29D794、#3C3C3C 等。
- RGB 值，如红色可以表示为 rgb(255,0,0)或 rgb(100%,0%,0%)。

2. 字间距

letter-spacing 属性用于定义字间距，所谓字间距就是字符与字符之间的距离。其属性值可以是不同单位的数值，允许使用负值，默认为 normal。

3. 单词间距

word-spacing 属性用于定义英文单词之间的间距，对中文字符无效。它和 letter-spacing 属性一样，其属性值可以是不同单位的数值，允许使用负值，默认为 normal。

word-spacing 属性和 letter-spacing 属性均可对英文单词进行设置。不同的是 letter-spacing 属性定义的是字母之间的间距，而 word-spacing 属性定义的是英文单词之间的间距。

下面通过案例演示上述 3 种属性的使用方法，如例 3-11 所示。

【例 3-11】example11.html

```
<!DOCTYPE html>
<html>
    <head>
        <meta charset="utf-8">
        <title>颜色、字间距与单词间距</title>
        <style>
            body { color: #FC00DF; }
            .letter {
               letter-spacing:5px;
            }
            .word {
               word-spacing: 5px;
            }
        </style>
    </head>
    <body>
        <h3>对比字间距和单词间距</h3>
        <p>默认字间距和单词间距：Whatever is worth doing at all is worth doing well.</p>
        <p class="letter">设置为 5px 的字间距：Whatever is worth doing at all is worth doing well.</p>
        <p class="word">设置 为 5px 的 单词间距：Whatever is worth doing at all is worth doing
well.</p>
    </body>
</html>
```

在本例中，为页面主体设置了 color 属性，分别对两个段落文本应用了 letter-spacing 属性和 word-spacing 属性。运行代码，效果如图 3-12 所示。

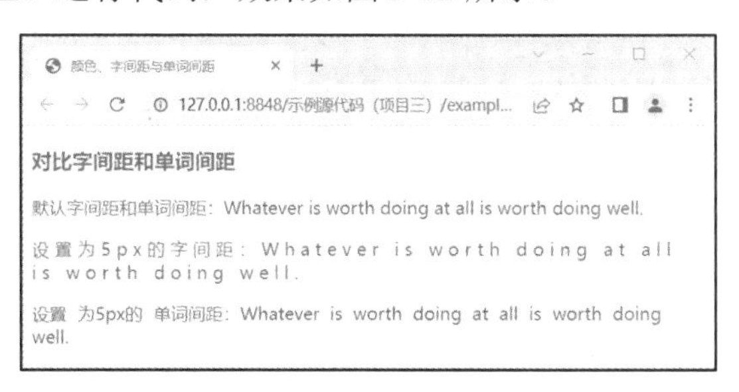

图 3-12　设置文本颜色、字间距和单词间距

注意： 虽然该属性对中文字符无效，但是如果中文字符之间有空格，则会把中文字符当成单词，依然放大中文字符之间的间距。

4. 行间距

line-height 属性用于设置行间距，所谓行间距就是行与行之间的距离，即字符的垂直间距，一般被称为行高。line-height 常用属性值的单位有 3 种，分别为像素（px）、相对值（em）和百分比（%），实际工作中使用最多的是像素。

下面通过案例来演示 line-height 属性的使用方法，如例 3-12 所示。

【例 3-12】example12.html（部分代码）

```
<style type="text/css">
.one{
```

```
        font-size:16px;
        line-height:18px;
    }
    .two{
        font-size:12px;
        line-height:2em;
    }
    .three{
        font-size:14px;
        line-height:150%;
    }
    </style>
    <body>
    <p class="one">段落 1：使用像素 px 设置 line-height。该段落字体大小为 16px，line-height 属性值为
18px。</p>
    <p class="two">段落 2：使用相对值 em 设置 line-height。该段落字体大小为 12px，line-height 属性值为
2em。</p>
    <p class="three">段落 3：使用百分比%设置 line-height。该段落字体大小为 14px，line-height 属性值为
150%。</p>
    </body>
```

本例中分别使用了像素、相对值和百分比设置 3 个段落的行高。运行代码，效果如图 3-13 所示。

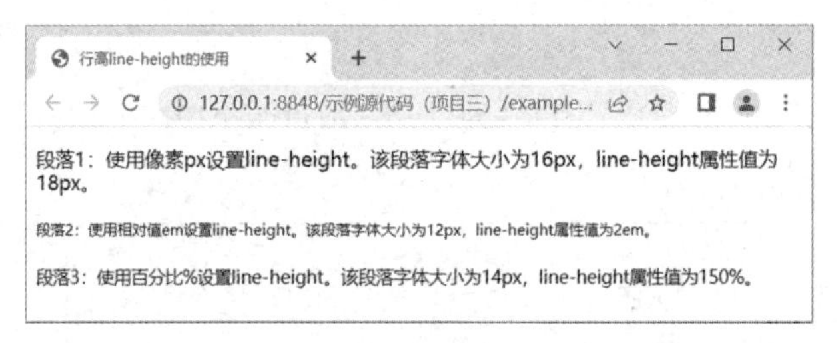

图 3-13　设置行高

5. 文本转换

text-transform 属性用于控制英文字符的大小写，可用的属性值如下。

- none：不转换（默认值）。
- capitalize：首字母大写。
- uppercase：全部字符转换为大写。
- lowercase：全部字符转换为小写。

6. 文本装饰

test-decoration 属性用于设置文本的下画线、上画线、删除线等装饰效果，可以有多个值，用于给文本添加多种显示效果。

- none：没有装饰（默认值）。
- underline：下画线。
- overline：上画线。
- line-through：删除线。

下面通过案例演示 text-decoration 属性的使用方法，如例 3-13 所示。

【例 3-13】example13.html（部分代码）

```
    <style>
        .txt-underline {
            text-decoration: underline;
        }
        a {
            text-decoration: none;
        }
        .txt-linethrough {
            text-decoration: line-through;
        }
        #top-line {
            text-decoration: overline;
        }
    </style>
<body>
    <div>
        <a href="#">我是超级链接</a>
        <span class="txt-underline">
            我是下画线
        </span>
        <span class="txt-linethrough">
            我是删除线
        </span>
        <span id="top-line">
            我是顶线
        </span>
    </div>
</body>
```

本例中分别对 4 段文字使用了 text-decoration 属性，为其添加了不同的文字装饰效果。运行代码，效果如图 3-14 所示。

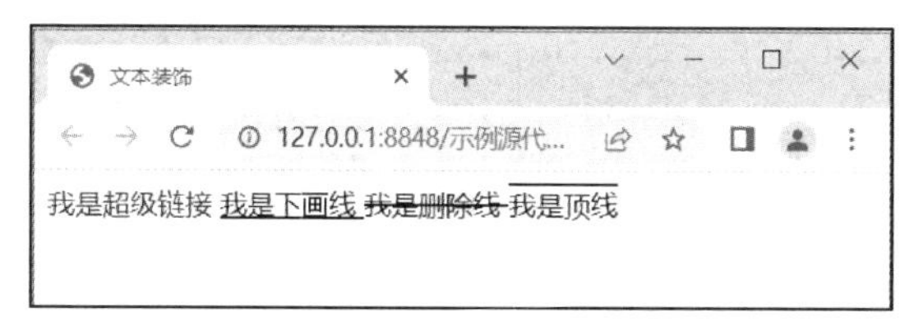

图 3-14　设置文本装饰

7. 水平对齐方式

text-align 属性用于设置文本的水平对齐，可用的属性值如下。

- left：左对齐（默认值）。
- right：右对齐。
- center：居中对齐。

📖注意：

（1）text-align 属性仅适用于块元素，对行内元素无效。

（2）如果需要对图像设置水平对齐，则可以为图像添加一个父标记，如<p>或<div>，并对父标记应用 text-align 属性，即可实现图像的水平对齐。

8. 首行缩进

text-indent 属性用于设置首行文本的缩进，其属性值可以是不同单位的数值、em 字符宽度的倍数，或者相对于浏览器窗口宽度的百分比，允许使用负值，建议使用 em 作为数值单位。

通过案例来演示 text-indent 属性的应用，如例 3-14 所示。

【例 3-14】example14.html（部分代码）

```
<style type="text/css">
  .first {
        text-indent: 2em;
     }
     .second {
        text-indent: 20px;
     }
     .third {
        text-indent: 20%;
     }
  </style>
<body>
     设置属性值为 2em：
     <p class="first"> 强国之道，不在强兵，而在强民。</p>
     <hr>
     设置属性值为 40px：
     <p class="second">强民之道，惟在养成健全之个人，创造进化的社会。</p>
     <hr>
     设置属性值为 20%：
     <p class="third">静以修身，俭以养德，非淡泊无以明志，非宁静无以致远。</p
</body>
```

本例使用了 text-indent 的 3 种属性值为段落设置缩进效果，第一段中的 text-indent: 2em 用于设置文本首行缩进两个字符；第二段中的 text-indent: 20px 用于设置文本首行缩进 20px；第三段中的 text-indent: 20%用于设置文本首行缩进相对于浏览器窗口宽度的 20%。运行代码，效果如图 3-15 所示。

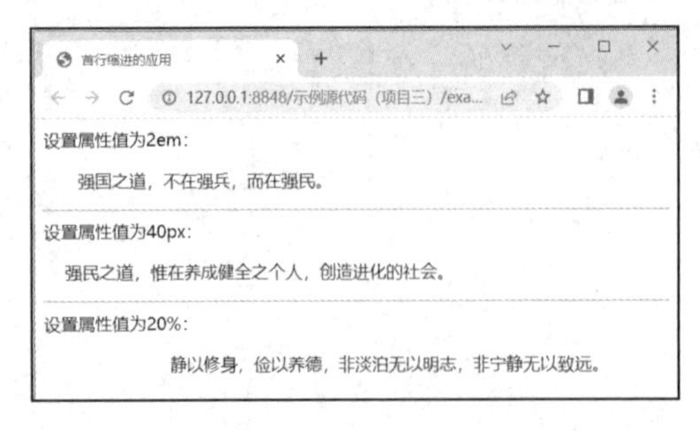

图 3-15 设置首行缩进

9. 空白符处理

在使用 HTML 制作网页时，不论源代码中有多少空格，浏览器都会显示一个字符的空白。在 CSS 中，使用 white-space 属性可以设置对空白符的处理方式，其属性值如下。

- normal：常规（默认值），文本中的空格、空行无效，满行（到达区域边界）后自动换行。
- pre：预格式化，按文档的书写格式使空格、空行原样显示。

- nowrap：空格、空行无效，强制文本不能换行，除非遇到换行标记
。内容超出元素的边界也不换行，若超出浏览器窗口则会自动显示滚动条。

10. 阴影效果

在 CSS 中，使用 text-shadow 属性可以为文本添加阴影效果，基本语法格式如下。

```
选择器 { text-shadow: h-shadow v-shadow blur color; }
```

其中，h-shadow 用于设置水平阴影的距离，v-shadow 用于设置垂直阴影的距离，blur 用于设置模糊半径，color 用于设置阴影颜色。通过案例演示 text-shadow 属性及其属性值的用法，如例 3-15 所示。

【例 3-15】example15.html（部分代码）

```
    <style type="text/css">
    .blur{
      text-shadow:0 0 5px red;                 /*阴影无偏移、模糊半径为 5px、颜色为 red*/
    }
    .vh{
      text-shadow:1px 1px 0 red;               /*阴影偏移为 1px 1px、不模糊、颜色为 red*/
    }
    .white{
      color: white;
      text-shadow:2px 2px 4px black;           /*设置阴影偏移量、模糊半径和颜色*/
    }
    </style>
<body>
    <h1 class="blur">霓虹灯效果的文本阴影</h1>
    <h1 class="vh">文本水平垂直阴影效果</h1>
    <h1 class="white">白色文本阴影效果</h1>
</body>
```

本例分别对 3 个一级标题设置 text-shadow 属性，对第一个标题设置了模糊半径和颜色，对第二个标题设置了阴影偏移量和颜色，对第三个标题设置了阴影偏移量、模糊半径和颜色。运行代码，效果如图 3-16 所示。

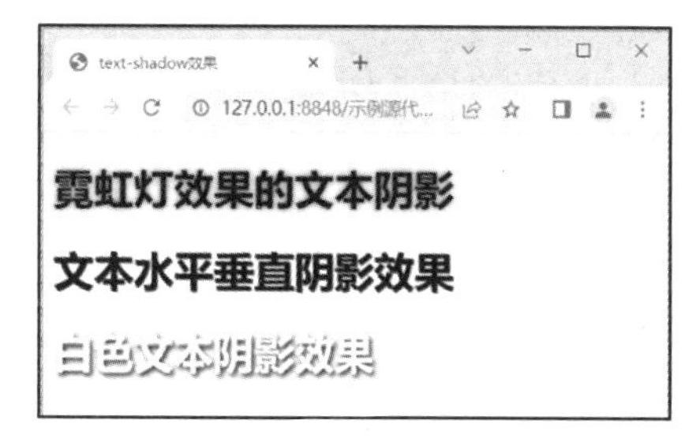

图 3-16　设置阴影效果

📖注意：阴影的水平或垂直距离参数可以设置为负值，但阴影的模糊半径参数只能设置为正值，并且数值越大阴影向外模糊的范围也就越大。

📖提示：text-shadow 属性可以用于向文本添加一个或多个阴影。其属性值是逗号分隔的阴影列表，每个阴影都有两个或三个长度值和一个可选的颜色值，省略的长度是 0。例如，给一级标题设置两种颜色的叠加阴影，代码如下，效果如图 3-17 所示。

```
页面结构 <h1 class="dj">叠加效果</h1>
样式 .dj{
          color: #0fc;
          text-shadow: 10px 10px 5px blue,20px 20px 5px #b8ecee;
      }
```

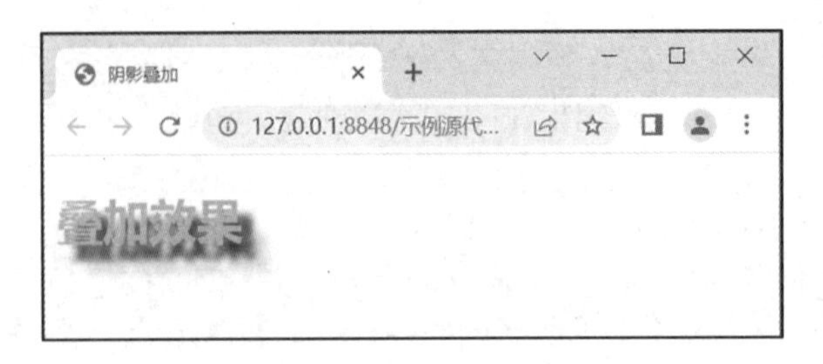

图 3-17　设置多重阴影叠加效果

11. 标示对象内溢出文本

在 CSS 中，text-overflow 属性用于标示对象内溢出的文本，其基本语法格式如下。

```
选择器 { text-overflow:属性值; }
```

text-overflow 属性的常用属性值有两个。

- clip：修剪溢出的文本，不显示省略标记 "..."。
- ellipsis：用省略标记"..."标示被修剪的文本，省略标记插入的位置是最后一个字符。

通过案例演示 text-overflow 属性的用法，如例 3-16 所示。

【例 3-16】example16.html（部分代码）

```
        <style type="text/css">
        p {
            /* 分别设置宽高 */
            width: 180px;
            height: 80px;
            border: 1px solid #000;            /*设置边框*/
            white-space: nowrap;               /*设置不能换行*/
            overflow: hidden;                  /*超出显示范围即隐藏*/
            text-overflow: ellipsis;           /*用省略标记标示被修剪的文本*/
            }
        </style>
    <body>
        <p>我希望每一个人都非常谨慎地找到并追随自己的生活方式，而不是他父亲的或母亲的或邻居的
生活方式。我们的聪明仅在于目标的精确上，但是这已经足够指导我们的一生了。</p>
    </body>
```

本例在样式表中设置了 text-overflow: ellipsis，表示文本超出部分采用隐藏的形式，超出部分用 "..." 标示。运行代码，效果如图 3-18 所示。

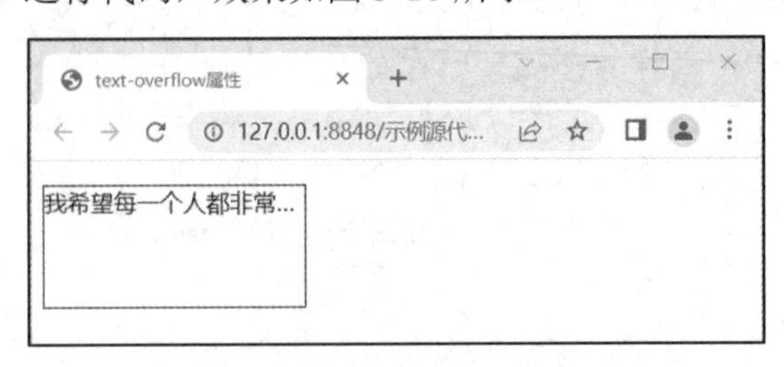

图 3-18　设置 text-overflow 属性

从本例中可以看出，如果要使用省略标记标示溢出文本，则需要依次定义以下内容。

（1）元素的宽度和高度。

（2）设置 white-space: nowrap，使其不能换行。

（3）设置 overflow: hidden，使其超出显示范围隐藏。

（4）设置 text-overflow: ellipsis。

【任务实施】制作公司简介模块的文字内容并设置样式

【效果分析】

1. 结构分析

观察网页效果图，可以看到公司简介模块中的文字部分位于左侧。整个模块由一个大盒子控制，文字部分单独放入一个盒子，右侧放相关图片。文字部分通过<div>标记控制，结合恰当级别的标题标记和段落标记定义文字内容。公司简介模块的文字内容结构如图 3-19 所示。

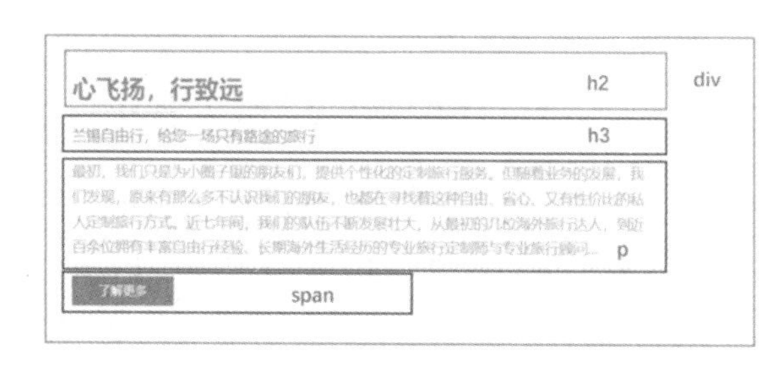

图 3-19　公司简介模块的文字内容结构

2. 样式分析

分析图 3-19，公司简介模块可以分为以下几个部分。

（1）文字内容外层包裹 <div>，设置其宽度、高度、边距、背景等属性。

（2）标题为<h2>级别，设置其颜色、文字样式、外边距。

（3）水平分割线用<b>标记实现，设置其背景颜色等属性。

（4）小标题为<h3>级别，设置其颜色、文字样式、外边距。

（5）正文放在段落标记<p>中，同样设置颜色、文字样式、外边距。

（6）对左下角的“了解更多”设置<span>标记的文字样式。

【模块制作】

1. 搭建 HTML 结构

根据上面的分析，使用相应的 HTML 标记来搭建页面结构，如例 3-17 所示。

【例 3-17】example17.html

```
<!DOCTYPE html>
<html>
    <head>
        <meta charset="utf-8">
        <title>兰锡自由行</title>
        <link rel="stylesheet" href="style/web.css" type="text/css">
    </head>
    <body>
        <!-- 公司简介 -->
        <div class="about">
```

```
<div class="tex">
    <h2>心飞扬，行致远</h2>
    <b></b>
    <h3>兰锡自由行，给您一场只有路途的旅行</h3>
    <p>最初，我们只是为小圈子里的朋友们，提供个性化的定制旅行服务。但随着业务
的发展，我们发现，原来有那么多不认识我们的朋友，也都在寻找着这种自由、省心、又有性价比的私人定制
旅行方式。近七年间，我们的队伍不断发展壮大，从最初的几位海外旅行达人，到近百位拥有丰富自由行经
验、长期海外生活经历的专业旅行定制师与专业旅行顾问……</p>
        <span>了解更多</span>
    </div>
  </div>
 </body>
</html>
```

2. 定义 CSS 样式

在搭建完页面结构后，接下来使用 CSS3 对页面样式进行修饰。在项目的 style 文件夹中找到 web.css 文件，添加以下代码。

```
/* 公司简介 */
.about{ width:1100px; height:270px; margin:85px auto; }
.about .tex{ width:560px; height:270px; padding:0 20px; margin-right: 10px; background:#fafafa; overflow:
hidden; }
.about .tex h2{ color:#00b3e1; font-size:24px; line-height:1em; margin-top: 30px;}
.about .tex b{ background:#8fdaf0; margin-top:10px;}
.about .tex h3{ color:#00b3e1; font-size:14px; font-weight: 400; line-height:1em; margin-top: 15px;}
.about .tex p{ color:#aaa; font-size:14px; line-height:1.7em; margin-top:15px;}
.about .tex span{ background:#00b3e1; font-size: 12px;   color: #fff; text-align: center;   line-height: 28px;
margin-top: 15px;}
```

在 HTML 文档中，我们已经通过<link>引入了 web.css 文件，保存代码，运行 HTML 文档，效果如图 3-20 所示。

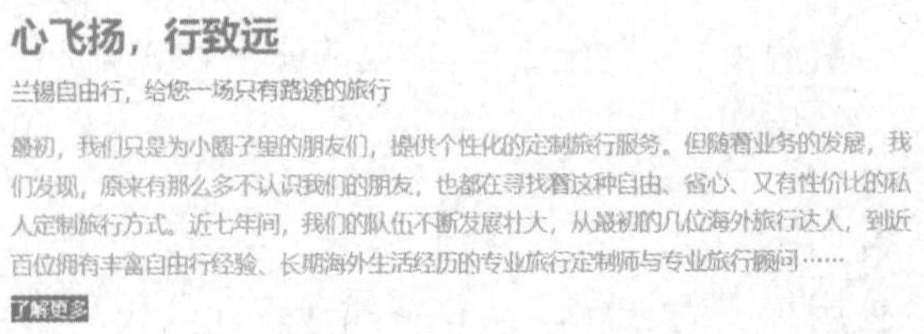

心飞扬，行致远

兰锡自由行，给您一场只有路途的旅行

最初，我们只是为小圈子里的朋友们，提供个性化的定制旅行服务。但随着业务的发展，我们发现，原来有那么多不认识我们的朋友，也都在寻找着这种自由、省心、又有性价比的私人定制旅行方式。近七年间，我们的队伍不断发展壮大，从最初的几位海外旅行达人，到近百位拥有丰富自由行经验、长期海外生活经历的专业旅行定制师与专业旅行顾问……

了解更多

图 3-20　修饰文字内容后的效果

任务 3.2　图像内容的制作

【任务提出】

根据网页效果图，旅游网站的公司简介模块除了左侧的文字描述，在右侧还有一张图像，配合文字进行展示，如图 3-21 所示。那么，如何在 HTML 文档中插入图像，并且控制其样式呢？

图 3-21　公司简介模块的图像部分

【学习目标】

知识目标	技能目标	思政目标
√掌握图像标记的使用。 √理解元素的类型。 √掌握元素的转换	√能够在网页中灵活运用图像元素，并控制图像的样式。 √能够准确运用 display 属性进行元素的转换，进行网页的合理排版	√学会具体问题具体分析，根据实际需求制定精准方案

【知识储备】

网页中的图像往往比文字更能吸引用户的注意。图像对网页来说不仅起到装饰的作用，还具有意义和内涵。如果在制作网站时巧妙地使用那些注重氛围和内涵的图像，则会对网站内容起到画龙点睛的作用。

3.2.1　图像标记

图像标记

在学习图像标记之前，先来了解网页中常见的图像格式。

1. 图像格式

目前在网页中常用的图像格式有 3 种，分别为 GIF、PNG 和 JPG 格式。

（1）GIF 格式。

定义：支持动画，支持透明（全透或不透明），是一种无损的图像格式。

特点：只能处理 256 种颜色。

应用：用于 logo、小图标或色彩相对单一的图像。

（2）PNG 格式。

定义：包括 PNG-8、真色彩（PNG-24）和 PNG-32。

特点：体积小、支持 Alpha 透明（全透、半透明、不透明）、颜色过渡平滑，不支持动画。

应用：PNG-8 格式只支持 256 种颜色，可以显示全透的图像，但半透明的图像会显示为灰色。PNG-24 格式可以支持 Alpha 透明格式的图像。真色彩 PNG 可以支持更多的颜色。

（3）JPG 格式。

定义：能显示并保存超过 256 种颜色的图像。

特点：有损压缩格式（数据丢失）。

应用：为照片设计的文件格式，用于横幅广告（banner）、商品图片、较大的插图。

2. 图像标记<img>

在 HTML 中，图像由<img>标记定义。<img>是空标记，它只包含属性，并且没有闭合标记。要想在网页上显示图像，则需要使用源属性（src），即 source。源属性的值是图像的 URL 地址，其语法格式如下。

```
<img src="图像 url" alt="描述文本">
```

该语法中 src 图像用于指定图像文件的路径和文件名，它是<img>标记的必要属性。<img>标记通过属性来控制图像样式，如表 3-3 所示。

表 3-3　<img>标记的属性

属性	属性值	描述
src	URL	路径
alt	文本	图像不能显示替换的文本
title	文本	鼠标悬浮显示的内容
width	像素	设置图像的宽度
height	像素	设置图像的高度
border	数字	设置图像边框的宽度
vspace	像素	设置图像顶部和底部的空白（垂直边距）
hspace	像素	设置图像左侧和右侧的空白（水平边距）
align	left	图像对齐到左边
	right	图像对齐到右边
	top	图像顶部和文本的第一行文字对齐，其他文字居图像下方
	middle	图像水平中线和文本的第一行文字对齐，其他文字居图像下方
	bottom	图像的底部和文本的第一行文字对齐，其他文字居图像下方

下面对各属性进行详细的讲解。

（1）图像的替换文本属性（alt）。

在浏览器无法载入图像时，替换文本属性会告诉用户和该图像相关的信息。此时，浏览器会显示这个替代性的文本而不是图像。为网页上的图像都加上替换文本属性是一个好习惯，有助于更好地显示信息，并且对使用纯文本浏览器的用户来说是非常有用的。

替换文本属性的值是用户定义的，如<img src="images/apple.png" alt="red apple">。

当图像 apple.png 无法正常显示时，该图像的位置上会显示提示“red apple”以告知用户这是一张和苹果相关的图像。

（2）使用 title 属性设置提示文字。

从表 3-3 中可以看到，<img>标记的 title 属性的作用是当鼠标悬浮于图像上时，显示设置的文本。通过一个案例来演示 title 属性的使用，如例 3-18 所示。

【例 3-18】example18.html（部分代码）

```
<img src="images/H5CSS3.png" alt="HTML5+CSS3" title="主题 logo">
```

运行代码，效果如图 3-22 所示，当鼠标移动到图像上时，光标的右下角会出现 title 中设置的文字。

（3）图像的宽度属性（width）、高度属性（height）。

在通常情况下，如果不设置高度属性和宽度属性，图像就会按照原尺寸显示，通过这两个属性可以设置图像大小，我们只需要设置其中一个，另一个会等比例放大和缩小。如果设置两个属性，且比例与原图不一致，则会导致图像失真。

通过案例来对比宽度属性和高度属性不同设置的效果，如例 3-19 所示。

【例 3-19】example19.html（部分代码）

```
<img src="images/H5.jpg" width="200px">       <!-- 只设置了宽度属性，高度属性会成比例调整 -->
<img src="images/H5.jpg" width="200px" height="100px"> <!-- 同时设置了宽度属性和高度属性，按照设置值显示 -->
```

本例在网页中放置了两张相同的图像，对第一张图像只设置了宽度属性（width），对第二张图像同时设置了宽度属性（width）和高度属性（height）。运行代码，效果如图 3-23 所示。只设置了宽度属性的图像成比例缩放，而同时设置了宽度属性和高度属性的图像按照设置的值显示，图像的比例发生了变化。

图 3-22　<img>标记的 title 属性

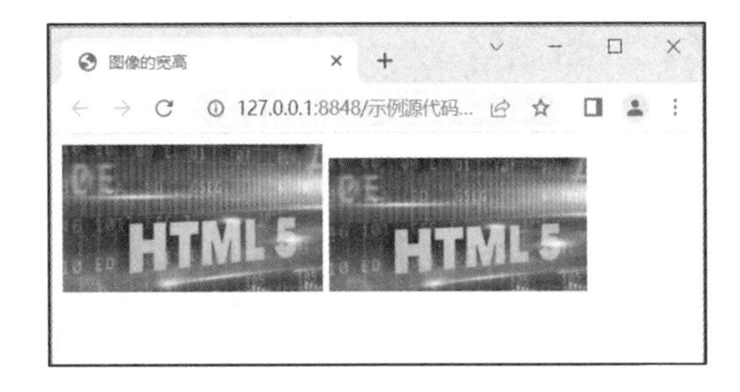

图 3-23　设置图像的宽度属性和高度属性

（4）图像的边框属性（border）。

在默认情况下，图像是没有边框的，通过 border 属性可以给图像添加边框并且设置边框宽度，但边框的颜色是不可以设置的，默认为黑色。为例 3-19 中的<img>标记添加 border 属性，修改代码为<img src="images/H5.jpg" width="200px" border="10px">，效果如图 3-24 所示，添加了黑色的 10px 宽度的边框。

（5）图像的垂直边距属性（vspace）和水平边距属性（hspace）。

在网页中，由于排版需要，有时候还需要调整图像的边距。在 HTML 中，通过 vspace 和 hspace 属性可以分别调整图像的垂直边距和水平边距，默认单位为 px。

🕮**提示**：使用 hspace 和 vspace 属性会在图像周围对称加入空白。hspace 属性在图像两侧加入空白，而 vspace 属性在图像顶部和底部加入相同的空白。

（6）图像的对齐属性（align）。

在图文混排时，图像和文本的默认状态为图像的底端与文本的第一行文字对齐，图 3-25 所示为默认状态下的图像与文本之间的位置。

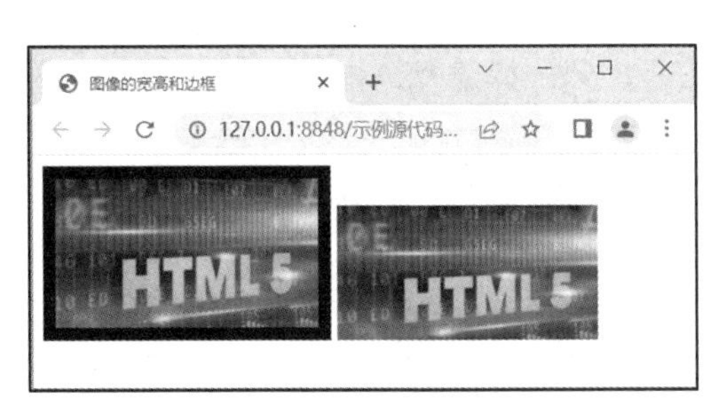

图 3-24　图像边框

图 3-25　图文混排的默认样式

在<img>标记中添加边距及对齐属性，代码如例 3-20 所示。

【例 3-20】example20.html（部分代码）

```
<img src="images/H5.jpg" alt="logo" width="300px" border="10" hspace='20' vspace='30' align="right">
<!-- 水平边距 20px 垂直边距 30px，图像靠右对齐。 -->
<p>HTML5 是 Web 中核心语言 HTML 的规范，用户在使用任何手段进行网页浏览时看到的内容原本都是HTML 格式的，在浏览器中通过一些技术处理将其转换成了可识别的信息。</p>
```

设置图像的水平边距为 20px，垂直边距为 30px，对齐方式为靠右对齐。运行代码，效果如图 3-26 所示。

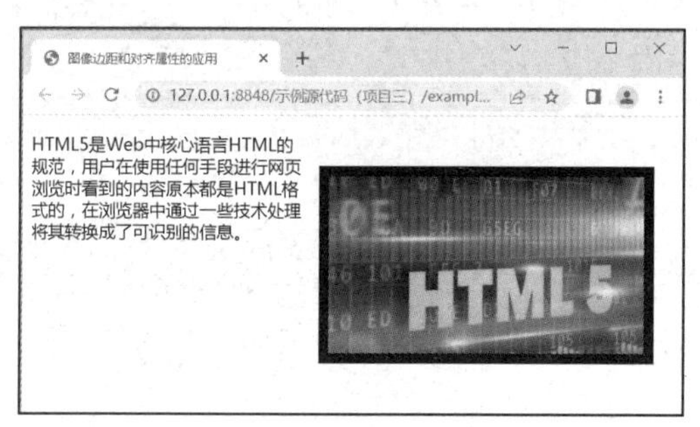

图 3-26　设置图像边距及对齐方式

📖注意：实际制作中并不建议在图像标记<img>中直接使用 border、vspace、hspace 及 align 属性，可以用 CSS 样式替代。在制作网页时，装饰性的图像不建议直接插入<img>标记，最好通过 CSS 样式设置背景图像来实现。

3. 绝对路径和相对路径

我们知道，在使用计算机查找文件时，需要知道文件的位置，而表示文件位置的方式就是路径。在网页开发中，路径通常分为绝对路径和相对路径两种。

（1）绝对路径。

绝对路径是文件或目录在硬盘上的真正路径，如“C:\HTML5+CSS3\ images\logo.gif”，或完整的网络地址，如“https://www.itcast.cn/images/logo.gif”。

在网页中不推荐使用绝对路径，因为在网页制作完成后，我们需要将所有的文件都上传到服务器中。这时文件可能在服务器的其他位置，导致无法获取资源。

（2）相对路径。

相对路径就是相对于当前文件的路径，相对路径不带有盘符，通常以 HTML 文档为起点，通过层级关系来描述图像的位置。

总结起来，相对路径的设置分为以下 3 种。

- 图像文件和 HTML 文档位于同一文件夹下：只需要输入图像文件的名称即可，如<img src="logo.gif"/>。
- 图像文件位于 HTML 文档的下一级文件夹中：输入文件夹名和文件名，之间用“/”隔开，如<img src="images/logo.gif"/>。
- 图像文件位于 HTML 文档的上一级文件夹中：在文件夹名之前加“../”，如果是上两级，则需要使用“../../”，以此类推，如<img src="../logo.gif"/>。

3.2.2　元素显示模式转换

元素显示模式转换

元素显示模式是指元素（标记）以什么方式进行显示，比如<div>标记独占一行，而一行可以放多个<span>标记。网页的元素非常多，在不同的地方会用到不同类型的元素，了解元素的特点可以更好地布局网页。

1. 元素的类型

标准文档流等级严格，标记通常分为块级元素和行内元素两种类型。不同类型的元素在网页布局中显示的效果不同，而且很多时候，我们需要通过修改 CSS 样式来改变元素的默认显示方式，从而满足显示需要。那么，如何掌控不同类型的元素并自由切换呢？

（1）块级元素。

块级元素无论宽度大小，始终会占据网页中它高度范围内的那一整行空间，可以对其设置宽度、高度、对齐等属性。

常见的块级元素有：<h1>～<h6>、<p>、<div>、<ul>、<ol>、<li>等，其中<div>标记是最典型的块级元素。

块级元素独占一行显示。高度、宽度、外边距及内边距都可以控制，宽度默认是容器（父级宽度）的 100%。块级元素是一个容器及盒子，里面可以放行内元素或者块级元素。文字类的元素（如<p>、<h1>～<h6>等）内部不能使用块级元素，如代码“<p>段落标记内不能<div>嵌套块级元素</div>，标题标记也一样</p>”的写法是错误的。

（2）行内元素。

行内元素也称内联元素，不占有独立区域，其大小被动地依赖于自身内容的大小（如文字和图片），所以一般不能随意设置其宽度、高度、对齐等属性。行内元素常用于控制网页中文本的样式，我们通常会用其进行文字、小图标（小结构）的搭建。

常见的行内元素有：<a>、<span>、<img>、<del>、<s>、<strong>、<b>、<em>、<i>、<footer>、<label>、<input><sub>、<sup>等，其中<span>标记是最典型的行内元素。

行内元素的特点有：相邻行内元素在一行上，一行可以显示多个行内元素。行内元素的默认宽度就是它本身内容的宽度，为其设置高度和宽度是无效的。行内元素可以容纳文本及其他行内元素。

下面通过案例来进一步了解块级元素和行内元素的应用，如例 3-21 所示。

【例 3-21】example21.html

```
<!doctype html>
<html>
<head>
<meta charset="utf-8">
<title>块级元素和行内元素</title>
<style type="text/css">
    h2{                                /*定义 h2 的背景颜色、宽度、高度、文本水平对齐方式*/
        background:#00aa00;
        width:350px;
        height:50px;
        text-align:center;
    }
    p{background:#ff00ff;}             /*定义 p 的背景颜色*/
    strong{                            /*定义 strong 的背景颜色、宽度、高度、文本水平对齐方式*/
        background:#ffff7f;
        width:360px;
        height:50px;
        text-align:center;
```

```
        }
        em{background:#00ff7f;}              /*定义 em 的背景颜色*/
del{background:#5555ff;}                     /*定义 del 的背景颜色*/
</style>
</head>
<body>
        <h2>典型的块级元素会独占一行。</h2>
        <p>p 标记文本类型元素也是块级元素。</p>
        <strong>strong 标记定义的是行内元素。</strong>
        <em>em 标记亦是行内元素。</em>
<del>del 标记不例外也为行内元素。</del>
</body>
</html>
```

本例首先使用了典型的块级元素<h2>、<p>和行内元素<strong>、<em>、<del>定义文本内容，然后分别对其应用了不同的样式，并试图给<h2>和<strong>标记定义同等的宽度、高度和对齐样式。

运行代码，效果如图 3-27 所示。

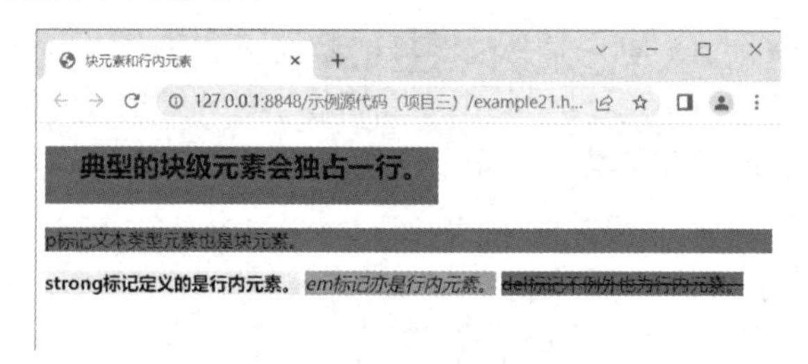

图 3-27　元素类型应用

从图 3-27 中可以看出，不同类型的元素在网页中所占的区域不同。块级元素<h2>和<p>各自占据一个矩形的区域，虽然<h2>和＜p>相邻，但是它们不会排在同一行上，而是依次竖直排列，其中，设置了宽度、高度和对齐属性的<h2>按设置的样式显示，未设置宽度、高度和对齐属性的<p>则左右充满页面。然而行内元素<strong>、<em>和<del>排列在同一行，遇到边界则自动换行，虽然对<strong>设置了和<h2>相同的宽度、高度和对齐属性，但是在实际的显示效果中并不会生效。

（3）行内块元素。

行内块元素集合了块级元素和行内元素的优质特性，元素的默认宽度为内容宽度，同时元素的宽度和高度能够进行手动设定，多个元素能够在同一行内进行显示，元素内部文本可以进行换行。常用的行内块元素有：<img>、<input>、<td>。

行内块元素的特点如下。

- 和相邻行内元素（行内块元素）在一行上，但是它们之间会有空白缝隙。一行可以显示多个行内块元素（行内元素的特点）。
- 默认宽度就是它本身内容的宽度（行内元素的特点）。
- 高度、行高、外边距及内边距都可以控制（块级元素的特点）。

2. *元素的转换*

网页的布局灵活多变，在特殊情况下，我们需要转换元素模式，如需要行内元素具有块级元素的某些特点。在 CSS 中，可以使用 display 属性来实现行内元素和块级元素的转换。对行内元素设置 display:block 样式即可将其转换为块级元素，对块级元素设置 display: inline 样式即可将其转换为行内元素。

display 属性常用的属性值及其具体含义如下。

- none：元素不会显示，而且该元素的空间也不会保留。当设置 visibility: hidden 时则会保留元素的空间。
- inline：display 的默认属性值。将元素显示为内联元素，元素前后没有换行符。我们知道内联元素是无法设置宽度和高度的，所以一旦将元素的 display 属性设为 inline，那么设置 height 和 width 属性是没有用的。此时影响该元素高度的一般是内部元素的高度（font-size）和 padding。
- block：将元素显示为块元素，元素前后会带有换行符。在将元素设置为 block 后，就可以设置 width 和 height 属性了。元素独占一行。
- inline-block：行内块元素。这个属性值融合了 inline 和 block 的特性，即它既是内联元素，又可以设置 width 和 height 属性。

下面通过一个案例来演示 display 属性的用法，如例 3-22 所示。

【例 3-22】example22.html

```
<!DOCTYPE html>
<html>
<head>
<meta charset="utf-8">
<title>元素显示模式转换</title>
<style>
        a {
            width: 150px;
            height: 50px;
            background-color: pink;
            display: block;                    /*把行内元素 a 转换为块级元素*/
            }
        div {
            width: 300px;
            height: 100px;
            background-color: purple;
            display: inline;                   /*把块级元素转换为行内元素*/
            }
      span {
            width: 200px;
            height: 100px;
            background-color: aquamarine;
            display: inline-block;             /*把行内元素转换为行内块元素*/
            }
</style>
</head>
<body>
      <a href="#">行内元素</a>
      <a href="#">行内元素</a>
```

```
        <div>我是块元素</div>
        <div>我是块元素</div>
        <span>行内元素转换为行内块元素</span>
        <span>行内元素转换为行内块元素</span>
    </body>
    </html>
```

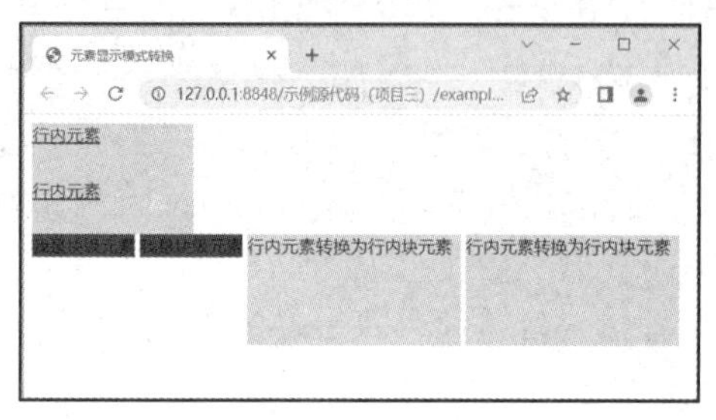

图 3-28　元素的转换

本例定义了两个<a>标记、两个<div>标记和两个<span>标记，为它们设置了宽度、高度、背景颜色。对<a>标记定义 display: block，转换成块级元素；对<div>标记定义 display: inline，转换成行内元素；对<span>标记定义 display: inline-block，转换成行内块元素。运行代码，效果如图 3-28 所示。

从图 3-28 中可以看出，前两个<a>标记独占一行，并且显示出设置的宽度和高度，而典型的块元素<div>的设置却没有生效，并且在同一行内显示了。<span>标记虽然还是在同一行显示，但是拥有了宽度和高度的效果。

【任务实施】制作公司简介模块的图像内容并设置样式

【效果分析】

1. 结构分析

通过网页效果图，可以看到公司简介模块的图像位于文字内容的右侧，整个公司简介模块由一个大盒子控制，内容部分又单独通过一个盒子控制，我们只需要在大盒子内添加<img>标记，就可以将图像内容放置在此模块中，结构如图 3-29 所示。

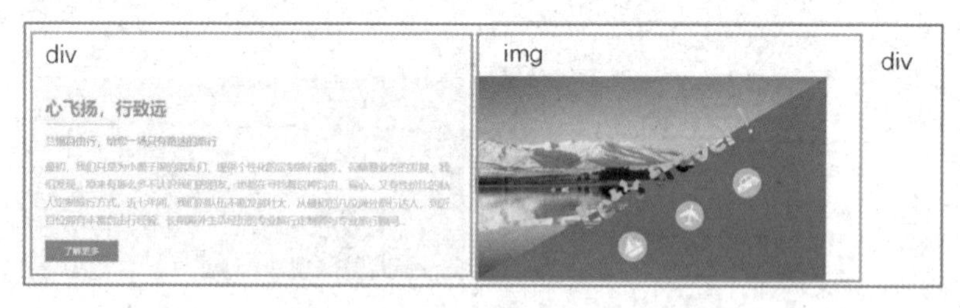

图 3-29　公司简介模块结构图

2. 样式分析

分析模块结构图，发现块级元素<div>和<img>在一行上，因此需要将块级元素转换成行内元素，使用 display 属性来定义即可。

另外，本项目在对文字部分进行处理时遗留了一些样式与效果图不同，在学习了本任务，通过 display 属性可以完善文字内容部分的部分样式，使其与效果图达到一致。

（1）对文字内容区域的盒子增加 display: inline-block，使其变成行内块元素。

（2）为水平线增加样式，把<b>标记转换成块元素，就可以设置它的宽度和高度了。

（3）增加“了解更多”的样式，把对应的<span>标记转换成块级元素，增加宽度和高度值。

【模块制作】

1. 搭建 HTML 结构

根据上面的分析，添加本模块的图像内容，将图像保存在 images 文件夹中，命名为 gsjj.jpg。在原有的文字内容下增加<img>标记，该模块的网页结构代码如例 3-23 所示。

【例 3-23】example23.html

```
<!DOCTYPE html>
<html>
<head>
<meta charset="utf-8">
<title>兰锡自由行</title>
<link rel="stylesheet" type="text/css" href="style/web.css">
</head>
<body>
    <!--公司简介-->
    <div class="about">
        <div class="tex">
            <h2>心飞扬，行致远</h2>
            <b></b>
            <h3>兰锡自由行，给您一场只有路途的旅行</h3>
            <p>最初，我们只是为小圈子里的朋友们，提供个性化的定制旅行服务。但随着业务的发展，我们发现，原来有那么多不认识我们的朋友，也都在寻找着这种自由、省心、又有性价比的私人定制旅行方式。近七年间，我们的队伍不断发展壮大，从最初的几位海外旅行达人，到近百位拥有丰富自由行经验、长期海外生活经历的专业旅行定制师与专业旅行顾问……</p>
             <span>了解更多</span>
        </div>
        <img src="images/gsjj.jpg">
    </div>
</body>
```

在文本内容后增加<img>标记，通过 src 属性添加图片，图片路径为 images/gsjj.jpg。

在修改文本内容后，保存代码，运行效果如图 3-30 所示。

2. 定义 CSS 样式

在搭建完网页结构后，接下来使用 CSS3 对网页样式进行修饰。

在 style 文件夹中创建样式表文件 web.css，并在 example23.html 文档的<head>标记中，通过<link>标记引入样式表文件 web.css。下面在样式表文件 web.css 中修改 CSS 代码，控制公司简介模块的外观样式。

图 3-30 公司简介模块搭建

对文字内容区域的盒子增加 display: inline-block，使其变成行内块元素。为水平线增加样式，把<b>标记转换成块级元素，就可以设置它的宽度和高度了。增加“了解更多”的样式，把对应的<span>标记转换成块级元素，增加宽度和高度值。最终 web.css 的内容如下。

```
/*公司简介*/
```

```
.about{ width:1100px; height:270px; margin:85px auto; }
.about .tex{ width:560px; height:270px; padding:0 20px; margin-right: 10px; background:#fafafa; overflow: hidden;   display: inline-block;   }
.about .tex h2{ color:#00b3e1; font-size:24px; line-height:1em; margin-top: 30px;}
.about .tex b{ display:block; width:100px; height:1px; background:#8fdaf0; margin-top:10px;}
.about .tex h3{ color:#00b3e1; font-size:14px; font-weight: 400; line-height:1em; margin-top: 15px;}
.about .tex p{ color:#aaa; font-size:14px; line-height:1.7em; margin-top:15px;}
.about .tex span{width:100px; height: 28px;   background:#00b3e1;   display: block;   font-size: 12px;   color: #fff; text-align: center;   line-height: 28px; margin-top: 15px;}
```

至此，我们完成了效果图 3-29 所示的公司简介模块的 CSS 样式制作，在将该样式应用于网页后，效果如图 3-31 所示。

图 3-31　添加 CSS 样式后公司简介模块的效果

项目小结

本项目详细讲解了文本标记中常见的<h1>～<h6>标记、<p>标记等，并对其 CSS 样式中的相关属性进行了详细的介绍，实现了项目中公司简介模块的定义。

随后介绍了图像的相关属性和元素类型，并且通过案例讲解了元素类型的转换，最终实现了公司简介模块的 HTML 结构和 CSS 文件的修改。

课后习题

一、单选题

1．text-transform 属性用于控制英文字符的大小写。下列选项中，不属于其属性值的是（　　）。

A．capitalize　　B．line-through　　C．lowercase　　D．uppercase

2．在 CSS 中，用于设置首行文本缩进的属性是（　　）。

A．text-decoration　　B．text-align

C．text-transform　　D．text-indent

3．下列关于特殊字符的说法中，不正确的是（　　）。

A．特殊字符的代码通常由前缀“&”、字符名称和后缀为英文状态下的“;”组成

B．可以通过菜单栏直接插入特殊字符相应的代码

C．转义序列各字符间可以有空格

D．转义序列必须以分号结束

4．下面的选项中，属于常用的图像格式并且能够做动画的是（　　）。

A．JPG 格式　　B．GIF 格式　　C．PSD 格式　　D．PNG 格式

5．<img>标记链接图像的属性是（　　）。

A．src　　B．alt　　C．width　　D．height

6．<div>标记是网页布局中最常用的标记，其显示类型为（　　）。

A．块级类型　　B．行内类型　　C．行内块类型　　D．浮动类型

7．下列样式代码中，可以将块级元素转换为行内元素的是（　　）。

A．display:none;　　B．display:block;

C．display:inline-block;　　D．display:inline;

二、判断题

1．在文本格式化标记中，<s></s>和<del></del>都用来给文本添加下画线。（　　）

2．word-spacing 属性用于定义英文单词之间的间距，对中文字符无效。（　　）

3．text-align 属性用于设置文本内容的水平对齐，适用于所有元素。（　　）

4．GIF 是一种无损的图像格式，并且支持透明。（　　）

5．如果不给<img>标记设置宽度和高度属性，图像就会按照原始尺寸显示。（　　）

6．在 CSS 样式中，background-clip 属性用于定义背景图像的裁剪区域。（　　）

7．行内元素和块级元素可以相互嵌套。（　　）

8．所有的标记都可以设置宽度和高度属性。（　　）

三、简答题

1．文本外观属性都有哪些？请说明其具体用法。

2．background-attachment 属性的属性值有哪些，分别代表什么意义？

3．简单描述使用行内块模式 display:inline-block 有什么好处。

项目 4

制作旅行故事模块

情景引入

在旅行网站中如何展示旅行产品的魅力呢？为了更好地宣传旅行产品，吸引游客参与旅行活动，小李同学想在网页中制作一个介绍旅行景点的模块。在这个模块中，展示几个典型的景点并制作链接，使游客可以更好地了解景点的相关信息，吸引并引导游客选择喜爱的项目。旅行故事模块效果图如图 4-1 所示。

图 4-1　旅行故事模块效果图

任务 4.1　元素的浮动

浮动案例-网页导航案例

【任务提出】

根据网页效果图，在本项目中制作旅游网站的旅行故事模块，用于展示旅行产品的经典景点。本任务讲解如何通过元素的浮动属性对旅行故事模块进行基础布局。

【学习目标】

知识目标	技能目标	思政目标
√掌握元素浮动属性的设置方法。 √了解浮动属性对元素的影响。 √掌握清除浮动属性不良影响的方法	√能够正确为元素设置浮动属性并进行网页布局。 √能够正确清除浮动属性带来的不良影响	√培养审美情趣和乐观的生活态度，树立文化自觉和文化自信

【知识储备】

通过前几个项目的学习，我们了解到，网页布局的核心是将元素摆放在合理的位置上。而这些元素，按照其排列方式，又分为行内元素（内联元素）和块元素。行内元素（内联元素）在浏览器中显示时通常不会以新行开始，而块元素在显示时通常会以新行开始（和结束）。在默认情况下进行网页布局，会让网页显得单调、零乱，我们需要打破这种行内元素和块级元素的默认布局方式。设置浮动属性是解决这个问题的一种方式。

4.1.1 浮动属性

标准文档流与浮动

1. 标准文档流

在进行网页布局时，默认按照从左到右，从上到下的方式布局，这就是标准文档流，也称文档流或标准流。下面通过一个案例来演示标准文档流的布局在浏览器中的显示效果。

【例 4-1】example01.html（部分代码）

```
<body>
    <div class="parent">
        <ul>
            <li class="child01">茶卡盐湖景区</li>
            <li class="child02">地理环境</li>
            <li class="child03">旅行路线</li>
        </ul>
        <h4>地理环境</h4>
         <img src="images/pro1.jpg" alt="">
         <p>茶卡盐湖是柴达木盆地有名的天然结晶盐湖，因其产盐、旅游两相宜而在国际国内享有较高知名度，景区以“天空之镜”而得名，湖面海拔 3100 米，盐湖四周雪山环绕，纯净、蓝白、倒影交织，恍若一面天然明镜。因其旅游资源禀赋可与玻利维亚乌尤尼盐沼相媲美，享有中国“天空之镜”之美称。</p>
        <span>关键字：</span>
         <strong>茶卡盐湖</strong>
         <em>天空之境</em>
        <del>（del 标记标记的内容）盐水湖</del>
    </div>
</body>
</html>
```

例 4-1 中的布局方式为默认布局，即标准文档流。在 Google Chrome 中的显示效果及布局所使用的标记结构如图 4-2 所示。

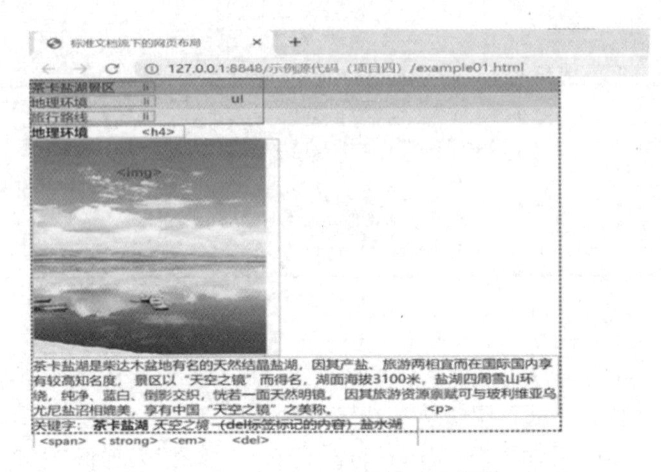

图 4-2　Google Chrome 的显示效果和结构图

从图 4-2 中可以看出，块级元素<li>、<h4>、<p>都是独占一行的，而<span>、<strong>、<em>、<del>等行内元素（内联元素）不是以新行开始的，即不独占一行，而是从左到右排列的，只有当前行排满，才会在新行显示。这种默认的布局方式就是标准文档流。其中，<img>标记是行内块元素，既有行内元素的特征，又有块级元素的特征。

这种布局方式显得网页凌乱，不是合理的页面布局。在实际工作中，我们需要打破这种布局方式，使用浮动属性来实现。

2. 浮动属性的设置方法

浮动属性是重要的 CSS 属性。设置了浮动属性的元素会脱离标准文档流，浮动于标准文档流的上方，并且按照设置移动到其父元素容器的指定位置上。设置浮动属性的基本语法格式如下。

```
选择器{float：属性值;}
```

其中，属性值 left 表示元素浮动到容器的左侧，属性值 right 表示元素浮动到容器的右侧，属性值 none 表示元素不会浮动，默认值 inherit 表示元素继承其父元素的 float 属性值。

下面通过设计一个由几个<div>组成的网页，来学习浮动属性的设置，理解浮动的特性。在标准文档流的布局方式下，代码如例 4-2 所示。

【例 4-2】example02.html

```
<!DOCTYPE html>
<html>
    <head>
        <meta charset="utf-8">
        <title>浮动框的设置与表现</title>
        <style>
            .parent{
                width: 600px;
                border:2px dashed #333;
                background-color:#ccc;
            }
            .child01{
                        background:rgba(0,179,225,8);
            }
            .child02{
```

```
                    background:rgba(231,194,44,8);
            }
            .child03{
                    background:rgba(195,255,29,8);
            }
        </style>
    </head>
    <body>
      <div class="parent">
            <div class="child01">浮动块 1</div>
            <div class="child02">浮动块 2</div>
            <div class="child03">浮动块 3</div>
      </div>
    </body>
</html>
```

以上代码在 Google Chrome 中的显示效果如图 4-3 所示。

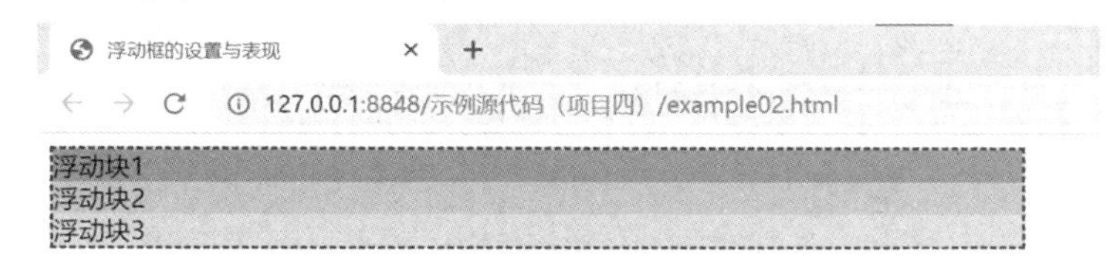

图 4-3　标准文档流下<div>标记的显示效果

这 3 个<div>是块级元素，在浏览器中的显示是独占一行。如果需要 3 个块级元素同行显示，则可以通过设置浮动属性来实现。为了更好地理解设置了浮动属性的元素如何变化，我们逐一设置 3 个块级元素的浮动属性。对浮动块 1 设置左浮动“.child01{……float:left}”，为浮动块 2 添加边框，便于更清晰地看到其位置：“.child02{border:1px solid red;}”，Google Chrome 中的显示效果如图 4-4 所示。

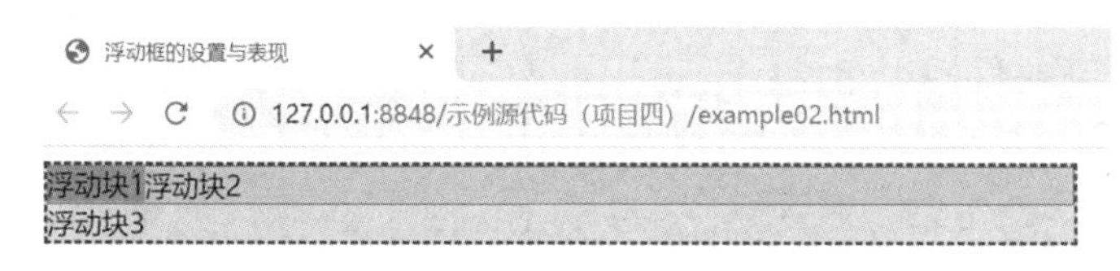

图 4-4　为浮动块 1 添加浮动属性后的显示效果

通过图 4-4 可以看出，当浮动块 1 添加了左浮动，浮动块 1 与容器左侧边线对齐，脱离了标准文档流，好像在标准流里不存在一样，所以浮动块 2 会占据浮动块 1 本来的位置，即占据标准文档流中的一行，如图 4-4 所示。同样，在对浮动块 2 设置了左浮动“.child02{……float:left}”后，浮动块 2 会沿着父元素的左侧边线对齐，因为浮动块 1 已经左浮动，所以浮动块 2 直到碰到浮动块 1 的边缘才会停止。而浮动块 3 未设置浮动，浮动块 1 和 2 的浮动对其没有影响，在标准文档流中独占一行，但会被浮动的浮动块 1、2 掩盖一部分。Google Chrome 中的显示效果如图 4-5 所示。

图 4-5 为浮动块 1、2 添加浮动属性后的显示效果

由图 4-5 可以看出，如果想让 3 个块级元素在同一行上显示，则对浮动块 3 也要设置左浮动“.child03{……float:left}”，代码如例 4-3 所示。

【例 4-3】example03.html

```
<!DOCTYPE html>
<html>
	<head>
		<meta charset="utf-8">
		<title>浮动框的设置与表现</title>
			<style>
			.parent{
				width: 600px;
				border:2px dashed #333;
				background-color:#ccc;
			}
			.child01{
						background:rgba(0,179,225,8);
						float:left;

			}
			.child02{
						background:rgba(231,194,44,8);
						 border:1px solid red;
						 float:left;
			}
			.child03{
						background:rgba(195,255,29,8);
						border:1px solid blue;
						float:left;
			}
			</style>
	</head>
	<body>
	  <div class="parent">
		<div class="child01">浮动块 1</div>
		<div class="child02">浮动块 2</div>
		<div class="child03">浮动块 3</div>
	  </div>
	</body>
</html>
```

Google Chrome 中的显示效果如图 4-6 所示。

图 4-6　为浮动块 1、2、3 均添加浮动属性后的显示效果

在例 4-3 中，我们分析了在父元素的宽度能包含这 3 个块级元素的情况下，浮动块的浮动方向。下面修改浮动块的宽度和高度，分析在父元素的宽度不能容纳所有浮动块时，浮动块会如何浮动。代码修改如例 4-4 所示。

【例 4-4】example04.html

在例 4-3 的基础上修改代码，Google Chrome 中的显示效果如图 4-7 所示。

```
.child01{……width:200px;height:160px;……}
.child02{……width:200px;height:100px;……}
.child03{……width:200px; height:100px;……}
```

图 4-7　当浮动块的总宽度大于父元素的宽度

在图 4-7 中，3 个浮动块的宽度为 200px，父元素的宽度为 600px，对其中两个浮动块设置了边框，因此父元素无法容纳这 3 个浮动块，浮动块 3 会向下移动，直到有足够的空间。如果前面的浮动块高度比较高，则会被堵住并移到下一行显示。

在例 4-4 中为元素设置了左浮动，实现了网页布局中常见的块级元素并列显示的布局方式。下面用例 4-1（效果如图 4-8 所示），通过设置左右浮动，实现图 4-9 所示的效果。

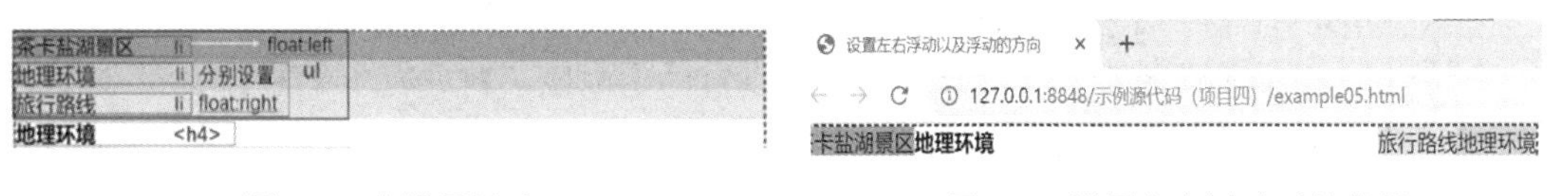

图 4-8　未设置浮动　　　　图 4-9　设置左右浮动后的效果

在图 4-9 中，在对第一个<li>“茶卡盐湖景区”块设置了左浮动后，该块脱离了标准文档流，浮动方向为父元素的左侧边缘，直到碰到左侧边缘；对后两个<li>“地理环境”块设置了右浮动，浮动方向为父元素的右侧边缘，直到碰到右侧边缘；对第三个<li>“旅行路线”块设置了右浮动，浮动方向为父元素的右侧边缘，由于上一个元素已经设置了右浮动，因此该块会向右浮动到上一个设置右浮动的浮动块边缘停止，代码如例 4-5 所示。

【例 4-5】example05.html（部分代码）

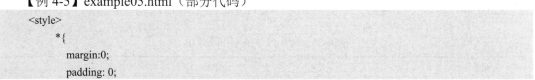

```
<style>
    *{
        margin:0;
        padding: 0;
```

```
                    }
        .parent{
                    width:600px;
                    border:2px dashed #333;
                    }
        ul{
            list-style: none;
        }
    .child01{
            background:rgba(0,179,225,8);
            float:left;
    }
    .child02{
            background:rgba(231,194,44,8)
    }
    .child03{
            background:rgba(195,255,29,8)
    }
    .child02,.child03{
            float:right;
    }
</style>
```

理解了浮动的方向，在进行网页布局时就可以做出合理的调整了。

清除浮动的方法

4.1.2 清除浮动的不良影响（盒子高度塌陷及其解决办法）

1. 浮动的不良影响

通过以上案例可以看出，设置浮动属性的元素不再占有标准流的位置，后续元素会当作其不存在，从而在标准流中布局。图 4-4 中的浮动块 2、图 4-5 中的浮动块 3、图 4-9 中的<h4>“地理环境”都随着前面的元素设置了浮动，会移动到标准流的第一行上，看上去会被浮动元素覆盖，这是浮动属性对布局的影响之一。

另外，在图 4-6 和图 4-7 中，若父元素未设置固定高度，对所有子元素都设置浮动后，子元素会脱离标准流，父元素的高度没有内容可以支撑，就会失去高度，出现盒子高度塌陷现象。

解决这一问题，我们需要清除浮动属性带来的不良影响，完成合理的网页布局。有哪些方法可以实现呢？

2. 清除浮动影响的方法

如果想避免元素受到上面设置浮动属性的元素的影响，则可以对当前元素设置 clear 属性，不允许元素的某一侧或者两侧出现浮动元素。

（1）设置 clear 属性。

clear 属性定义了元素的哪一侧不允许出现浮动元素，其常用属性值如表 4-1 所示。

表 4-1　clear 属性的常用属性值

属性值	描述
left	在左侧不允许出现浮动元素。（清除左侧浮动的影响）

续表

属性值	描述
right	在右侧不允许出现浮动元素。（清除右侧浮动的影响）
both	在左右两侧均不允许浮动元素。（清除左右两侧浮动的影响）

下面通过例 4-6，讲解清除浮动影响的方法。

在例 4-3 的基础上做以下修改：将浮动块 3 设置为右浮动；为了更清晰地理解清除浮动影响后的变化，修改其高度大于浮动块 1、2；在 HTML 结构中，在 3 个浮动块后面添加<p>标记。具体代码如例 4-6 所示。

【例 4-6】example06-test.html

```
        <style>
        …
            .child03{
                        …
                        float:right;
                        height: 80px}
        p{border:1px solid red;}
        </style>
    </head>
    <body>
     <div class="parent">
        …
     </div>
        <p>这是浮动块后面的段落文字，来演示设置 clear 属性的具体方法和注意事项。
          …（可以自己写）
        </p>
        </body>
    </html>
```

运行代码，Google Chrome 中的运行效果如图 4-10 所示。

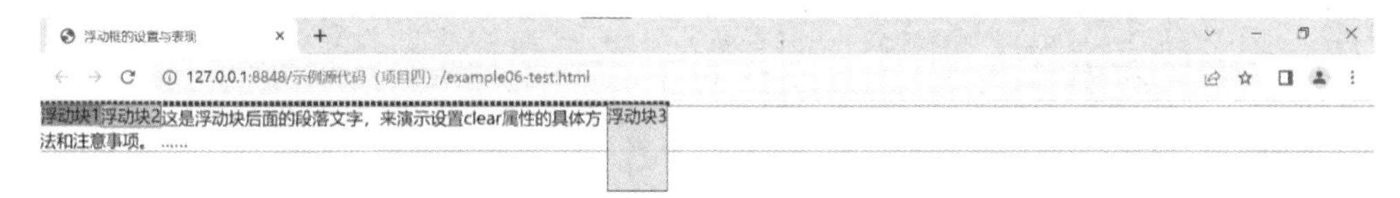

图 4-10　浮动属性对后续元素的影响

在例 4-6 中，对 3 个浮动块都设置了左浮动，使其脱离了标准流，<p>标记会在标准流中当作它们不存在。如果想要<p>标记不受影响，则可以清除<p>标记周围的浮动标记。

在<p>标记样式中，设置 clear 属性，添加以下代码（可参考 example06-cl.html）。

```
p{    clear:left; border:1px solid red;        }
```

运行代码，效果如图 4-11 所示。

图 4-11　为被影响的元素设置 clear:left

在以上案例中，对浮动块 1、浮动块 2 设置了左浮动，对浮动块 3 设置了右浮动，在对<p>标记设置了清除左浮动后，左浮动的影响被清除了，但是右侧浮动块 3 的影响还在。

修改<p>标记的 clear 属性值为 right，代码如下（可参考 example06-cr.html）。

```
p{clear：right;}
```

运行代码，效果如图 4-12 所示。

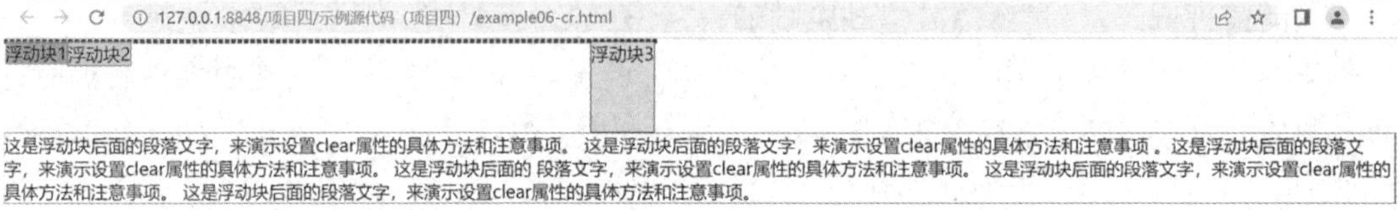

图 4-12　为被影响的元素设置“clear:right”

因为浮动块 3 比较高，所以在清除了右浮动的影响后，左浮动的影响也看不到了。

设置 clear 属性，还可以同时清除左右浮动的影响，代码如下（可参考 example06-cb.html）。

```
p{clear:both}
```

运行代码，效果如图 4-13 所示。

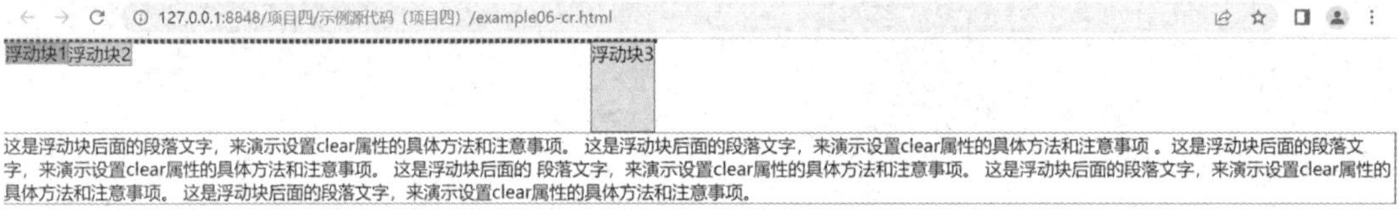

图 4-13　为被影响的元素设置 clear:both

从图 4-13 中来看，设置 clear 属性，清除元素左右浮动的影响，后面的元素会以最高的那个元素的下边缘对齐排列，即不受浮动影响。但是在为父元素中的所有浮动元素都添加浮动属性后，由于无法撑起盒子高度，盒子成了一条直线。而父元素和浮动元素之间是嵌套关系，所以 clear 属性的设置无法解决盒子高度塌陷的问题。这是这种方法的弊端。

（2）使用空标记清除浮动影响。

下面讲解可以扩展盒子高度的浮动影响清除方法：在浮动元素下方添加空标记，并为空标记设置 clear:both，如例 4-7 所示。

【例 4-7】example07.html（部分代码）

```
.parent .clear{
        clear:both;
}
…
<body>
   <div class="parent">
         <div class="child01">浮动块 1</div>
         <div class="child02">浮动块 2</div>
         <div class="child03">浮动块 3</div>
         <div class="clear"></div>
   </div>
   <p>这是浮动块后面的段落文字，来演示设置 clear 属性的具体方法和注意事项。
```

```
    …
    </p>
```

运行代码，得到图 4-14 所示的效果。

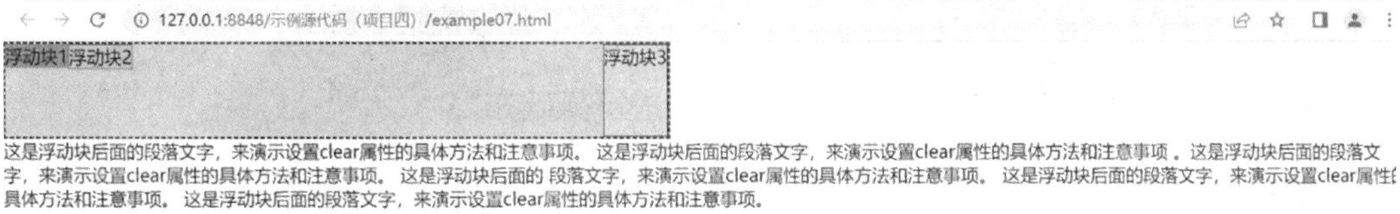

图 4-14　使用空标记清除浮动影响

从图 4-14 中可以看出，这样既可以清除浮动影响，又可以为父元素撑起高度，父元素包裹着子标记，但会增加 HTML 结构标记。

（3）使用溢出隐藏属性清除浮动影响。

为父标记设置“.parent{…overflow:hidden; }”，代码如例 4-8 所示，效果如图 4-15 所示。

【例 4-8】example08.html（部分代码）

```
<style>
        …
        .parent{
                width: 600px;
                border:2px dashed #333;
                background-color:#ccc;
                overflow:hidden;
        }
        …
</style>
</head>
<body>
      …（与 example07 相同）
</body>
```

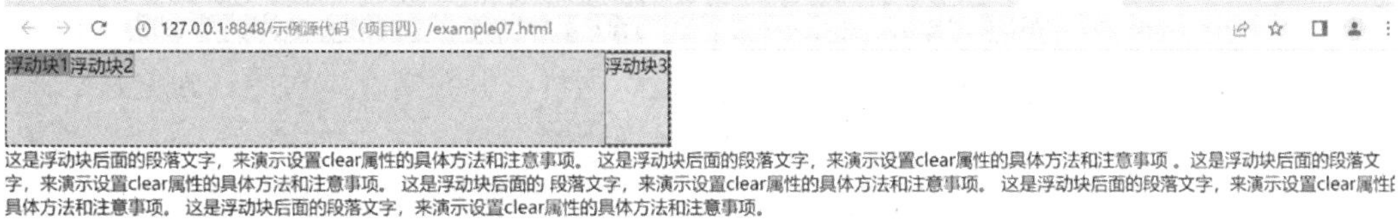

图 4-15　使用 overflow:hidden 清除浮动

这种方法弥补了使用空标记清除浮动影响的不足，注意要为被影响的标记添加 overflow:hidden 样式。

（4）使用 after 伪对象清除浮动影响。

该方法适用于 IE8 以上版本及其他浏览器。在使用该方法时需要为被浮动影响的父元素添加伪对象；必须为需要清除浮动影响的伪对象设置 height:0，否则该元素会比实际高出许多；必须为伪对象设置 content 属性，属性值可以为空。

修改例 4-8 中的代码，如例 4-9 所示，浏览器中的运行效果与图 4-15 相同。

【例 4-9】example09.html

```
.parent:after{
```

```
        display:block;
        content:"";
        height:0;
        clear:both;
}
```

【任务实施】通过浮动属性对旅行故事模块进行基础布局

【效果分析】

1．结构分析

观察网页效果图，可以看到旅行故事模块由 3 个部分组成，旅行故事模块整体由一个大盒子控制，其内部包含标题区域、图文展示区域和“查看更多”链接，可以分别通过<div>标记嵌套两个<div>标记和<a>标记进行定义。图文展示区域的<div>标记从左到右又嵌套了<img>标记、<div>标记。图文展示区域中间的<div>标记由 4 个景区介绍组成，通过 4 个<div>标记来定义，基本结构如图 4-16 所示。

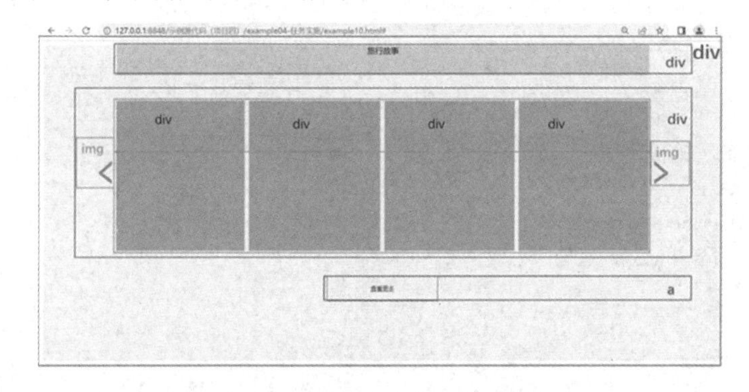

图 4-16　旅行故事模块的结构图

2．样式分析

分析图 4-16，可以分 5 个部分设置样式或标记属性，具体如下。

（1）旅行故事模块外层<div>，对其设置宽度 100%、高度及背景色，为当前模块的背景。

（2）标题区域，设置这块区域的宽度、高度、居中，并设置文本居中。为更好地标记这块区域，设置背景颜色，在后期制作完成时可以删除。

（3）设置图文展示区域外层<div>的宽度、高度、在页面中左右居中，设置外边框的上下距离。

（4）为了使两个<img>标记、一个<div>标记同行显示，需要给这 3 个标记都添加左浮动属性，并为两个<img>标记设置宽度和高度，设置其在父容器中与顶部的距离，来确定其上下居中效果；为中间的<div>标记设置宽度，与父元素边框上下距离为 0px，左右为 10px。

（5）设置图文展示区域中嵌套的 4 个<div>标记的宽度和高度，为了使其可以同行显示，同时为其设置左浮动，暂时添加背景颜色标记这块区域，在后期制作具体内容时再做删改。

【模块制作】

1．搭建 HTML 结构

根据上面的分析，使用相应的 HTML 标记来搭建网页结构，如例 4-10 所示。

【例 4-10】example10.html

```
<!DOCTYPE html>
<html>
        <head>
                <meta charset="utf-8">
                <title>旅行故事模块整体布局</title>
                <link rel="stylesheet" href="style/example10.css" />
        </head>
        <body>
                <!--旅行故事-->
                <div class="pro">
                    <div class="box_title pro_t">旅行故事</div>
                    <!--旅行故事内容区域-->
                    <div class="friend">
                        <img class="mr_frBtnL prev" src="images/mfrl.gif" />
                        <div class="mr_frUl">
                          <div class="mr_item">景点 1 </div>
                            <div class="mr_item">景点 2</div>
                            <div class="mr_item">景点 3</div>
                             <div class="mr_item">景点 4</div>
                        </div>
                        <img class="mr_frBtnR next" src="images/mfrr.gif" />
                  </div>
                  <a href="#" class="more">查看更多<i></i></a>
              </div>
        </body>
</html>
```

在例 4-10 所示的代码中，对多个标记定义 class 属性，以便后续通过类选择器对其分别进行样式控制。

例 4-10 的代码在高版本 Google Chrome 中的运行效果如图 4-17 所示。

图 4-17　旅行故事模块 HTML 结构的效果

2. 定义 CSS 样式

在搭建完 HTML 结构后，接下来使用 CSS3 对网页样式进行修饰。

在 style 文件夹中创建样式表文件 example10.css，并在 example10.html 文档的<head>标记中，通过<link>标记引入样式表文件 example10.css。下面在样式表文件 example10.css 中写入 CSS 代码，控制旅行故事模块整体布局的外观样式，采用从整体到局部的方式实现图 4-16 所示的效果。

（1）全局样式设置。首先定义页面的统一样式，为本任务涉及的所有标记设置 margin 和 padding 属性值均为“0”，以便清除浏览器的默认外边距和内边距，并设置文字相关标记的字体为微软雅黑，取消图像默认的 border、a 链接下的下画线等默认样式。CSS 代码如下。

```
/*初始化所用标记的 margin、padding 属性值*/
*{padding: 0; margin: 0;}
Body,html{font-family:"微软雅黑";}
img{ border:none;}
a{ text-decoration:none;}
```

（2）整体布局实现。根据图 4-16，为类名为 pro 的最外层的<div>标记设置宽度为 100%，高度为 630px，背景颜色为#f2f4f6。

标题区域设置：根据图 4-16，设置版心区域的宽度为 1100px；设置用来定义标题部分的<div>标记的类名为 box_title，宽度为 1100px，为了便于展示效果，可设置其上下外边距为 0px，左右外边距为 auto，以实现水平居中；设置文本居中，高度为 60px。在本任务中，标题区域的具体内容暂不处理，为了方便显示，暂时设置一个背景颜色。

内容区域设置（经典景点展示）：标题区域的下方是旅行故事模块的内容区域，整体由类名为 friend 的外层<div>来定义，设置其高度为 300px，上下外边距为 50px，左右外边距为 auto，实现居中显示。由于此区域左右箭头不在版心区域，所以宽度需要加上左右箭头的宽度，设置为 1176px；这个<div>中嵌套了类名为 mr_frBtnL（定义左侧箭头）、mr_frUl（定义 4 个经典景点）和 mr_frBtnR（定义右侧箭头）的 3 个标记，分别设置左浮动属性，实现同行显示的效果。

设置左右箭头，即类名为 mr_frBtnL 和 mr_frBtnR 的<img>标记，鼠标上滑后的光标显示为小手，高度为 46px，宽度为 28px，上边距为 120px，实现上下居中。

中间 4 个景点的展示区域，由类名为 mr_frUl 的<div>标记定义，设置其宽度为版心宽度 1100px，高度与外层类名为 friend 的<div>宽度相同，即 300px，上下外边距为 0px，左右外边距为 10px，实现距离左右两侧箭头有 10px 的间距。这个<div>中又嵌套类名为 mr_item 的 4 个<div>，为其设置左浮动，实现同行显示；设置宽度为 268px，高度为 300px，间距为 9px，当前背景颜色为 rgba(0,179,225,0.7)，便于区分布局中的范围。由于这 4 个<div>都设置有右边距为 9px，所以会出现图 4-18 所示的显示效果。

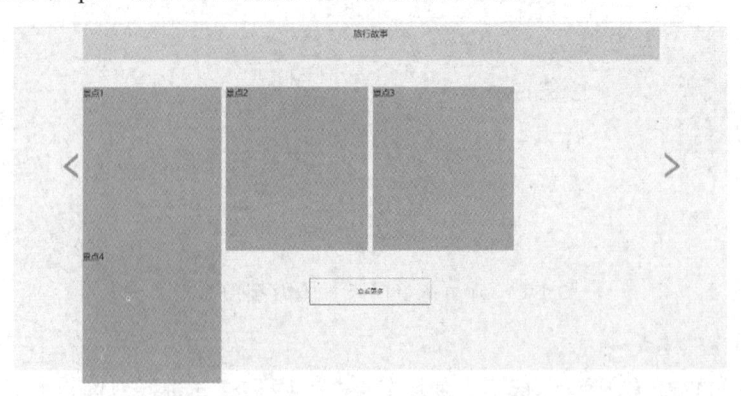

图 4-18　为 4 个<div>都设置右边距后的显示效果

因为每个<div>的宽度设置是通过总宽度 1100px 减去 3 个外边距，再除以 4 计算得出的，而最后一个<div>的宽度再加上 9px 右边距，就超出了父元素的总宽度，无法容纳第 4 个<div>，所以第 4 个<div>会继续向下浮动直到碰到父元素或者上一个浮动元素的边缘。

上一个浮动元素高度与其相同，所以碰到父元素边缘后到了下一行。解决这个问题的办法是，我们可以取消设置最后一个<div>的右边距为 9px，设置其为 0px。

“查看更多”链接设置：最后设置类名为 more 的<a>标记的宽度为 226px，高度为 48px，转为块级元素，设置字体颜色为#202524，字体大小为 12px，文本居中显示，行高与其自身高度相同，实现文字的垂直居中；设置边框，左右外边距为 auto，上下外边距为 0px，实现本模块的居中。

CSS 代码如下。

```
/*旅行故事模块整体样式设置*/
.pro{ width:100%; height:630px; background:#f2f4f6; }
.box_title{ width:1100px; margin:0 auto; height:60px; background:#ecd345; text-align: center;}
.friend{height:300px;margin:50px auto;width:1176px;}
.mr_frBtnL,.mr_frBtnR{cursor:pointer;float:left;height:46px;margin-top:120px;width:28px;}
.mr_frUl{float:left;height:300px;width:1100px; margin:0 10px;}
.mr_frUl .mr_item{float:left;height:300px;width:268px;margin-right:9px;background:rgba(0,179,225,0.7)}
.mr_frUl .mr_item:last-child{ margin-right:0; }
.pro .more{width:226px; height:48px; border:1px solid #202524; display:block; color:#202524; text-align:center;
line-height:48px; font-size:12px; margin:0 auto; }
```

至此，我们完成了图 4-16 所示的旅行故事模块结构的 CSS 样式制作，在将该样式应用于网页后，浏览器中的效果如图 4-19 所示。

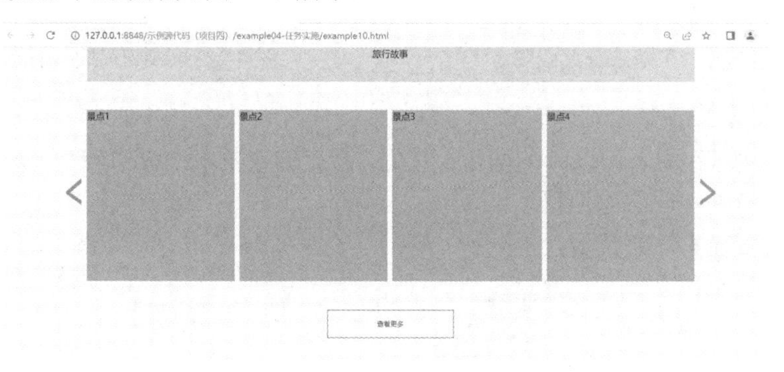

图 4-19　添加 CSS 样式后的网页效果

任务 4.2　元素的定位

【任务提出】

以上任务中已经完成了旅行故事区域的基础布局，根据效果图所示，旅行故事区域的图文展示区域用于吸引用户。本任务学习如何通过定位制作旅行故事的图文内容并设置样式。

【学习目标】

知识目标	技能目标	思政目标
√掌握相对定位、绝对定位、固定定位的设置方法和特征。 √掌握元素层叠属性的设置方法	√能够正确为元素设置定位属性并进行网页布局。 √能够正确使用元素的层叠属性进行元素层叠顺序的调整	√更全面地了解祖国大好河山，提高审美能力，激发爱国热情

【知识储备】

在网页布局中，如果想让内容突破标准流的控制，则可以使用浮动属性，但如果想将元素精确地定位在某个具体位置，就需要使用定位来实现。

4.2.1 定位的作用及分类

定位的作用及分类

1. 定位的作用

定位的主要作用是将元素定位在特定位置。例如，图 4-20 所示的京东网站首页截图中的某些元素需要显示在特定位置，图 4-21 所示的小米有品网站首页截图中，右侧的固定菜单栏效果。由此可以看出，定位可以使网页布局更加灵活，设计人员可以使用定位自由布局网页元素，实现理想的布局效果。

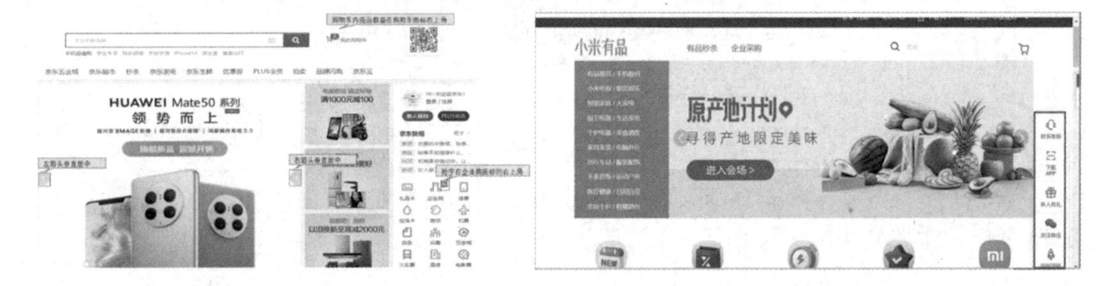

图 4-20 京东网站首页截图　　图 4-21 小米有品网站首页截图

2. 定位的分类

要对元素进行定位，可以分为两步：首先，规定元素的 position 属性，即元素采用何种定位；然后，设置定位的边偏移值。

其中，设置元素的定位属性的代码如下。

```
选择器{ position：属性值}
```

position 属性值如表 4-2 所示。

表 4-2 position 属性值

属性值	描述
absolute	生成绝对定位的元素，相对于 static 定位以外的第一个父元素进行定位。元素的位置通过 left、top、right 以及 bottom 属性进行规定
fixed	生成固定定位的元素，相对于浏览器窗口进行定位。元素的位置通过 left、top、right 以及 bottom 属性进行规定
relative	生成相对定位的元素，相对于其正常位置进行定位。因此，“left:20” 会向元素的 LEFT 位置添加 20px
static	默认值。没有定位，元素出现在正常的流中（忽略 top、bottom、left、right 或者 z-index 声明）

通过表 4-2 中的 position 属性值，我们可以把定位分为 4 种类型：static（静态定位）、relative（相对定位）、absolute（绝对定位）、fixed（固定定位）。其中 static（静态定位）是网页元素默认的定位类型，也就是未设置定位的方式。

下面通过一个<div>来学习定位的分类。基础代码如例 4-11 所示。

【例 4-11】example11.html

```
<!DOCTYPE html>
<html lang="en">
```

```
<head>
    <meta charset="utf-8" />
    <title>定位分类</title>
    <style type="text/css">
        div{
            width: 200px;
            height: 100px;
            border:1px solid #253EBE;
        }
    </style>
</head>
<body>
    <div></div>
</body>
</html>
```

运行代码，浏览器中的显示效果如图 4-22 所示。

图 4-22　<div>在浏览器中的定位

在图 4-22 中，<div>在浏览器中的位置要做改变，如果设定了绝对定位，则以浏览器窗口或者包含设置了定位的父元素的 4 个边缘确定移动到哪个位置；如果设定了相对定位，则依照自身的 4 个边缘来确定移动到哪个位置。固定定位是特殊形式的绝对定位，即以浏览器为基准进行定位。

除了为元素设置 position 属性，指定定位模式，还需要设置边偏移属性，才能将元素定位在指定位置上。

3. 定位的边偏移属性

指定了定位模式的元素的边偏移属性值如表 4-3 所示。

表 4-3　定位元素的边偏移属性值

移属性值	描述
top	顶部偏移量，定义元素相对于其父元素上边缘的距离
bottom	底部偏移量，定义元素相对于其父元素下边缘的距离
left	左侧偏移量，定义元素相对于其父元素左边缘的距离
right	右侧偏移量，定义元素相对于其父元素右边缘的距离

在例 4-11 的基础上，为<div>设置绝对定位和边偏移属性，移动后的显示效果和分析如图 4-23 所示。

为了能够正确地使用定位来布局网页元素，下面分析绝对定位与相对定位的特点，并举例讲解定位的设置方法。

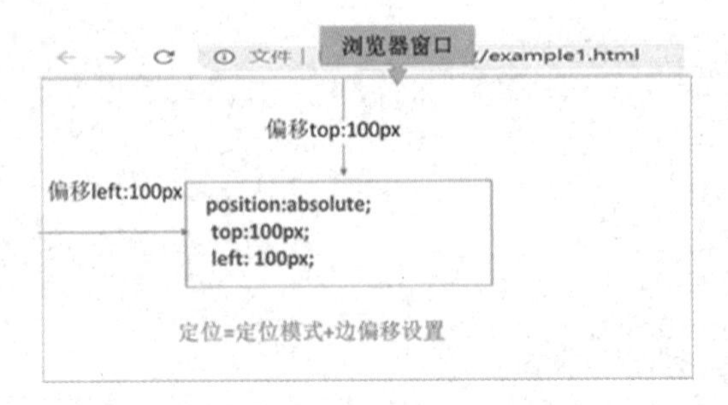

图 4-23　设置定位属性的显示效果和分析

4.2.2　绝对定位与相对定位

相对定位与绝对定位

1．绝对定位的特点

设置了绝对定位的元素，其元素框会从文档流中完全删除，好像不存在一样。绝对定位的元素的位置，相对于包含块（父元素，可能是文档中的另一个元素或者初始包含块），哪个元素加了定位并且离它最近，就相对于该元素来定位。下面设计一个未设置定位的基本块结构，如图 4-24 所示。为了更好地理解绝对定位与包含块的关系，设计了一个父元素包含 3 个子元素。

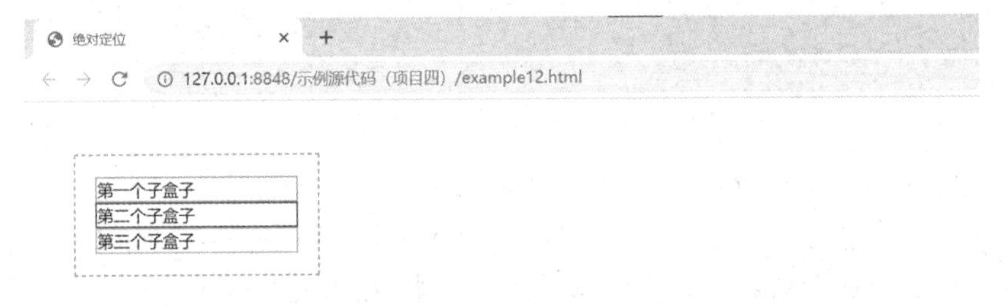

图 4-24　未设置定位的基本块结构效果

在相对定位的父元素中，为第二个<div>设置绝对定位，代码如例 4-12 所示。

【例 4-12】example12.html

```
<!DOCTYPE html>
<html lang="en">
<head>
    <meta charset="utf-8" />
    <title>绝对定位</title>
    <style type="text/css">
     *{
        padding:0px;
        margin: 0;
     }
    .parent{
        border:2px dashed #999;
        width: 200px;
        padding:20px;
        margin:50px;
        position:relative;
    }
```

```
        .child01{
          border:2px solid #fc9204;
          }
        .child02{
            border:2px solid #1f497d;
            position:absolute;
            top:100px;
            left:100px;
          }
        .child03{
          border:2px solid #56F832;
        }
        </style>
</head>
<body>
        <div class="parent">
          <div class="child01">第一个子盒子</div>
          <div class="child02">第二个子盒子</div>
          <div class="child03">第三个子盒子</div>
        </div>
</body>
</html>
```

在以上代码中，为类名为 parent 的<div>设置了相对定位，而为类名为 child02 的<div>设置了绝对定位，边偏移为 top:100px; left:100px。Google Chrome 中的显示效果如图 4-25 所示。

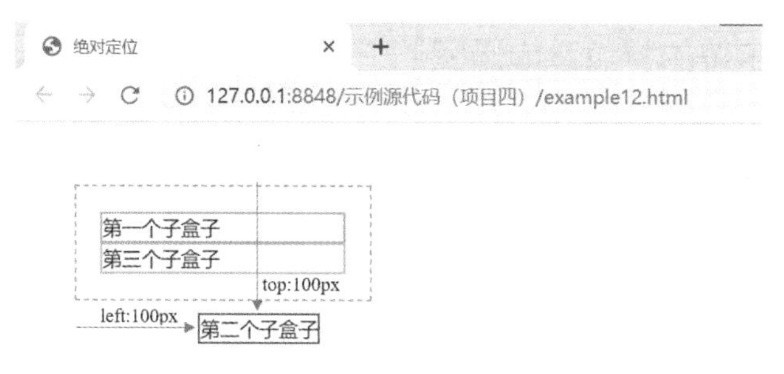

图 4-25　设置绝对定位后的显示效果

如果父元素已经设置了定位模式，且子元素设置了绝对定位，则以父元素的边缘来定义边偏移属性，进行位置的移动以及确定定位后的精确位置，否则以浏览器进行定位，且第二个<div>在父元素中的原始位置会被删除。

2. 相对定位的特点

相对定位是指将元素相对于它在标准流中的位置进行定位，当 position 属性的取值为 relative 时，元素以其自身位置进行偏移，仍然保持未定位前的形状，原本所占的空间仍被保留。

下面将例 4-11 中第二个子<div>的定位模式修改为 relative，代码如例 4-13 所示，浏览器中的显示效果如图 4-26 所示。

【例 4-13】example13.html（部分代码）

```
.child02{
    ……
    position：relative;
    top:100px;
    left:100px;
}
```

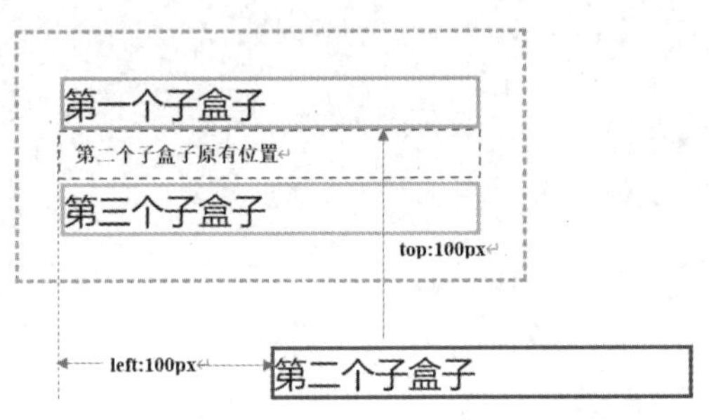

图 4-26　设置相对定位后的显示效果

在例 4-13 中，为第二个<div>设置了相对定位，即相对于其自身的 left 和 top 来定位。在第二个<div>移动到定位的精确位置后，原有位置仍然被占用。

综上可知，相对定位是根据自身位置来定位的，而绝对定位是根据已经定位的父元素来定位的，父元素只有设置了定位，才能被当作参照，否则会以窗口来定位。在将元素按照相对定位移动之后，其原有位置仍然被保留；在按照绝对定位移动之后，其原有位置会被后面的元素占据。

4.2.3　固定定位的特点及应用案例

固定定位及应用案例

1. 固定定位的特点

固定定位的元素类似于绝对定位，相对于浏览器窗口进行定位。下面通过固定定位的应用案例，来讲解固定定位的设置与效果。

2. 应用案例

案例效果分析：滚动窗口，头部区域固定在窗口顶端，不随窗口移动；右侧“京东秒杀”等区域固定在窗口右侧，不随窗口移动，如图 4-27 所示。

图 4-27　固定定位布局效果图

案例结构分析：该网页的 HTML 结构分为 3 个部分，分别为头部导航区域、主体区域、右侧侧边栏区域。在 CSS 中，为头部导航区域设置固定定位，边偏移为 top:0px;left:0px。为侧边栏区域设置固定定位，边偏移为 top:100px;right:0px，如图 4-28 所示，示例代码可参考本项目的源代码 example14.html。

图 4-28　固定定位设置演示图

小结：固定定位是相对于浏览器窗口进行定位的，不会随窗口的滚动而发生位置变化。

4.2.4　元素的层叠等级

层叠等级

1. *层叠等级*

HTML 元素中除了 *X*、*Y* 轴，在用户的视觉上还有 *Z* 轴，如图 4-29 所示。

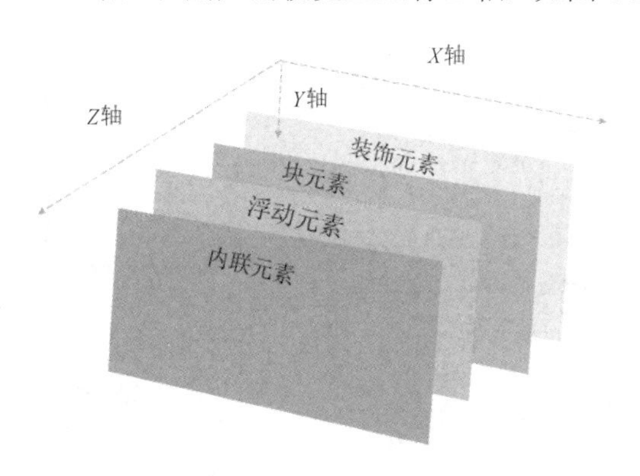

图 4-29　元素层叠图例

元素在 *Z* 轴上也能层层叠加，这种元素的先后顺序被称为层叠等级。参与层叠等级比较的元素必须在同一个层面上，被称为“层叠上下文”。把一个 HTML 文档比作一张桌面，我们可以按照需要的顺序放置多个物品。这些物品可能会发生堆叠，而这些物品上面的物品，也可能会发生堆叠。如果元素发生了层叠，则层叠等级大的会覆盖小的；如果二者层叠等级相同，则根据渲染的顺序，后者会覆盖前者。

2. *层叠顺序*

在图 4-28 所示的层叠关系中，标记图文的内联元素的等级最高；其次是布局，其中浮动元素脱离了标准流，等级高于块级元素，否则根据元素的渲染顺序排列；等级最低的是背景、边框等装饰属性的元素。

关于浮动元素，后浮动的元素的层叠等级大于前浮动的元素。如果在布局中添加了浮动属性，则浮动元素的层叠等级会高于普通块级元素。在为多个元素设置了定位后，元素之间会发生层叠，后面的元素默认在前面的元素的上层显示。

在为多个元素添加了定位后，元素之间会产生层叠现象，如例 4-14 所示。

【例 4-14】example18.html

```
<!DOCTYPE html>
<html lang="en">
<head>
    <meta charset="utf-8" />
    <title>层叠现象示例</title>
    <style type="text/css">
      div {
            width: 200px;
            height: 200px;
            background-color: #F1A602;
            font-size:40px;
            text-align:center;
            line-height:200px;
      }
      .first {
      position:absolute;
      top:0;
      left:0;
      }
     .second {
              background-color:#1F497D;
              position:absolute;
              top:20px;
              left:20px;
        }
     .third{
              background-color:#92D050 ;
        }
    </style>
</head>
<body>
    <div class="first">1</div>
    <div class="second">2</div>
    <div class="third">3</div>
</body>
</html>
```

在这段代码中，在为第一个和第二个<div>设置了定位后，显示效果如图 4-30 所示。

3 个元素发生了层叠。两个定位元素，后面的元素在前面的元素的上层显示。如果想改变这两个元素的顺序，则可以在 CSS 中使用元素的层叠等级属性（z-index）来改变定位元素的层叠顺序。

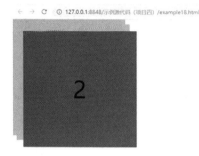

图 4-30　设置定位改变元素层叠顺序的显示效果

3. z-index 属性

该属性设置一个定位元素沿 Z 轴（Z 轴定义为垂直延伸到显示区的轴的位置）移动，设置 z-index 可以改变定位元素的层叠等级。如果为正数，则离用户更近，为负数则离用户更远。z-index 的属性值如表 4-4 所示。

表 4-4　z-index 的属性值

属性值	描述
auto	默认。层叠顺序与父元素相等
number	设置元素的层叠顺序

number 的取值可以为正整数、0 或负整数。z-index 属性值高的元素会覆盖 z-index 属性值低的元素。

下面改变例 4-14 中的层叠等级，把第一个黄色元素调整到最上层显示，代码如例 4-15 所示。

【例 4-15】example19.html

```
<!DOCTYPE html>
<html>
<head>
    <meta charset="utf-8" />
    <title>z-index 改变层叠等级</title>
    <style type="text/css">
   …
      .first {
      position:absolute;
      top:0; left:0;
      z-index:1
      }
     .second {
           background-color:#1F497D;
           position:absolute;
           top:20px;
           left:20px;
        }
 …
    </style>
</head>
<body>
    <div class="first">1</div>
    <div class="second">2</div>
    <div class="third">3</div>
```

```
</body>
</html>
```

在例 4-15 中，为第一个定位元素设置了 z-index:1，将第一个定位元素的层叠等级改为大于第二个定位元素，显示效果如图 4-31 所示。

继续为第二个元素的 z-index 属性设置更大的值，代码如下。

```
.second {
        background-color:#1F497D;
        position:absolute;
        top:20px;
        left:20px;
        z-index:2
    }
```

浏览器的显示效果如图 4-32 所示。

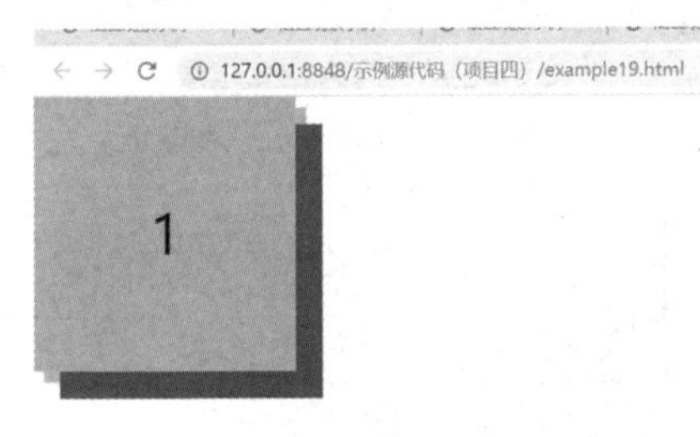

图 4-31　为下层的元素设置更大的 z-index 值

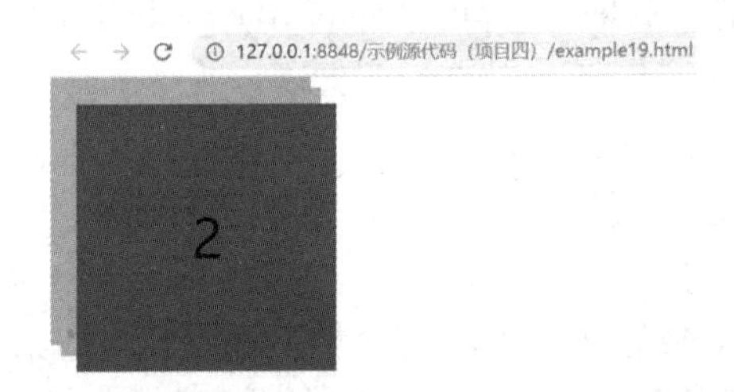

图 4-32　设置更大的 z-index 值使元素在上层显示

元素的 z-index 属性值越大，元素的显示越靠上，否则后来者居上。

【任务实施】制作旅行故事模块的图文内容并设置样式

【效果分析】

1. 结构分析

在 example10.html 中，我们已经完成了旅行故事模块的整体布局。本任务要在各区域中完成图文内容的布局和样式设置，如图 4-33 所示。

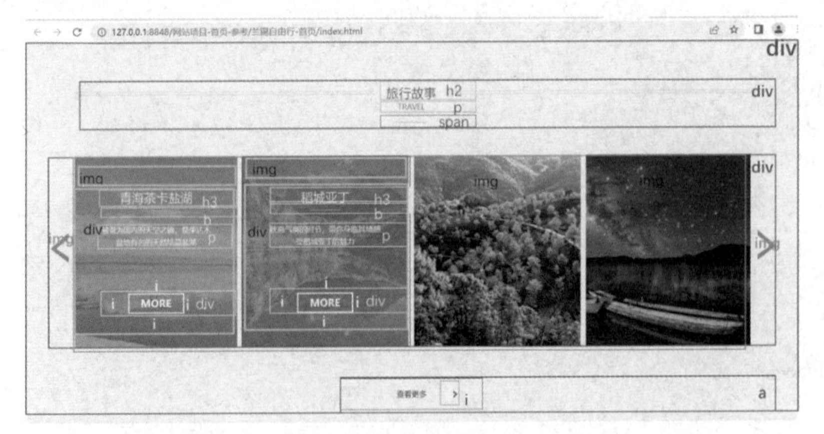

图 4-33　旅行故事模块 HTML 结构图

2. 样式分析

分析旅行故事模块结构图，可分 3 个部分设置样式或标记属性，具体如下。

（1）标题区域的文本样式，为其设置文本居中、间距。

（2）在图文展示区域中，将图片转为块级元素，为遮罩层设置定位、背景颜色及透明度，为文本标记设置定位。

（3）为“查看更多”链接部分的文字设置字体大小、颜色、间距等样式，为向右箭头设置定位，将其摆放到理想的位置。

【模块制作】

1. 搭建 HTML 结构

根据以上分析，在例 4-10 的基础上，应用相应的 HTML 标记来搭建网页结构，如例 4-16 所示。

【例 4-16】example23.html（部分代码）

```
<!DOCTYPE html>
<html>
    <head>
        <meta charset="utf-8">
        <title>旅行故事模块</title>
        <link rel="stylesheet" href="style/example23.css" />
    </head>
    <body>
        <!--旅行故事-->
        <div class="pro">
            <div class="box_title pro_t">
                    <h2>旅行故事</h2>
                    <p>travel</p>
                    <span></span>
             </div>
            <!--旅行故事内容区域-->
            <div class="friend">
                <img class="mr_frBtnL prev" src="images/mfrl.gif" />
                <div class="mr_frUl">
                  <div class="mr_item">
                       <img src="images/pro1.jpg" />
                       <div class="bg">
                       <h3>青海茶卡盐湖</h3>
                       <b></b>
                       <p>被誉为国内的天空之镜，是柴达木盆地有名的天然结晶盐湖</p>
                      <div>
                          MORE
                          <i class="t"></i>
                          <i class="b"></i>
                          <i class="l"></i>
                          <i class="r"></i>
                      </div>
                  </div></div>
                  <div class="mr_item">
                         <img src="images/pro2.jpg" />
```

```
                        <div class="bg">
                            <h3>稻城亚丁</h3>
                            <b></b>
                            <p>秋高气爽的时节，带你身临其境感受稻城亚丁的魅力</p>
                            <div>
                                MORE
                                <i class="t"></i>
                                <i class="b"></i>
                                <i class="l"></i>
                                <i class="r"></i>
                            </div>
                        </div>
                    </div>
                    ...
                </div>
                <img class="mr_frBtnR next" src="images/mfrr.gif" />
            </div>
            <a href="#" class="more">查看更多<i></i></a>
        </div>
    </body>
</html>
```

在例 4-16 所示的代码中，对多个<div>标记定义 class 属性，以便后续通过类选择器对其分别进行样式控制。

在图 4-33 所示的旅行故事模块的标题区域、图文展示区域结构图中，标题区域包含<h2>标记、<p>标记和<span>标记。双横线用背景图像的方式设置。在图文展示区域中，分别定义用于介绍景点的<div>嵌套<img>标记。其中，<img>标记用来引入展示图像，<div>标记用来制作遮罩层效果的文本显示。在这个文本展示的<div>标记中，嵌套了<h3>、<b>、<p>和另一个<div>标记。在“查看更多”链接中，嵌套一个<i>标记，用来定义图中的向右箭头效果。

例 4-16 的代码在高版本 Google Chrome 中的效果如图 4-34 所示。

图 4-34　未添加 CSS 样式的效果

2. 定义 CSS 样式

在搭建完网页结构后，接下来使用 CSS3 对网页样式进行修饰。

在 style 文件夹中创建样式表文件 example23.css，并在 example23.html 文档的<head>标记中，通过<link>标记引入样式表文件 example23.css。下面在样式表文件 example23.css 中写入 CSS 代码，控制旅行故事模块图文展示区域的外观样式，采用从整体到局部的方式实现图 4-1 所示的效果。

🕮注意：本任务是在 example10.html 已经进行整体布局的基础上进行的。因此，CSS 样式的设置也要在 example.css 的基础上进行添加和修改。

（1）标题区域的样式设置。

在 example10.css 中，为了表示当前区块的范围，设置了背景颜色，按照实际效果，设置其背景为双实线的背景图像，图像水平方向平铺，开始位置为（0,15px），代码如下。

```
.box_title{…… background:url(../images/title_bg.png) repeat-x 0 10px; text-align:center;}
```

设置<h2>标题的字体样式：大小为 20px、颜色为#333、字体粗细为 100，设置内填充为上下 0px、左右 15px，转为行内块（宽度为自身宽度）；设置类名为 pro_th 的<div>中<h2>的背景颜色为#f2f4f6，与当前模块相同，可以改变标题与双实线背景图像重叠的视觉效果。设置<p>标记的字体样式：字体大小、颜色，转换为大写字母。将<span>标记转换为行内块元素，设置宽度为 50px、高度为 1px、背景颜色为#18ddb6，实现一条小横线的效果，为小横线设置上外边距为 15px。

（2）图文展示区域的样式设置。

图文展示区域中有 4 个景点，每个景点又由图像和遮罩层的<div>组成。图像由<img>标记引入，将<img>标记转换为块级元素，处理块级元素<div>内嵌套<img>标记的底部缝隙问题，设置图像宽度为 100%。

遮罩层是每一个块都有的，但是默认只有第一张图像是显示的，其他都隐藏。设置遮罩层为 width:268px; height:300px; background:rgba(0,179,225,0.7)，设置定位属性为 position: absolute; top:0;left:0，为父元素类名为.mr_item 的<div>设置相对定位，使此层在整个<div>里左上角对齐，实现和图像重合的效果。设置文本居中为 text-align:center，设置 opacity:0，实现初始化浏览器遮罩层不可见的效果。

遮罩层内的文本，为<h3>标题设置字体样式。

```
.mr_frUl .mr_item .bg h3{ font-size:20px; color:#fff; line-height:1em; font-weight:100; margin-top:55px;}
```

定义标题下的横线，将<b>标记转换为块元素，设置宽度、高度、背景颜色、外边距，实现和其他元素的间距效果，代码如下。

```
.mr_frUl .mr_item .bg b{ display:block; width:50px; height:1px; background:#8fdaf0; margin:10px auto 20px;}
```

标记段落文字的<p>标记的文本样式如下。

```
.mr_frUl .mr_item .bg p{ font-size:12px; color:#fff; padding:0 40px; line-height:1.6em;}
```

为“more”文本的<div>标记设置宽度、高度、文本居中，行高等于高度，实现文本的居中效果，字体粗细为 900（粗体），设置外边距为上 70px、左右 auto、左右居中、下 0px。

围绕 more 设置 4 个<i>标记，转换为块级元素，分别设置不同的宽度和高度，背景色为白色#fff。为第一个<i>标记设置宽度为 100%，高度为 2px，设置绝对定位属性，偏移值为 top:0;left:0，为了让<i>标记在标记 more 的<div>里绝对定位，为<div>设置相对定位。其他 3 个标记均设置为绝对定位，定位值如下。

```
.mr_frUl .mr_item .bg div i{ display:block; position:absolute; background:#fff; opacity .3}
.mr_frUl .mr_item .bg div .t{width:100%; height:2px;top:0;left:0}
.mr_frUl .mr_item .bg div .b{width:100%; height:2px; bottom:0; left:0}
.mr_frUl .mr_item .bg div .l{width:2px; height:100%;top:0;left:0;}
```

```
.mr_frUl .mr_item .bg div .r{width:2px; height:100%;top:0;right:0}
```

设置第一个块中的遮罩及 more 的边框显示。

```
.mr_frUl .mr_item:first-child .bg{opacity:1;}
.mr_frUl .mr_item:first-child .bg div i{ opacity:1}
```

（3）“查看更多”链接的样式设置。

“查看更多”后面的向右箭头，通过设置<i>标记来定义。将<i>标记转换为块级元素，设置宽度和高度，并把箭头作为背景图像，将<i>标记通过绝对定位定位到精确的位置，还需要给标记类名为 more 的父级<a>标记添加相对定位，确保箭头能够在当前块定位。

```
.pro .more i{ display:block; width:6px; height:11px; background:url(../images/pro_m_bg.png); position:absolute;
top:50%; margin-top:-5px; left:180px;  }
.pro .more{……position:relative }
```

设置 hover 效果。

```
.pro .more:hover i{ background-position:0 -11px;left:190px;}
```

通过改变箭头的定位偏移实现鼠标上滑，箭头向右动，鼠标离开回到原地的效果。

完整的 CSS 代码可参考本项目的源代码 example23.css，该案例在 Google Chrome 中的运行效果如图 4-35 所示。

图 4-35　CSS 样式的运行效果

项目小结

本项目深入讲解了网页布局中浮动与定位的相关属性和使用方法，并对在使用浮动或定位属性时出现的问题与解决方法进行了详细的介绍。

浮动与定位可以帮助设计人员自由地进行网页布局的设置和调整，给用户更好的体验，使网页内容更加整齐，便于用户浏览并把握主要信息，在网页布局中被广泛应用。

课后习题

一、单选题

1．清除浮动影响的写法不正确的是（　　）。

A．clear:none　B．clear:both　C．clear:right　D．clear:left

2．下面关于标准文档流的说法正确的是（　　）。

A．display 属性可以控制块级元素和内联元素的显示方式

B．<div>标记可以包含于<span>标记中

C．<div></div>标记是内联元素

D．标题标记、段落标记、<span>标记都是块级元素

3．下面选项中，关于 position 的属性值描述错误的是（　　）。

A．用来实现偏移量的 left 和 right 等属性的值可以为负数

B．static 为默认值，没有定位，元素按照标准流进行布局

C．relative 属性值用来设置元素的相对定位，垂直方向的偏移量使用 up 或 down 来指定

D．absolute 表示绝对定位，需要配合 top、right、bottom、left 属性值来实现元素的偏移

二、判断题

1．float 属性只会影响后面元素的布局，对之前的元素不会造成任何的影响。（　　）

2．元素在没有任何 CSS 样式修饰的情况下，其排列方式会脱离文档流。（　　）

3．脱离文档流就是利用 CSS 样式使元素在 HTML 结构中的顺序和展示出来的顺序不一致。（　　）

4．元素在被设置成浮动后，会按照一个指定的方向移动。（　　）

5．float 属性默认值为 left。（　　）

6．当为元素添加浮动时，元素会脱离文档流。（　　）

7．正常文档流位于页面的底层，而脱离文档流位于页面的顶层。（　　）

8．在未给浮动的元素设置宽度时，浮动元素的宽度与内容的宽度无关。（　　）

9．浮动的元素会改变块级元素的特点。（　　）

三、简答题

简述如何设置绝对定位和相对定位。

项目 5

制作新闻中心模块

情景引入

随着人们生活水平的不断提高，旅游作为一种休闲方式已经成为人们假期的重要选择。电子商务模式的发展和网民规模的不断扩张，也让越来越多的人习惯了从旅游网站上获取相应的信息和订购旅游产品。为了让用户获取更详细的旅游资讯，小李同学接下来要制作网站新闻中心模块的新闻列表部分。

任务 5.1 列表的制作

列表标记

【任务提出】

根据网页效果图，旅游网站首页新闻中心区域的中部是本任务需要制作的新闻中心模块，如图 5-1 所示。本任务讲解如何使用 HTML5 的列表标记来制作新闻中心模块，并对其样式进行基本设置。

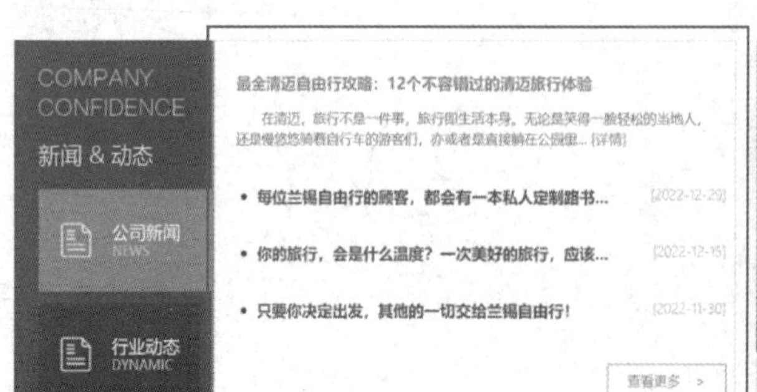

图 5-1　新闻中心模块效果图

【学习目标】

知识目标	技能目标	思政目标
√掌握无序列表和有序列表的应用。 √掌握定义列表的应用	√能够使用无序列表、有序列表和定义列表满足网页排版的需求	√培养理性、有条理、系统的思维方式，以及认真、细致的工作作风

【知识储备】

5.1.1 列表标记

列表是网页中最常用的一种数据排列方式，我们在浏览网页时，经常可以看到列表的身影，无论是新闻列表、产品列表，还是其他内容，都可以通过列表的形式来体现，如图 5-2 所示。在 HTML 中有 3 种列表：无序列表、有序列表和定义列表。

图 5-2 网站新闻列表示例

1. 无序列表 ul

无序列表是网页中最常用的列表，列表中的各个列表项之间没有顺序和级别之分，通常是并列的。无序列表使用<ul>标记定义，内部可以嵌套多个<li>标记，定义无序列表的语法格式如下。

```
<ul>
    <li>列表项 1</li>
    <li>列表项 2</li>
    <li>列表项 3</li>
    …
</ul>
```

<ul></ul>标记对表示一个无序列表的开始和结束，<li></li>标记对嵌套在<ul></ul>标记对内部，表示这是一个列表项，一个无序列表应该至少包含一个列表项。

每个列表项前的符号被称为列表项目符号。<ul>标记和<li>标记都拥有 type 属性，用于指定不同的列表项目符号。无序列表 type 属性值如表 5-1 所示。

表 5-1 无序列表 type 属性值

属性值	描述
disc	表示列表项目符号为实心圆点 ●
circle	表示列表项目符号为空心圆点 ○
square	表示列表项目符号为实心方点 ■

📖注意：

（1）<ul>标记和<li>标记是配合在一起使用的，不能单独使用。<ul></ul>标记对中只能嵌套<li></li>标记对，直接在<ul>标记中输入文字的做法是不允许的。<li>与</li>标记对之间可以是文本、段落、图像及其他列表项。

（2）无序列表默认的列表项目符号是实心圆点，在 HTML 中不支持使用 type 属性改变列表项目符号的样式，一般通过 CSS 设置列表样式。

下面通过一个案例来演示如何使用<ul>标记定义无序列表，如例 5-1 所示。

【例 5-1】example01.html

```
<!DOCTYPE html>
<html>
	<head>
		<meta charset="utf-8">
		<title>无序列表</title>
	</head>
	<body>
		<ul>
			<li>HTML</li>
			<li>CSS</li>
			<li>JavaScript</li>
		</ul>
	</body>
</html>
```

在例 5-1 中，创建了一个无序列表，在高版本 Google Chrome 中运行代码，效果如图 5-3 所示，可以看到无序列表默认的列表项目符号为“•”。

图 5-3　无序列表

2. 有序列表 ol

相较于无序列表，有序列表的各个列表项是有顺序的，有序列表会在列表项前按顺序添加编号。网页中常见的软件下载排行、图书销售排行等，都可以通过有序列表来定义。有序列表用<ol>标记定义，其语法格式如下。

```
<ol>
    <li>列表项 1</li>
    <li>列表项 2</li>
    <li>列表项 3</li>
    …
</ol>
```

在语法中，使用<ol></ol>标记对表示定义的是有序列表，<li></li>标记对表示列表项，一个有序列表应该至少包含一个列表项。

在有序列表中，type 属性用于指定有序列表编号的样式。有序列表 type 属性值如表 5-2 所示。

表 5-2　有序列表 type 属性值

属性值	描述
type=1	表示列表项目编号为阿拉伯数字 1，2，3，…
type=A	表示列表项目编号为大写英文字母 A，B，C，…
type=a	表示列表项目编号为小写英文字母 a，b，c，…
type=I	表示列表项目编号为大写罗马数字 Ⅰ，Ⅱ，Ⅲ，…
type=i	表示列表项目编号为小写罗马数字 i，ii，iii，…

有序列表默认的列表项目编号是阿拉伯数字，起始值为 1。此外，还可以使用 start 属性表示有序列表的起始值，使用 reversed 属性设置顺序为降序。但在 HTML 中不支持使用 type、start 等属性，一般通过 CSS 设置列表样式。

下面通过一个案例来演示如何使用<ol>标记定义有序列表，如例 5-2 所示。

【例 5-2】example02.html

```
<!DOCTYPE html>
<html>
<head>
        <meta charset="utf-8">
        <title>有序列表</title>
    </head>
    <body>
        <ol>
            <li>HTML</li>
            <li>CSS</li>
            <li>JavaScript</li>
        </ol>
    </body>
</html>
```

例 5-2 的代码在高版本 Google Chrome 中的运行效果如图 5-4 所示。可以看出，有序列表默认的列表项目编号为阿拉伯数字，并按照“1，2，3，…”的顺序排列。

图 5-4　有序列表

3. 定义列表 dl

定义列表不仅仅是一列项目，还是项目及其注释的组合。定义列表包含了 3 个标记，即<dl>、<dt>、<dd>标记，其语法格式如下。

```
<dl>
   <dt>名词 1</dt>
       <dd>名词 1 解释 1</dd>
       <dd>名词 1 解释 2</dd>
       …
   <dt>名词 2</dt>
       <dd>名词 2 解释 1</dd>
       <dd>名词 2 解释 2</dd>
       …
</dl>
```

在语法中，<dl>标记和</dl>标记分别定义了定义列表的开始和结束，<dt></dt>和<dd></dd>标记对嵌套在<dl></dl>标记对内部。<dt>标记用于指定要解释的名词，<dd>标记用于指定该名词的具体解释。一个<dt></dt>标记对可以对应一个或多个<dd></dd>标记对，即对一个名词可以有多项解释。

下面通过一个案例来演示如何使用<dl>标记实现定义列表，如例 5-3 所示。

【例 5-3】example03.html

```
<!DOCTYPE html>
<html>
<head>
        <meta charset="utf-8">
        <title>定义列表</title>
    </head>
    <body>
        <dl>
            <dt>春天</dt>
                <dd>是播种的季节</dd>
            <dt>夏天</dt>
                <dd>是耕耘的季节</dd>
            <dt>秋天</dt>
                <dd>是收获的季节</dd>
            <dt>冬天</dt>
                <dd>是蕴藏的季节</dd>
        </dl>
    </body>
</html>
```

在例 5-3 的代码中，用<dl></dl>标记对定义了一个定义列表，其中<dt></dt>标记对内为要解释的名词，其后紧跟着一个<dd></dd>标记对，用于对<dt></dt>标记对中的名词进行解释和描述，在高版本 Google Chrome 中的运行效果如图 5-5 所示。可以看出，定义列表和无序列表、有序列表不同，其列表项前没有任何项目符号。相对于<dt></dt>标记对中的术语或名词，<dd></dd>标记对中解释和描述性的内容会产生一定的缩进效果。

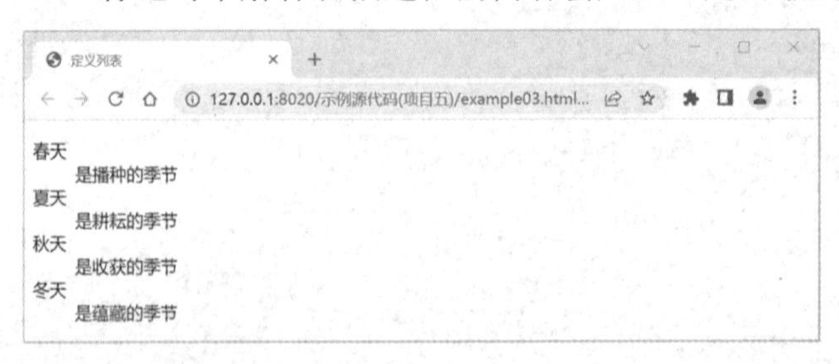

图 5-5　定义列表

5.1.2　列表样式

列表结构在默认状态下会显示一定的基本样式，然而实际工作中常常需要对列表的样式进行美化，可以通过列表标记的属性来控制列表的项目符号，但这种方式不符合结构与表现相分离的 Web 标准。为此 CSS 提供了一系列列表样式属性来设置列表的样式。常用的

CSS 列表样式属性如表 5-3 所示。

表 5-3　常用的 CSS 列表样式属性

属性	描述
list-style-type	设置项目符号样式
list-style-position	设置项目符号的位置
list-style-image	设置项目符号图像
list-style	复合属性，设置项目符号的所有控制选项

1. list-style-type

list-style-type 属性用于控制无序列表或有序列表的项目符号。无序列表项目符号样式默认是实心圆点，有序列表项目符号样式默认是阿拉伯数字，我们可以通过 list-style-type 属性将项目符号设置为其他样式。常见的 list-style-type 属性值如表 5-4 所示。

表 5-4　常见的 list-style-type 属性值

属性值	描述
disc	以实心圆点●作为项目符号（默认值）
circle	以空心圆点○作为项目符号
square	以实心方点■作为项目符号
decimal	以阿拉伯数字 1，2，3，...作为项目编号（默认值）
lower-roman	以小写罗马数字 i，ii，iii，...作为项目编号
upper-roman	以大写罗马数字 I，II，III，...作为项目编号
lower-alpha	以小写英文字母 a，b，c，...作为项目编号
upper-alpha	以大写英文字母 A，B，C，...作为项目编号
none	不显示任何项目符号或编号

下面通过一个案例来演示如何使用 list-style-type 属性定义列表样式，如例 5-4 所示。

【例 5-4】example04.html

```
<!DOCTYPE html>
<html>
<head>
	<meta charset="utf-8">
	<title>列表项目符号</title>
		<style type="text/css">
			ul{list-style: square;}
		</style>
	</head>
	<body>
		<h3>济南旅游必打卡景点</h3>
		<ul>
			<li>趵突泉</li>
			<li>大明湖</li>
			<li>千佛山</li>
			<li>百脉泉</li>
			<li>芙蓉街</li>
```

```
        </ul>
    </body>
</html>
```

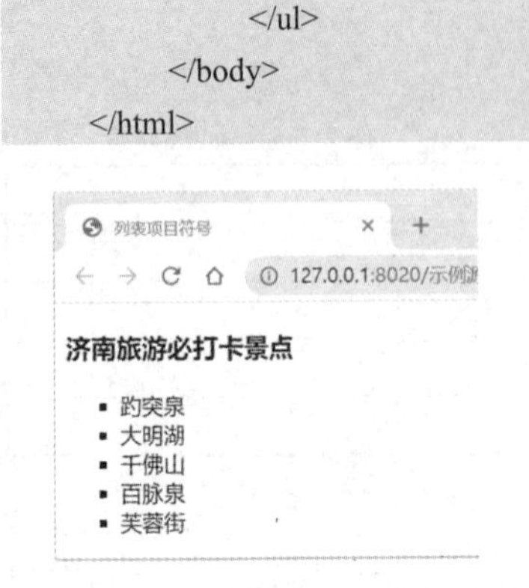

图 5-6　设置项目符号样式

例 5-4 的代码在高版本 Google Chrome 中的运行效果如图 5-6 所示。可以看出，代码中定义了一个无序列表，对无序列表<ul>应用 list-style-type:square，将其列表项目符号设置为实心方点。

2. list-style-position

list-style-position 属性用于控制列表项目符号的位置。在设置列表项目符号时，有时需要设置列表项目符号相对于列表项内容的位置，我们可以通过 list-style-position 属性来实现，其常见的属性值如表 5-5 所示。

表 5-5　常见的 list-style-position 属性值

属性值	描述
inside	列表项目符号位于文本以内，且环绕文本根据符号对齐
outside	列表项目符号位于文本以外，且环绕文本不根据符号对齐

下面通过一个案例来演示如何使用 list-style-position 属性定义列表样式，如例 5-5 所示。

【例 5-5】example05.html

```
<!DOCTYPE html>
<html>
    <head>
        <meta charset="utf-8">
        <title>列表项目符号位置</title>
        <style type="text/css">
            .in{list-style-position: inside;}
            .out{list-style-position: outside;}
        </style>
    </head>
    <body>
        <h3>学习滑冰</h3>
        <ol>
            <li class="in">学会在冰面站立</li>
            <li class="in">蹲姿练习</li>
            <li class="out">移动重心练习</li>
            <li class="out">学习直道和弯道滑行</li>
        </ol>
    </body>
</html>
```

例 5-5 的代码在高版本 Google Chrome 中的运行效果如图 5-7 所示。可以看出，代码中定义了一个有序列表，使用内嵌式样式表对列表项目符号位置进行了设置。对有序列表的第一个和第二个列表项应用 list-style-position:inside，将其列表项目符号设置为列表文本以内。而对有序列表的第三个和第四个列表项应用 list-style-position:outside，将其列表项目符号设置为列表文本以外。

3. list-style-image

list-style-image 属性用于为列表项设置图像。在设置列表项目符号时，可以使用某张图像作为列表的项目符号，使项目符号不再局限于规定的那些样式，从而进一步美化列表。我们可以通过 list-style-image 属性来实现，其常见的属性值如表 5-6 所示。

表 5-6　常见的 list-style-image 属性值

属性值	描述
none	不设置列表图像
url	指定使用图像的路径

图 5-7　设置项目符号位置

下面通过一个案例来演示如何使用 list-style-image 属性定义列表样式，如例 5-6 所示。

【例 5-6】example06.html

```
<!DOCTYPE html>
<html>
    <head>
        <meta charset="utf-8">
        <title>列表项目图像</title>
        <style type="text/css">
            ol{list-style-image: url(img/cat.png);}
        </style>
    </head>
    <body>
        <h3>常见猫咪品种</h3>
        <ol>
            <li>波斯猫</li>
            <li>布偶猫</li>
            <li>中国狸花猫</li>
            <li>英国短毛猫</li>
            <li>美国短毛猫</li>
            <li>折耳猫</li>
        </ol>
    </body>
</html>
```

例 5-6 的代码在高版本 Google Chrome 中的运行效果如图 5-8 所示。可以看出，代码中定义了一个有序列表，对有序列表应用 list-style-image 属性，为列表项设置图像。但实际应用中一般不使用这种方式来为列表项指定项目符号，而是使用背景图像的方式。

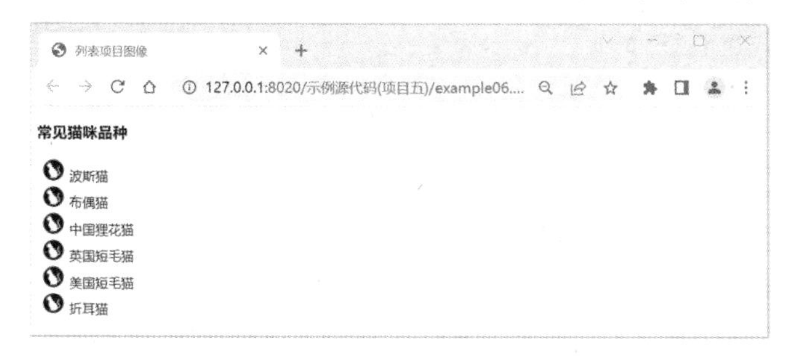

图 5-8　设置列表项目符号为图像

4. list-style

为简单起见，可以将以上 3 个列表样式属性综合定义在一个复合属性 list-style 中，其基本语法格式如下。

```
list-style：list-style-type list-style-position list-type-image；
```

在语法中，list-style 中的 3 个属性值之间用空格分隔，既可以指定 3 个属性，也可以指定其中的任意一个或多个，在指定多个属性时顺序任意。当 list-style-type 属性和 list-style-image 属性同时被设置时，list-style-image 属性设置的列表样式优先。

下面通过一个案例来演示如何使用 list-style 属性定义列表样式，如例 5-7 所示。

【例 5-7】example07.html

```
<!DOCTYPE html>
<html>
	<head>
		<meta charset="utf-8">
		<title>列表复合属性</title>
		<style type="text/css">
			ul{list-style: circle inside;}
			.one{list-style: none outside url(img/fruit.png);
				font-size: 24px;
			}
		</style>
	</head>
	<body>
		<ul>
			<li class="one">低糖水果</li>
			<li>樱桃</li>
			<li>草莓</li>
			<li>柚子</li>
			<li>梨子</li>
		</ul>
	</body>
</html>
```

例 5-7 的代码在高版本 Google Chrome 中的运行效果如图 5-9 所示。可以看出，代码中定义了一个无序列表，通过复合属性 list-style 对无序列表和第一个列表项设置样式。

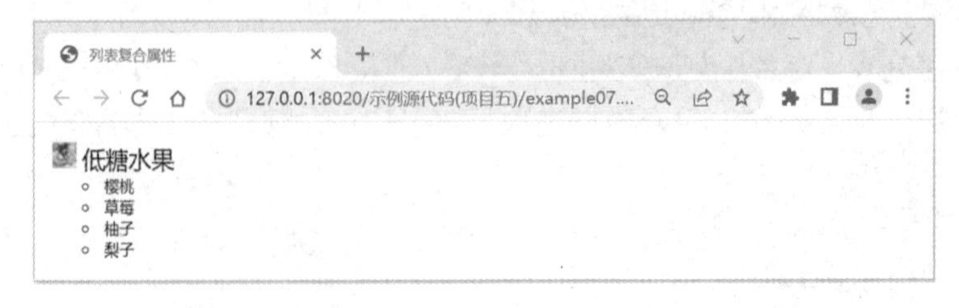

图 5-9　设置 list-style 属性

使用 list-style-image 属性能够在列表项前添加图像，然而在实际应用中一般不使用这种方式，其原因在于使用该属性对列表项目符号的控制力不强。所以，在实际工作中，为了更好地控制列表项目符号，通常使用为<li>设置背景图像的方式实现对列表项目符号的设置。

下面通过一个案例来演示如何使用背景图像的方式定义列表样式，如例 5-8 所示。

【例 5-8】example08.html

```
<!DOCTYPE html>
<html>
<head>
        <meta charset="utf-8">
        <title>列表</title>
        <style type="text/css">
            li{list-style: none;
                height: 26px;
                line-height: 26px;
                background: url(img/film.png) no-repeat left center;
                padding-left: 45px;
            }
        </style>
    </head>
    <body>
        <h3>电影速递</h3>
        <ul>
            <li>满江红</li>
            <li>流浪地球 2</li>
            <li>无名</li>
            <li>交换人生</li>
        </ul>
    </body>
</html>
```

例 5-8 的代码在高版本 Google Chrome 中的运行效果如图 5-10 所示。可以看出，代码中使用了 list-style:none 清除列表的默认样式，通过对<li>设置背景图像的方式为每个列表项添加了图像，如果需要修改图像，则只需要更改其背景属性即可。

图 5-10 使用背景图像的方式定义列表样式

【任务实施】使用列表制作新闻中心模块并设置样式

【效果分析】

1. 结构分析

观察网页效果图，可以看到新闻列表在新闻中心模块的中部，新闻中心模块整体由一个大盒子控制，其内部包含列表和文字超链接，可以分别通过<div>标记嵌套<dl>标记、<ul>标记和<a>标记进行定义。新闻列表的结构如图 5-11 所示。

图 5-11　新闻列表结构图

2. 样式分析

分析新闻列表的结构图，可以分 5 个部分设置样式，具体如下。

（1）新闻列表和宣传视频模块的外层包裹一个<div>，对其设置宽度、高度及外边距。

（2）设置新闻中心模块<div>的宽度、高度、边框等样式以及左浮动。设置宣传视频模块<div>的宽度、高度和右浮动。

（3）设置新闻内容<div>的宽度、高度和边框样式。

（4）设置<dl>标记及其内部文字的样式，设置<ul>标记的样式。

（5）设置<a>标记的文字样式。

【模块制作】

1. 搭建 HTML 结构

根据上面的分析，使用相应的 HTML 标记来搭建网页结构，如例 5-9 所示。

【例 5-9】example09.html

```
<!DOCTYPE html>
<html>
    <head>
        <meta charset="utf-8">
        <title>新闻中心模块</title>
        <link rel="stylesheet" href="style/example09.css" />
    </head>
    <body>
        <div class="container">
            <div class="xwzx">
                <div class="xwdt"></div>
                <div class="xwlb">
                    <div class="xw">
                    <dl class="toutiao">
                        <dt>最全清迈自由行攻略：12 个不容错过的清迈旅行体验</dt>
                        <dd>在清迈，旅行不是一件事，旅行即生活本身。无论是笑得一脸轻松
的当地人，还是慢悠悠骑着自行车的游客们，或者是直接躺在公园里…… <a href="#">[详情]</a></dd>
                    </dl>
                    <ul class="list">
                        <li><a href="#"><span>[2022-12-29]</span>每位兰锡自由行的顾客，都
会有一本私人定制路书…… </a></li>
                        <li><a href="#"><span>[2022-12-15]</span>你的旅行，会是什么温度？
```

```
一次美好的旅行，应该...</a></li>
                              <li><a href="#"><span>[2022-11-30]</span>只要你决定出发，其他的一
切交给兰锡自由行！</a></li>
                         </ul>
                         <a href="#" class="more">查看更多       ></a>
                    </div>
                    </div>
               </div>
               <div class="xcsp"></div>
          </div>
     </body>
</html>
```

在例 5-9 所示的 HTML 结构代码中，定义了类名为 container 的<div>标记来搭建新闻中心模块，内部包含了类名为 xwzx 的新闻列表和类名为 xcsp 的宣传视频模块。在新闻列表内又嵌套了类名为 xwdt 的新闻动态模块和类名为“xw”的新闻内容模块。新闻内容模块放在<dl>标记和<ul>标记中，以便后续对其文字样式进行控制。超链接用<a>标记定义。

例 5-9 的代码在高版本 Google Chrome 中的运行效果如图 5-12 所示。

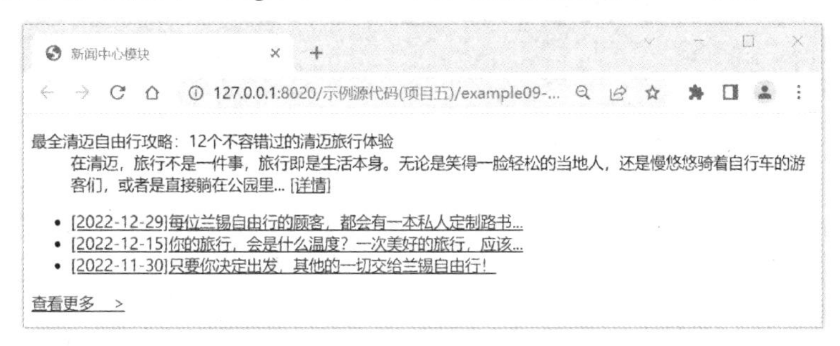

图 5-12　HTML 结构的运行效果

2. 定义 CSS 样式

在搭建完 HTML 结构后，接下来使用 CSS3 对网页样式进行修饰。

在 style 文件夹中创建样式表文件 example09.css，并在 example09.html 文档的<head>标记中，通过<link>标记引入样式表文件 example09.css。下面在样式表文件 example09.css 中写入 CSS 代码，控制新闻中心模块的外观样式，采用从整体到局部的方式实现图 5-11 所示的效果，具体如下。

（1）全局样式设置。

首先定义网页的统一样式，为本任务涉及的所有标记设置 margin 和 padding 属性值均为 0，清除浏览器的默认外边距和内边距设置，并设置文字相关标记的字体为微软雅黑。此外，还要清除列表默认的样式，设置超链接自带下画线效果为无，CSS 代码如下。

```
/*初始化所用标记在所有浏览器中的 margin、padding 值*/
a,body,div,dl,dt,dd,ul,li,span{margin:0;padding:0; font-family:"微软雅黑"; color:#333;}
ul,dl{ list-style:none}
a{ text-decoration:none;}
```

（2）整体布局实现。

根据效果图所示，为类名为 container 的最外层的<div>标记设置宽度为 1100px、高度为 340px。为了便于效果展示，可以设置其上下外边距为 50px，左右外边距为 auto，以实

现<div>的水平居中。

为左侧的新闻列表设置宽度为660px，高度为340px，左浮动。为嵌套在新闻列表内，类名为xwdt的<div>标记设置宽度为160px，高度为340px，设置背景颜色为#00408F，左浮动，左内边距为22px。为嵌套在新闻列内，类名为xwlb的<div>标记设置宽度为477px，高度为338px，设置边框样式和左浮动效果。为右侧的宣传视频模块设置宽度为420px，高度为340px，右浮动。CSS代码如下。

```
/*版心*/
.container{
        width: 1100px; height: 340px;   margin: 50px auto;      /*水平居中*/
}
/*新闻列表模块*/
.xwzx{
        width: 660px; height: 340px; background:#00408f ;
        float: left;                                            /*左浮动*/
}
.xwdt{
        width:160px; height:340px; background:#00408F;
        float:left;
        padding-left:22px;
}
.xwlb{
        width:477px; height:338px;
        border:1px solid #d0d0d0;                    /*边框设置为1px宽、实线、颜色为#d0d0d0*/
        border-left:none;                            /*不显示左边框*/
        float:left;
}
/*宣传视频模块*/
.xcsp{
        width: 420px; height: 340px;background:#00408f ;
        float: right;
}
```

（3）新闻内容模块的样式设置。

为类名为xw的<div>标记设置高度为298px，宽度为447px，左边框为3px、实线、颜色为# 00B3E1，并设置内边距。

为定义列表<dt>标记中的内容设置文字颜色为#00b3e1，字号为14px，字体粗细为900，1倍行高。为<dd>标记中的内容设置文字颜色为#666，字号为12px，1.5倍行高，上外边距为15px，首行缩进2em。<dd>标记内使用<a>标记定义的超链接文本颜色设置为#00b3e1。

为类名为list的<ul>标记设置左内边距为20px，列表项目符号为实心圆点。无序列表项<li>标记内使用<a>标记定义列表内容为超链接文本，并设置文本内容转换为块级元素，上外边距为30px，文字颜色为#3f434c，字号为14px，字体粗细为900。当鼠标移动到<a>标记上时，文字颜色变为#00b3e1。设置<a>标记内部<span>标记定义文本的字号为12px，文字颜色为#9e9fa3，字体粗细为100，并设置为右浮动。

最后为类名为 more 的<a>标记设置样式，将<a>标记转换为块级元素，设置宽度为106px，高度为28px，边框为1px、实线、颜色为#00b3e1，并设置右浮动。<a>标记内文本字号为 12px，文字颜色为#00b3e1，设置水平居中对齐，行高为 28px，上外边距 38px。当鼠标移动到<a>标记上时，文字颜色变为#fff，背景颜色变为#00b3e1。CSS 代码如下。

```
.xwlb .xw{border-left:3px solid #00B3E1;
          height:298px; width:447px;
          padding:30px 10px 10px 20px;}
.xwlb dt{ color:#00b3e1; font-size:14px;
          font-weight: 900; line-height:1em;}
.xwlb dd{ font-size:12px; color:#666;
          line-height:1.5em; margin-top:15px;
          text-indent:2em;}
.xwlb dd a{ color:#00b3e1}
.xwlb .list{ list-style:disc; padding-left:20px;}
.xwlb .list a{ display: block; margin-top:30px;
               color:#3f434c; font-size:14px;
               font-weight:900; }
.xwlb .list a:hover{ color:#00b3e1;}
.xwlb .list a span{font-size:12px; color:#9e9fa3;
                   font-weight:100; float:right;}
.xwlb   .more{ width:106px; height:28px;
            border:1px solid #00b3e1; display:block;
            float:right; font-size:12px; color:#00b3e1;
            text-align:center; line-height:28px;
            margin-top:38px;}
.xwlb   .more:hover{ background:#00b3e1; color:#fff;}
```

至此，我们完成了图 5-10 所示的新闻中心模块的 CSS 样式制作，在将该样式应用于网页后，效果如图 5-13 所示。

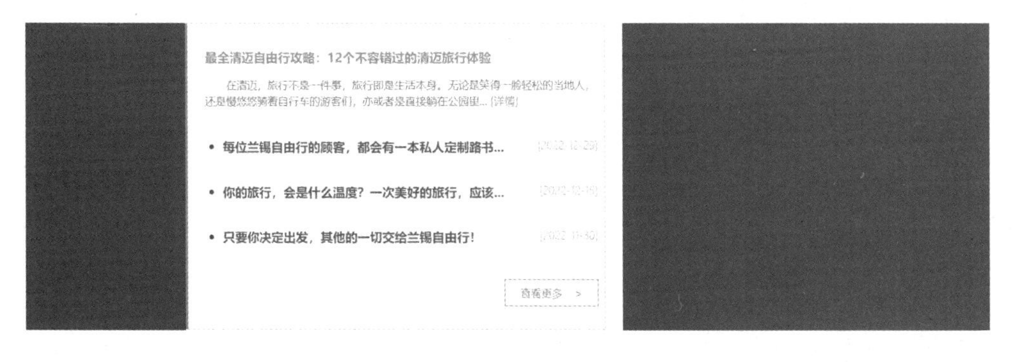

图 5-13　添加 CSS 样式后的网页效果

项目小结

本项目深入讲解了 HTML5 的列表标记及其样式属性的用法，列表是网页中必不可少的元素，常用于图文混排、导航菜单等。

通过本项目的讲解，学生应该能够熟练地使用列表组织网页结构，并能够通过 CSS 控制列表样式。

课后习题

一、选择题

1．列表项内部可以使用（　　）。

A．段落　　B．链接　　C．图片　　D．以上都可以

2．在列表中，对列表项目符号的位置进行设置的 CSS 属性是（　　）。

A．list-style-type　　B．list-style-position

C．list-style-image　　D．list-style-show

3．下列代码中，用于清除列表默认样式的是（　　）。

A．list-style:none;　　B．list-style:0;

C．list-style:zero;　　D．list-style:delete;

4．在定义列表中，用于对名词进行解释和描述的标记是（　　）。

A．<dl></dl>　　B．<li></li>　　C．<dt></dt>　　D．<dd></dd>

5．在用列表制作水平导航时，通常将列表的 list-style-type 属性设为（　　）。

A．disc　　B．circle　　C．square　　D．none

二、判断题

1．在 HTML 中，常用的列表有 3 种，分别为无序列表、有序列表和定义列表。（　　）

2．在定义列表中，一个<dt></dt>标记对可以对应多个<dd></dd>标记对。（　　）

3．在 HTML 中，<ul></ul>标记对可以定义有序列表。（　　）

4．无序列表的各个列表项之间，存在顺序和级别之分。（　　）

项目 6

制作导航模块

情景引入

随着人们生活水平的不断提高，旅游作为一种休闲方式已经成为人们假期的重要选择。电子商务模式的发展和不断扩张的网民规模，也让越来越多的人习惯了从旅游网站上获取相应的信息和订购旅游产品。为了让用户获取更详细的旅游资讯，小李同学接下来要制作旅游网站的导航模块。

任务 6.1 超链接的制作

超链接标记

【任务提出】

旅游网站导航模块如图 6-1 所示。导航菜单就像地图一样，指引用户到各个功能页面去，因此导航菜单是网站的必备项目。本任务讲解如何使用 HTML5 的<a>标记和<ul>标记来制作网页中的导航菜单，实现网站中不同网页之间的跳转，并对超链接标记的样式进行基本设置。

咨询电话:
400-8008888

首页　行业资质　新闻中心　定制旅行　在线论坛　联系我们　会员注册

图 6-1　旅游网站导航模块

【学习目标】

知识目标	技能目标	思政目标
√掌握<a>标记的基本用法。 √掌握 CSS 链接伪类选择器和属性选择器的基本用法	√能够正确使用<a>标记，在 HTML5 网页中定义元素。 √能够使用 CSS 链接伪类选择器控制超链接的样式。 √能够使用 CSS 属性选择器控制元素的样式	√培养追求卓越、精益求精的工匠精神

【知识储备】

超链接是网页中最重要的元素之一。一个网站是由多个网页组成的，网页之间依据链接确定相互的导航关系。超链接能使浏览者从一个网页跳转到另一个网页，或从网页的一个位置跳转到另一个位置，从而实现文档互联、网站互联。

网页中的超链接，按照定义对象的不同，可以分为文本超链接、图像超链接、锚点链接、空链接等。设置了超链接的文本或图像通常会以一些特殊的方式显示。例如，文本超链接默认以添加下画线的蓝色字体显示，当鼠标光标移动到超链接文本上时，光标会变成小手的形状。

6.1.1 超链接标记

1. 创建超链接

在 HTML 中使用<a>标记创建超链接，其基本语法格式如下。

```
<a href="链接目标" target="目标窗口的弹出方式">文本或图像</a>
```

<a></a>标记对表示超链接的开始和结束，常用属性有 href 和 target。

（1）href 属性。

href 属性是<a>标记最重要的属性，定义超链接指向的目标地址。

要保证能够顺利访问所链接的网页，必须书写正确的目标地址。在语法中，超链接目标地址既可以是绝对地址，也可以是相对地址。绝对地址是主页上的文件或目录在硬盘中的真正路径。使用绝对路径定义目标地址比较清晰，但如果目标文件被移动，则设置的路径会失效，要重新设置所有相关的链接。相对路径是相对于当前文档的路径。在使用相对路径，且站点文件夹所在服务器地址发生改变时，文件夹内所有的内部链接都不会出问题，所以，在实际应用中多采用这种方法来表示目标地址。

在没有确定超链接目标时，通常将<a>标记的 href 属性值设置为“#”，表示该超链接暂时为一个空链接。单击空链接，仍然停留在当前页面，但链接对象具有超链接的各种样式。

（2）target 属性。

target 属性用于指定链接目标窗口的打开方式，常用的属性值有_self 和_blank 两种，其中，_self 为默认值，表示在原窗口中打开链接，_blank 表示在新窗口中打开链接。

下面通过一个案例来演示如何使用<a>标记定义超链接，如例 6-1 所示。

【例 6-1】example01.html

```
<!DOCTYPE html>
<html>
    <head>
```

```
            <meta charset="utf-8">
            <title>创建超链接</title>
        </head>
        <body>
            <a href="#" target="_self"><img src="img/cat.png"></a>
            <br>
            <a href="http://www.baidu.com" target="_blank">常见猫咪品种，百度一下</a>
        </body>
    </html>
```

在上述代码中，创建了图像超链接和文本超链接，通过 href 属性将这两个超链接的链接目标分别设置为空链接和百度官网。通过超链接的 target 属性设置第一个超链接页面在原窗口中打开，第二个超链接页面在新窗口中打开。例 6-1 的代码在高版本 Google Chrome 中的运行效果如图 6-2 所示。

在图 6-2 中，由超链接标记<a>定义的文本超链接，以添加下画线的蓝色字体显示，这是文本超链接默认的样式。当鼠标光标移动到图像超链接或者文本超链接上时，光标会变成小手的形状，同时页面左下方会显示链接页面的地址。单击图像超链接，会在原窗口中打开链接页面。单击文本超链接，会在新窗口中打开链接页面，如图 6-3 所示。

图 6-2 超链接的效果　　图 6-3 在新窗口中打开链接页面

2. 锚点链接

在浏览网页时，如果内容过长，则需要不断拖动滚动条才能看到所有内容，这时可以在网页上建立锚点链接，单击创建的锚点链接，就可以快速地跳转到该锚点对应的网页。

创建锚点链接分为两个步骤：先在跳转的目的地创建锚点，再与链接对象建立链接。

（1）创建锚点。

创建锚点的基本语法格式如下。

```
<a id="锚点名称"></a>
```

在创建锚点时应遵循以下规则。

- 锚点名称可以是中文、英文或数字的组合，但不能含有空格，且不能以数字开头。
- 同一个页面中可以有多个锚点，但是不能有相同名称的锚点。

（2）创建锚点链接。

在创建锚点后，就可以创建到锚点的链接了。创建锚点链接的基本语法格式如下。

```
<a href="#锚点名称">链接对象</a>
```

锚点链接和普通超链接的区别是，href 属性中的链接目标是“#”加上锚点名称。锚点链接不但可以在同一个页面中实现，而且可以跳转到其他页面的指定位置。与跳转到当前页面的指定位置相比，跳转到其他页面的指定位置需要在链接目标的“#”前加上目标页面的路径。

```
<a href="other.html#锚点名称">跳转到 other.html 页面中的锚点链接</a>
```

下面通过一个案例来演示如何创建锚点链接，如例 6-2 所示。

【例 6-2】example02.html

```
<!DOCTYPE html>
<html>
<head>
        <meta charset="utf-8">
        <title>创建锚点链接</title>
    </head>
    <body>
        <h2>世界著名历史遗迹</h2>
        <ul>
            <li><a href="#jzt">金字塔</a></li>
            <li><a href="#zhs">宙斯神像</a></li>
            <li><a href="#artms">阿尔忒弥斯神庙</a></li>
            <li><a href="#bbl">巴比伦空中花园</a></li>
            <li><a href="#tysh">罗德岛太阳神巨像</a></li>
            <li><a href="#chch">万里长城</a></li>
            <li><a href="#bmy">兵马俑</a></li>
            <li><a href="#mqbq">马丘比丘遗址</a></li>
            <li><a href="#ptl">佩特拉古城</a></li>
            <li><a href="#msls">摩索拉斯陵墓</a></li>
        </ul>
        <h2><a id="jzt">金字塔</h2>
        <p>  金字塔距今已有 4500 年的历史，……  </p>
        <h2><a id="zhs">宙斯神像</h2>
        <p>  宙斯神殿本身则是采多立克柱式(Doricorder)建筑……</p>
        <h2><a id="artms">阿尔忒弥斯神庙</h2>
        <p>  阿尔忒弥斯神庙是希腊神话中女神阿尔忒弥斯的神庙……</p>
        <h2><a id="bbl">巴比伦空中花园</h2>
        <p>  巴比伦(Babylon)是世界著名古城遗址和人类文明的发祥地之一……</p>
        <h2><a id="tysh">罗德岛太阳神巨像</h2>
        <p>  罗德岛（Rhodes）太阳神巨像，……</p>
        <h2><a id="chcht">万里长城</h2>
        <p>万里长城是中国古代伟大的工程之一……</p>
        <h2><a id="bmy">兵马俑</h2>
        <p>  秦始皇兵马俑博物馆位于陕西省西安市临潼区秦陵镇……</p>
        <h2><a id="mqbq">马丘比丘遗址</h2>
        <p>马丘比丘（Machu Picchu）被称为印加帝国的“失落之城”，……</p>
        <h2><a id="ptl">佩特拉古城</h2>
        <p>  佩特拉（Petra）是约旦的一座古城，……</p>
        <h2><a id="msls">摩索拉斯陵墓</h2>
        <p>  摩索拉斯陵墓位于哈利卡纳素斯，……</p>
    </body>
</html>
```

在上述代码中，创建了 10 个锚点链接，通过 id 属性定义锚点链接跳转位置，同时设置<a>标记的 href 属性创建锚点链接。例 6-2 的代码在高版本 Google Chrome 中的运行效果如图 6-4 所示。

可以看出，这是一个较长的网页，浏览器窗口右侧出现了垂直滚动条。在单击锚点链接时，页面会自动跳转到该链接对应锚点所在的位置。例如，单击“万里长城”超链接，页面跳转效果如图 6-5 所示。

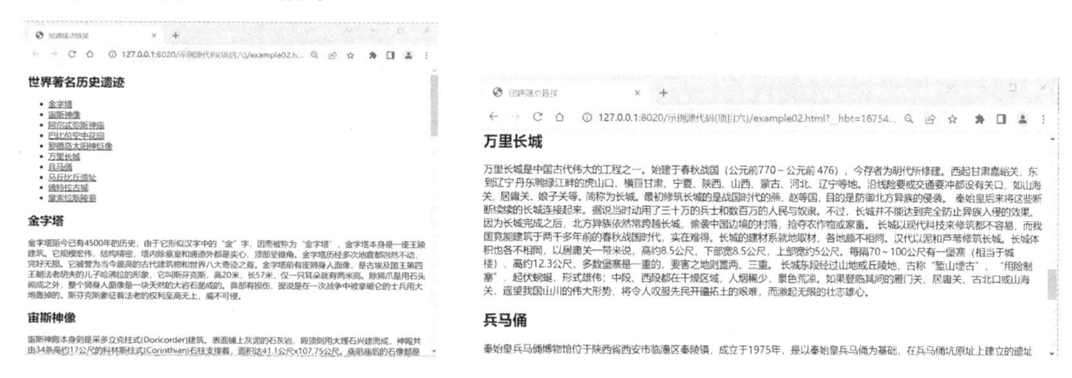

图 6-4　设置锚点链接　　　图 6-5　锚点链接的页面跳转效果

6.1.2　CSS 链接伪类选择器

伪类选择器

页面中的超链接对象有一些默认的样式，如文本显示为蓝色并添加下画线，光标移动到链接对象上会变成小手的形状等。我们可以通过 CSS 中的链接伪类来改变这些默认的样式。伪类并不是真正意义上的类，它的名称是由系统定义的，通常由标记名、类名或 id 名加“:”构成。CSS 使用链接伪类来控制超链接在未访问、访问后、鼠标悬停和鼠标单击不动时的样式。超链接<a>的伪类如表 6-1 所示。

表 6-1　超链接<a>的伪类

属性	描述
a:link	未访问时超链接的状态
a:visited	访问超链接后的状态
a:hover	鼠标经过、悬停时超链接的状态
a:active	鼠标单击不动（激活）时超链接的状态

下面通过一个案例来演示如何使用超链接伪类设置超链接效果，如例 6-3 所示。

【例 6-3】example03.html

```
<!DOCTYPE html>
<html>
	<head>
		<meta charset="utf-8">
		<title>链接伪类</title>
		<style type="text/css">
			a:link,a:visited{/*未访问和访问后*/
				color:#333;
				text-decoration: none; /*清除超链接默认的下画线*/
			}
			a:hover{/*鼠标悬停时*/
				color:#FC0;
```

```
                    text-decoration: underline;; /*添加下画线*/
                }
                a:active{/*鼠标单击不动时*/
                    color: #F00;
                    font-style: italic;
                }
            </style>
        </head>
        <body>
            <a href="#">首页</a>
            <a href="#">行业资质</a>
            <a href="#">新闻中心</a>
            <a href="#">联系我们</a>
        </body>
</html>
```

在例 6-3 的代码中，使用链接伪类定义了超链接不同状态下的样式。超链接未访问和访问后的样式按照设置的默认样式显示，文本颜色为深灰色、无下画线，在高版本 Google Chrome 中的运行效果如图 6-6 所示。当鼠标移动到超链接文本上时，文本颜色变为橙黄色且添加下画线效果，如图 6-7 所示。当鼠标单击超链接文本不动时，字体样式显示为斜体，文本颜色变为红色，如图 6-8 所示。

图 6-6　未访问时超链接的样式　　　　图 6-7　鼠标悬停时超链接的样式

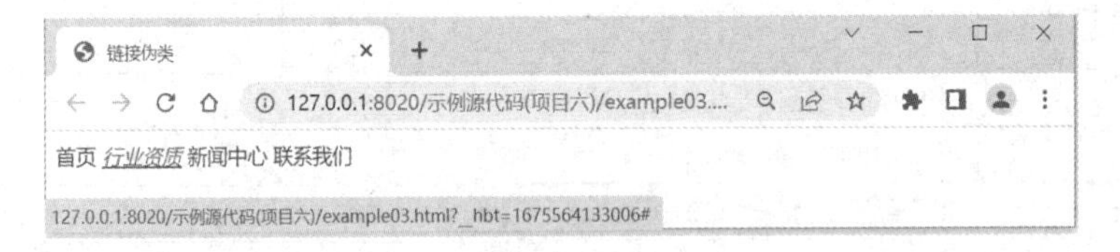

图 6-8　超链接激活时的样式

需要说明的是，如果想在同一个样式表中使用 4 个超链接伪类，则需要以准确的顺序书写代码，通常按照 a:link、a:visited、a:hover 和 a:active 的顺序，否则在页面上可能得不到想要的显示效果。在实际工作中，通常只需要使用 a:link、a:visited 和 a:hover 定义未访问、访问后和鼠标悬停时的超链接样式，并对 a:link 和 a:visited 应用相同的样式，a:active 一般很少使用。

6.1.3　CSS 属性选择器

属性选择器

属性选择器可以为拥有指定属性和属性值的 HTML 标记设置样式。属性选择器中的属性和属性值要用“[]”括起来。

1. [attribute]属性选择器

[attribute]属性选择器用于选取带有指定属性的元素。下面通过一个案例来演示如何使

用[attribute]属性选择器，如例 6-4 所示。

【例 6-4】example04.html（部分代码）

```
    nav{
        background-color: darkslategray;
        padding-top:30px;
        padding-left: 20px;
        height: 50px;
    }

    a{
      display: inline-block;
      color: white;
      text-decoration: none;
      margin-right: 8px;
    }
    [title]{
        color: yellow;
    }
...
<nav>
  <a href="/html/">HTML</a>
  <a href="/css/" title="css">CSS</a>
  <a href="/js/" title="js">JavaScript</a>
  <a href="/jquery/" title="jQuery">jQuery</a>
</nav>
```

在例 6-4 中定义了<nav>导航模块的背景颜色、内边距和高度。超链接样式设置为行内块元素、文字颜色为白色、无下画线。设置[title]选择器的文字颜色为黄色，从而使所有标记中带有 title 属性的文字都显示为黄色。在高版本 Google Chrome 中的运行效果如图 6-9 所示。

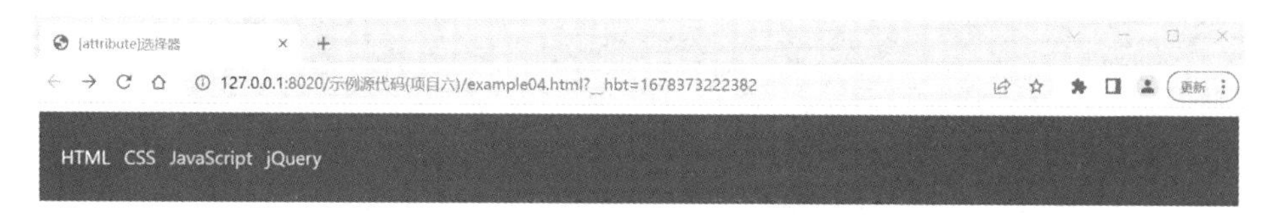

图 6-9　例 6-4 的运行效果

2. [attribute="value"]属性选择器

[attribute="value"]属性选择器用于选取带有指定属性和值的元素。下面通过一个案例来演示如何使用[attribute="value"]属性选择器，如例 6-5 所示。

【例 6-5】example05.html（部分代码）

```
a[title="css"] {
  color: yellow;
}
```

在例 6-5 中，设置 a[title="css"]选择器的文字颜色为黄色，从而使<a>标记中带有 title 属性且值为 css 的文字都显示为黄色。在高版本 Google Chrome 中的运行效果如图 6-10 所示。

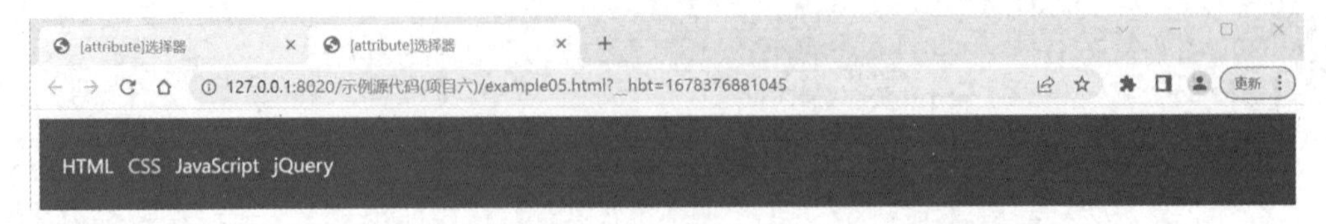

图 6-10　例 6-5 的运行效果

3. [attribute~="value"]属性选择器

[attribute~="value"]属性选择器用于选取属性值包含指定词的元素。下面通过一个案例来演示如何使用[attribute~="value"]属性选择器，如例 6-6 所示。

【例 6-6】example06.html

```
<!DOCTYPE html>
<html>
	<head>
		<meta charset="utf-8">
		<title>[attribute~="value"]</title>
		<style>
			[title~=cats] {
				border: 5px solid #00bfff;
			}
		</style>
	</head>
	<body>
		<img src="img/cat.png" title="cats one" >
		<img src="img/cat2.png" title="cats" >
		<img src="img/parrot.png" title="parrot">
	</body>
</html>
```

在例 6-6 中，设置[title~=cats]属性选择器，从而为<img>标记中带有 title 属性且值包含 cats 的图像添加了蓝色边框。在高版本 Google Chrome 中的运行效果如图 6-11 所示。

图 6-11　例 6-6 的运行效果

4. [attribute|="value"]属性选择器

[attribute|="value"]属性选择器用于选取指定属性值以指定内容开头的元素。指定内容必须是完整的单词，比如 class="top"，或者后跟连字符，比如 class="top-h1"。

下面通过一个案例来演示如何使用[attribute|="value"]属性选择器，如例 6-7 所示。

【例 6-7】example07.html

```
<!DOCTYPE html>
<html>
```

```
    <head>
        <meta charset="utf-8">
        <title>[attribute|="value"]</title>
        <style>
            [class|=top] {
                background: yellow;
            }
        </style>
    </head>
    <body>
        <h1 class="top-h1">Welcome</h1>
        <p class="top-p">Hello world!</p>
        <p class="topcontent">Are you learning CSS?</p>
    </body>
</html>
```

在例 6-7 中，设置[class|=top]属性选择器，从而为标记中带有 class 属性且属性值以 top 开头的元素设置黄色的背景颜色。在高版本 Google Chrome 中的运行效果如图 6-12 所示。

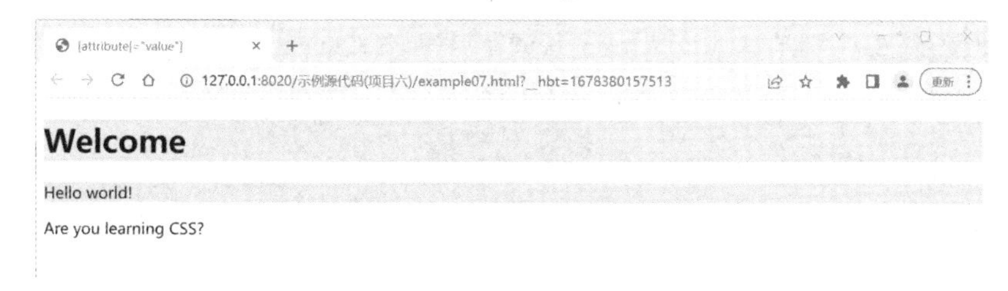

图 6-12　例 6-7 的运行效果

5. E[att^="value"]属性选择器

E[att^="value"]属性选择器用于选取名称为 E 的元素，且该元素定义了 att 属性，att 属性值包含前缀为 value 的子字符串。需要注意的是，E 是可以省略的，如果省略 E，则表示匹配满足条件的任意元素。

下面通过一个案例来演示如何使用 E[att^="value"]属性选择器，如例 6-8 所示。

【例 6-8】example08.html

```
<!DOCTYPE html>
<html>
    <head>
        <meta charset="utf-8">
        <title>E[att^="value"]属性选择器</title>
        <style type="text/css">
            p[id^="section"]{
                color: #0CF;
            }
        </style>
    </head>
    <body>
        <p id="section-one">盼望着，盼望着，东风来了，春天的脚步近了。</p>
        <p id="section-two">一切都像刚睡醒的样子，欣欣然张开了眼。山朗润起来了，水涨起来了，
```

```
太阳的脸红起来了。</p>
            <p class="new-para">小草偷偷地从土里钻出来，嫩嫩的，绿绿的。园子里，田野里，瞧去，一大片一大片满是的。坐着，躺着，打两个滚，踢几脚球，赛几趟跑，捉几回迷藏。风轻悄悄的，草软绵绵的。</p>
            <p class="last-paragraph">桃树、杏树、梨树，你不让我，我不让你，都开满了花赶趟儿。红的像火，粉的像霞，白的像雪。花里带着甜味儿；闭了眼，树上仿佛已经满是桃儿、杏儿、梨儿。花下成千成百的蜜蜂嗡嗡地闹着，大小的蝴蝶飞来飞去。野花遍地是：杂样儿，有名字的，没名字的，散在草丛里，像眼睛，像星星，还眨呀眨的。</p>
        </body>
    </html>
```

在例 6-8 中，使用 p[id^="section"]属性选择器，为应用 id 属性且属性值以 section 开头的<p>标记设置样式，所以前两段文本显示为蓝色。例 6-8 的代码在高版本 Google Chrome 中的运行效果如图 6-13 所示。

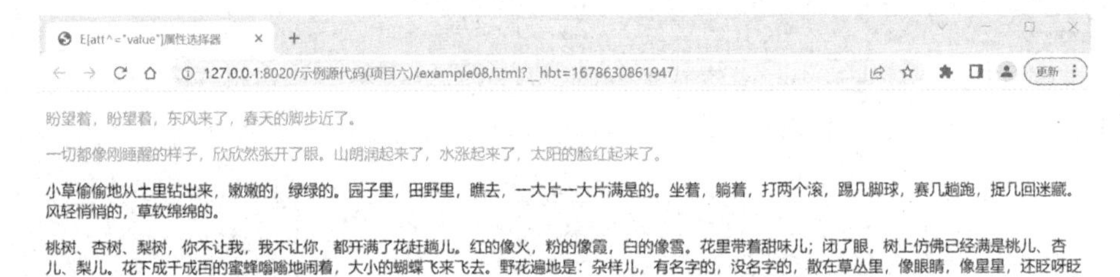

图 6-13　例 6-8 的运行效果

6. E[att$="value"]属性选择器

E[att$="value"]属性选择器用于选择名称为 E 的元素，且该元素定义了 att 属性，att 属性值包含后缀为 value 的子字符串。E 是可以省略的，如果省略则表示匹配满足条件的任意元素。

下面通过一个案例来演示如何使用 E[att$="value"]属性选择器，如例 6-9 所示。

【例 6-9】example09.html（部分代码）

```
[class$="para"]{
    background-color: yellow;
}
```

在例 6-9 中，使用[class$="para"]属性选择器，为所有应用 class 属性且属性值以 para 结尾的标记设置样式，第三个段落文本的背景颜色显示为黄色。例 6-9 的代码在高版本 Google Chrome 中的运行效果如图 6-14 所示。

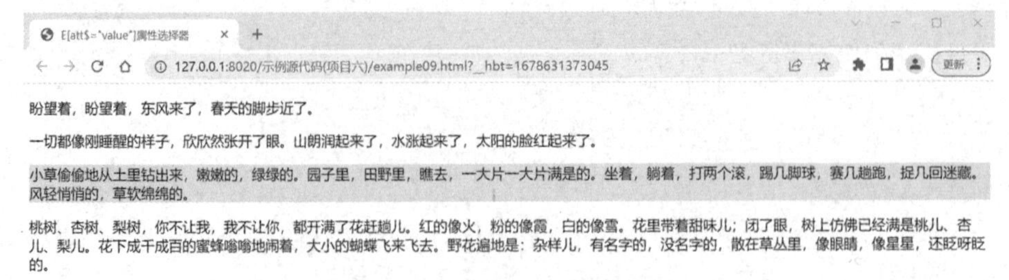

图 6-14　例 6-9 的运行效果

7. E[att*="value"]属性选择器

E[att*="value"]属性选择器用于选择名称为 E 的元素，且该元素定义了 att 属性，att 属性值包含 value 子字符串。在属性选择器中，E 可以省略，如果省略则表示匹配满足条件的任意元素。

下面通过一个案例来演示如何使用 E[att*="value"]属性选择器，如例 6-10 所示。

【例 6-10】example10.html（部分代码）

```
[class*="para"]{
    color: pink;
}
```

在例 6-10 中，使用[class*="para"]属性选择器，为所有应用 class 属性且属性值包含 para 的标记设置样式，最后两个段落文本显示为粉色。例 6-10 的代码在高版本 Google Chrome 中的运行效果如图 6-15 所示。

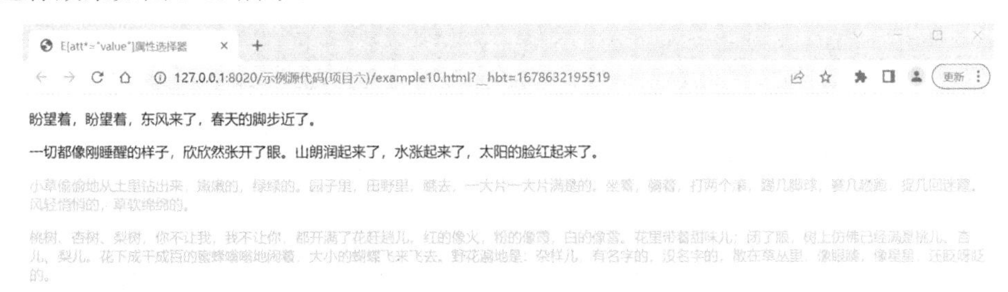

图 6-15　例 6-10 的运行效果

【任务实施】制作导航模块并设置样式

【效果分析】

1. 结构分析

观察网页效果图，可以看到导航模块位于网页的顶部，导航模块整体由一个大盒子控制，其内部包含列表、图像和文字超链接，可以分别通过<div>标记嵌套<img>标记、<ul>标记和<a>标记等进行定义。导航模块的结构如图 6-16 所示。

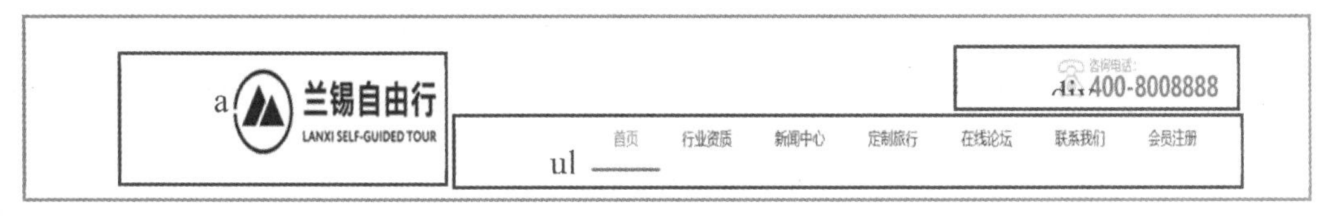

图 6-16　导航模块结构图

2. 样式分析

分析图 6-16，可以分 4 个部分设置样式，具体如下。

（1）设置导航模块<div>，对其设置宽度、高度、外边距及定位属性。

（2）设置网页 logo 的外边距和定位属性，并设置左浮动效果。

（3）设置咨询电话<div>的内外边距、背景图像及盒模型内文本的字号、颜色等样式。

（4）设置<ul>标记样式和内部超链接文本的样式。

【模块制作】

1. 搭建 HTML 结构

根据上面的分析，使用相应的 HTML 标记来搭建网页结构，如例 6-11 所示。

【例 6-11】example11.html

```
<!DOCTYPE html>
<html>
    <head>
        <meta charset="utf-8">
        <title>网页导航菜单</title>
        <link type="text/css" rel="stylesheet" href="style/exemple09.css"/>
    </head>
    <body id="index">
        <!--头部区域-->
        <div class="header">
            <a href="#" class="logo"><img src="images/hd_logo.jpg"></a>
            <div class="tel">咨询电话：<p>400-8008888</p></div>
            <ul class="nav">
            <li class="li_index"><a href="index.html">首页</a><span></span></li>
                <li class="li_about"><a href="#">行业资质</a><span></span></li>
                <li class="li_news"><a href="#">新闻中心</a><span></span></li>
                <li class="li_pro"><a href="pro.html">定制旅行</a><span></span></li>
                <li class="li_qixia"><a href="#">在线论坛</a><span></span></li>
                <li class="li_liuyan"><a href="#">联系我们</a><span></span></li>
                <li class="li_us"><a href="register.html">会员注册</a><span></span></li>
            </ul>
        </div>
    </body>
</html>
```

在例 6-11 所示的 HTML 结构代码中，定义了类名为 header 的<div>标记来搭建网页导航模块。在导航模块内又嵌套了类名为 logo 的图标、类名为 tel 的咨询电话及类名为 nav 的导航菜单。logo 模块涉及的图像用<img>标记定义，图像超链接效果通过<a>标记实现。用无序列表<ul>标记定义导航菜单，列表项<li>标记定义具体菜单项，<a>标记定义菜单项的超链接效果。

例 6-11 的代码在高版本 Google Chrome 中的运行效果如图 6-17 所示。

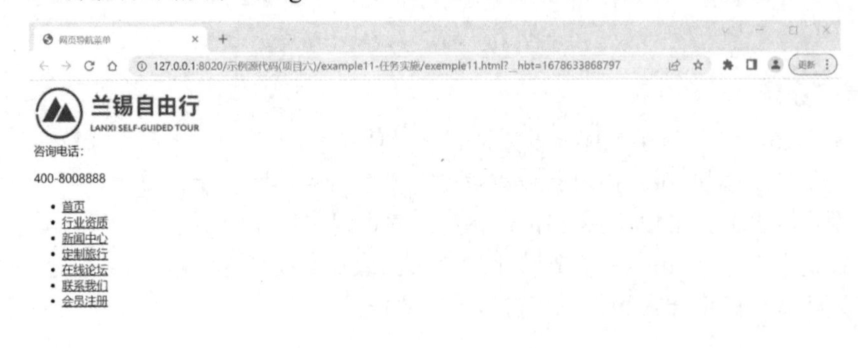

图 6-17　HTML 结构的运行效果

2. 定义 CSS 样式

在搭建完网页结构后，接下来使用 CSS3 对网页样式进行修饰。

在 style 文件夹中创建样式表文件 example11.css，并在 example11.html 文档的<head>标记中，通过<link>标记引入样式表文件 example11.css。下面在样式表文件 example11.css 中写入 CSS 代码，控制导航模块的外观样式，采用从整体到局部的方式实现图 6-1 所示的效果。

（1）全局样式设置。

首先定义网页的统一样式，为该任务涉及的所有标记设置 margin 和 padding 属性值均为 0，清除浏览器的默认外边距和内边距设置，并设置文本相关标记的字体和颜色。此外，还要清除列表默认的显示样式，清除图像边框，设置超链接自带下画线效果为无，CSS 代码如下。

```
/*初始化所用标记在所有浏览器中的 margin、padding 属性值*/
a,body,div,img,li,p,span,ul{margin:0;padding:0; font-family:"微软雅黑","黑体"; color:#333;}
ul{ list-style:none}
img{ border:none;}
a{ text-decoration:none; }
```

（2）整体布局实现。

根据效果图，为类名为 header 的最外层的<div>标记设置宽度为 1100px、高度为 106px。设置其上下外边距为 0px，左右外边距为 auto，以实现<div>的水平居中，设置相对定位属性。为 logo、tel 以及 nav 导航菜单设置定位属性，设置其相对于父元素 header 的定位属性为绝对定位。

设置左侧类名为 logo 的超链接图像在网页中的位置，定义左外边距为 0px，上外边距为 24px。为类名为 tel 的<div>标记设置右外边距为 0px，上外边距为 16px，左内边距为 35px，设置背景图像，定义盒模型内文本的字体大小为 12px，文字颜色为#999，行间距为 1 倍行距。为类名为 nav 的<div>标记设置右外边距为 0px，上外边距为 60px，CSS 代码如下。

```
/*头部区域*/
.header{ width:1100px; height:106px; margin:0 auto;    position:relative;}
.header .logo,.header .tel,.header .nav{ position:absolute;}
.header .logo{left: 0; top:24px;}
.header .tel{right:0; top:16px; font-size:12px; color:#999; line-height:1em; background:url(../images/tel.png) no-
repeat left center; padding-left:35px;}
.header .tel p{ font-size:22px; font-weight:900; color:#00b3e1; line-height:1em;}
.header .nav{ right:0; top:60px;}}
```

（3）导航菜单样式设置。

为列表项<li>标记定义的菜单项设置左浮动，定位属性为相对定位。列表项<li>标记内使用<a>标记定义导航菜单项为超链接文本，并设置文本内容转换为块级元素，高度为 45px，文字颜色为#333，字号为 14px，上下内边距为 0，左右内边距为 24px，行高为 40px，并设置下边框为 1px、实线、颜色为#00b3e1。在鼠标移动到<a>标记上时，文字颜色变为#00b3e1。

将<a>标记内部的<span>标记转换为块级元素，设置其高度为 3px，背景颜色为#00b3e1，设置绝对定位属性，边偏移 bottom 为 0。当鼠标移动到<span>标记定义的内容上时，在网页中显示定义的样式。

最后对第一个导航菜单设置单独的样式，设置文本颜色为#00b3e1，显示蓝色的下画线。CSS 代码如下。

```
.header .nav li{ float:left; position:relative;}
.header .nav li a{ color:#333; padding:0 24px; font-size:14px; height:45px; line-height:40px;   display:block; 
border-bottom:1px solid #00b3e1}
.header .nav li a:hover{ color:#00b3e1}
.header .nav li span{ height:3px; display:block; background:#00b3e1; position:absolute; bottom:0;}
.header .nav li:hover span{width:100%;left:0}
#index .li_index a{color:#00b3e1;}
.li_index span{width:100%;left:0}
```

至此，我们完成了导航菜单的 CSS 样式制作，在将该样式应用于网页后，效果如图 6-1 所示。

任务 6.2　列表嵌套

【任务提出】

在网页布局中，导航菜单是不可或缺的重要部分，一般位于页面上方或两侧。通过 HTML 中的无序列表<ul>标记和<li>标记，可以实现网页导航菜单的制作。对于一些内容非常多的大型网站的首页，可以在制作完成一级导航菜单后，进一步对一级导航菜单进行扩充，制作二级弹出式导航菜单，尽可能多地展示内容，如图 6-18 所示。实现鼠标在一级导航菜单上悬停时，弹出二级导航菜单，鼠标移走后，隐藏二级导航菜单。二级导航菜单可以通过列表的嵌套来实现。

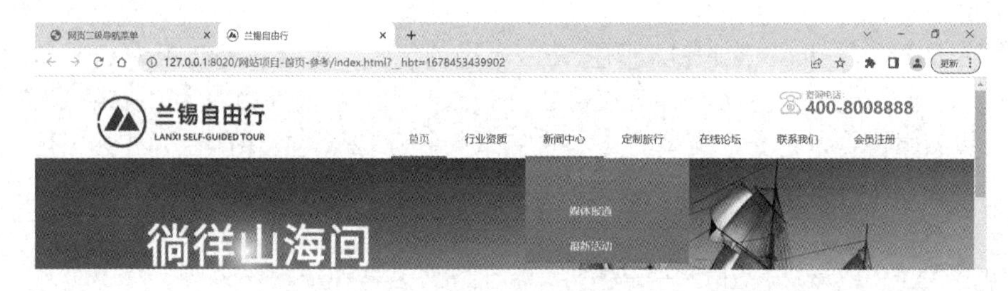

图 6-18　导航菜单效果图

【学习目标】

知识目标	技能目标	思政目标
√掌握嵌套列表的用法。 √理解 CSS 关系选择器和伪类选择器的基本用法	√能够正确使用嵌套列表在 HTML5 网页中定义元素。 √能够使用 CSS 关系选择器和伪类选择器控制内容样式	√培养追求卓越、精益求精的工匠精神

【知识储备】

在使用列表时，列表项中可以包含若干个子列表项，要想在列表项中定义子列表项，就需要对列表进行嵌套。

6.2.1　列表的嵌套

将一个列表嵌入另一个列表，作为另一个列表的一部分，被称为嵌套列表。无论是有序列表的嵌套还是无序列表的嵌套，浏览器都可以自动分层排列。下面通过一个案例来演示嵌套列表的应用，如例 6-12 所示。

【例 6-12】example12.html

```
<!DOCTYPE html>
<html>
<head>
        <meta charset="utf-8">
        <title>嵌套列表</title>
    </head>
    <body>
        <ul>
            <li>水果
                <ul>
                    <li>苹果</li>
                    <li>橘子</li>
                    <li>香蕉</li>
                </ul>
            </li>
            <li>蔬菜
                <ol>
                    <li>白菜</li>
                    <li>菠菜</li>
                    <li>芹菜</li>
                </ol>
            </li>
        </ul>
    </body>
</html>
```

在上述代码中，定义了一个包含两个列表项的无序列表。在第一个列表项的<li>标记内，嵌套了一个无序列表，在第二个列表项的<li>标记内嵌套了一个有序列表。例 6-12 的代码在高版本 Google Chrome 中的运行效果如图 6-19 所示。

图 6-19　列表的嵌套效果

可以看出，无序列表和有序列表可以单独嵌套或者混合嵌套。嵌套列表中还可以再嵌套列表，即列表的多级嵌套。每一级嵌套列表都有不同的默认的列表项目符号，可以通过 CSS 来改变它们的样式。

关系选择器

6.2.2　CSS 关系选择器

关系选择器能够根据其他元素的关系选择适合的元素选择器。CSS3 中的关系选择器分为子元素选择器、相邻兄弟选择器和普通兄弟选择器。

1. 子元素选择器

子元素选择器主要用来选择某个元素的第一级子元素。子元素选择器由“>”连接，其语法格式如下。

```
父元素>子元素{声明}
```

如果不希望选择任意的后代元素，而是希望缩小范围，只选择某个元素的子元素，则要使用子元素选择器。例如，只想选择<p>标记子元素的<span>标记，可以这样写为“p>span”。

下面通过一个案例来演示子元素选择器的应用，如例 6-13 所示。

【例 6-13】example13.html

```
<!DOCTYPE html>
<html>
<head>
        <meta charset="utf-8">
        <title>子元素选择器</title>
        <style>
            p>span{
                color: blue;
                font-weight: bold;
            }
        </style>
    </head>
    <body>
        <h1>咏柳</h1>
        <p><span>唐</span> 贺知章</p>
        <p>
            <b>
                <span>碧玉妆成一树高，<br></span>
                <span>万条垂下绿丝绦。<br></span>
                <span>不知细叶谁裁出，<br></span>
                <span>二月春风似剪刀。</span>
            </b>
        </p>
    </body>
</html>
```

在上述代码中，第一个<span>标记为第一个<p>标记的子元素（是<p>标记的第一级子元素）。后面 4 个<span>标记为第二个<p>标记的孙元素（是<p>标记的第二级子元素）。因此，由于子元素选择器“p>span”的作用，代码中设置的样式只对第一个<span>标记起作用，而对其余<span>标记无效。例 6-13 的代码在高版本 Google Chrome 中的运行效果如图 6-20 所示。

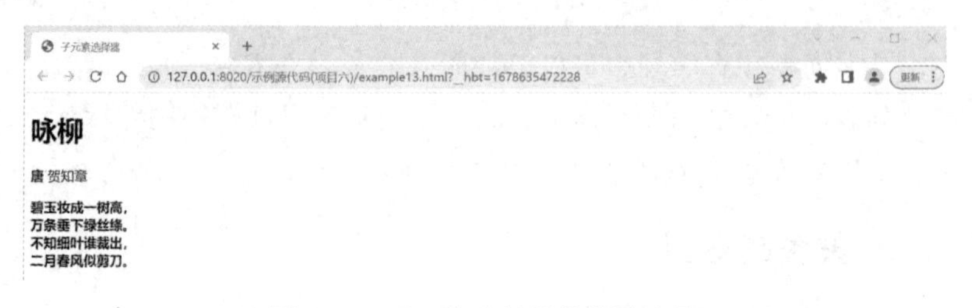

图 6-20 子元素选择器的设置效果

2. 相邻兄弟选择器

相邻兄弟选择器可以选择紧接在另一个元素后的元素，且二者有相同的父元素，相邻兄弟选择器由“+”连接。选择器中的两个元素有同一个父元素，而且第二个元素必须紧邻第一个元素。

下面通过一个案例来演示相邻兄弟选择器的应用，如例 6-14 所示。

【例 6-14】example14.html（部分代码）

```
p+h4{
    color: blue;
}
…
<h1>咏柳</h1>
<p><span>唐</span> 贺知章</p>
<h4>碧玉妆成一树高，</h4>
<h4>万条垂下绿丝绦。</h4>
<h4>不知细叶谁裁出，</h4>
<h4>二月春风似剪刀。</h4>
```

在上述代码中，<p>标记与<h4>标记具有同一个父元素，互为兄弟元素。由于相邻兄弟元素选择器“p+h4”的作用，代码中设置的样式只对与<p>标记相邻的第一个兄弟元素<h4>起作用，设置第一个<h4>标记定义的文本为蓝色，而与<p>标记不相邻的第二、第三和第四个兄弟元素<h4>标记定义的文本颜色不变。例 6-14 的代码在高版本 Google Chrome 中的运行效果如图 6-21 所示。

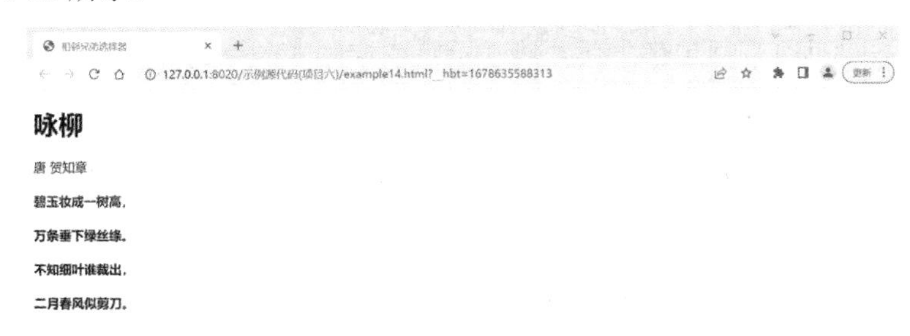

图 6-21　相邻兄弟选择器的设置效果

3. 普通兄弟选择器

普通兄弟选择器用于指定相同父元素内的某个元素之后的所有其他类的兄弟元素所使用的样式，普通兄弟选择器由“～”连接。选择器中的两个元素有同一个父元素，但第二个元素不必紧邻第一个元素。

下面通过一个案例来演示普通兄弟选择器的应用，如例 6-15 所示。

【例 6-15】example15.html（部分代码）

```
p~h4{
    color: blue;
}
…
<h1>咏柳</h1>
<p><span>唐</span> 贺知章</p>
<h4>碧玉妆成一树高，</h4>
```

```
<h4>万条垂下绿丝绦。</h4>
<h4>不知细叶谁裁出，</h4>
<h4>二月春风似剪刀。</h4>
```

在上述代码中，<p>标记与<h4>标记具有同一个父元素，互为兄弟元素。由于普通兄弟选择器中“p～h4”的作用，使得<p>标记相邻的所有兄弟元素<h4>标记的文本都显示为蓝色。例 6-15 的代码在高版本 Google Chrome 中的运行效果如图 6-22 所示。

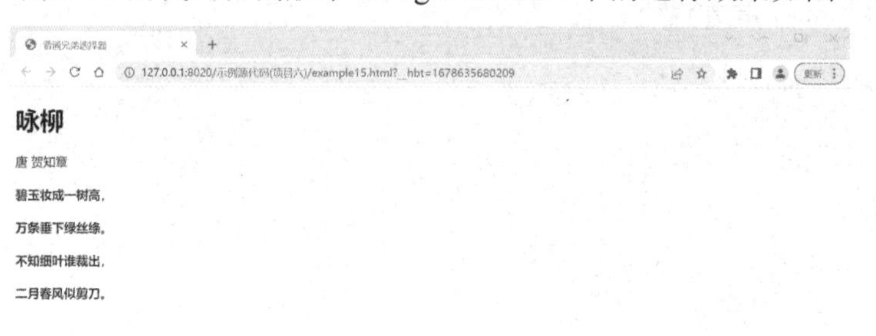

图 6-22　普通兄弟选择器的设置效果

结构化伪类选择器-1

结构化伪类选择器-2

6.2.3　CSS 伪类选择器

通过使用结构化伪类选择器可以根据文档的结构指定元素的样式。使用结构伪类选择器，可以减少文档内类和 ID 属性的定义，从而使文档更加简洁。

1. :root 选择器

:root 选择器用于匹配文档的根标记。在 HTML 文档中，根标记始终是<html>。使用:root 选择器定义的样式对所有标记都生效，对于不需要该样式的标记，可以单独设置样式进行覆盖。

下面通过一个案例来演示:root 选择器的应用，如例 6-16 所示。

【例 6-16】example16.html（部分代码）

```
:root{
    color: blue;
}
h4{
    color: black;
}
…
<h1>咏柳</h1>
<p><span>唐</span> 贺知章</p>
<h4>碧玉妆成一树高，</h4>
<h4>万条垂下绿丝绦。</h4>
<h4>不知细叶谁裁出，</h4>
<h4>二月春风似剪刀。</h4>
```

在上述代码中，使用:root 选择器为根标记设置 CSS 样式，其后代元素会继承使用，所以页面中的所有文本为蓝色。随后，使用<h4>标记选择器定义单独样式，覆盖:root 选择器设置的蓝色样式，<h4>标记内部文本显示为黑色。例 6-16 的代码在高版本 Google Chrome 中的运行效果如图 6-23 所示。

2. :not 选择器

如果对某个结构元素使用样式，并排除这个结构元素下面的子结构元素，即让子结构元素不适用这个样式，则可以使用:not 选择器。下面通过一个案例来演示:not 选择器的应用，如例 6-17 所示。

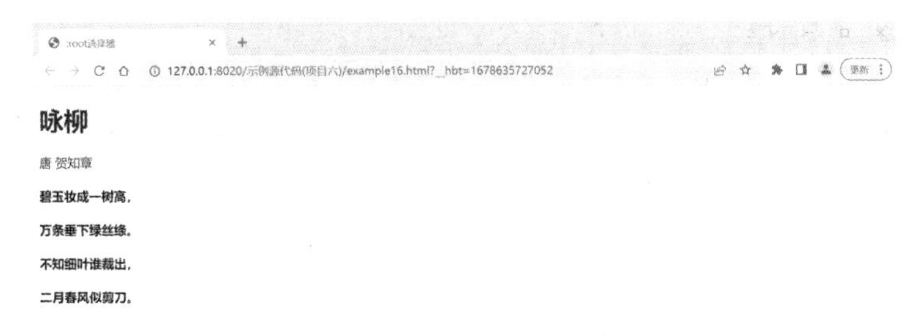

图 6-23　:root 选择器的设置效果

【例 6-17】example17.html

```
<!DOCTYPE html>
<html>
	<head>
		<meta charset="utf-8">
		<title>:not 选择器</title>
		<style>
			body *:not(h1){
				color:orange;
				font-weight: bold;
			}
		</style>
	</head>
	<body>
		<h1>春节档电影</h1>
		<ul>
			<li>满江红</li>
			<li>流浪地球 2</li>
			<li>无名</li>
			<li>交换人生</li>
			<li>熊出没</li>
			<li>深海</li>
		</ul>
	</body>
</html>
```

在上述代码中，使用 body *:not(h1)排除了<body>结构元素的子结构元素<h1>，为<body>中除<h1>标记以外的文本设置颜色为橙色并加粗显示。例 6-17 的代码在高版本 Google Chrome 中的运行效果如图 6-24 所示。

春节档电影

- 满江红
- 流浪地球2
- 无名
- 交换人生
- 熊出没
- 深海

图 6-24　:not 选择器的设置效果

3. :empty 选择器

:empty 选择器用来选择没有子元素或文本内容为空的所有元素。下面通过案例 6-18 来演示:empty 选择器的应用。

【例 6-18】example18.html

```
<!DOCTYPE html>
<html>
	<head>
		<meta charset="utf-8">
		<title>:empty 选择器</title>
		<style>
			:empty{
				border: 3px solid red;
				height: 60px;
			}
		</style>
	</head>
	<body>
		<div></div>
		<div>   </div><!--有 3 个空格，不是空元素-->
	</body>
</html>
```

在上述代码中，使用:empty 选择器为文本内容为空的<div>标记设置 1px、红色实线边框，对包含空格的<div>标记不起作用。例 6-18 的代码在高版本 Google Chrome 中的运行效果如图 6-25 所示。

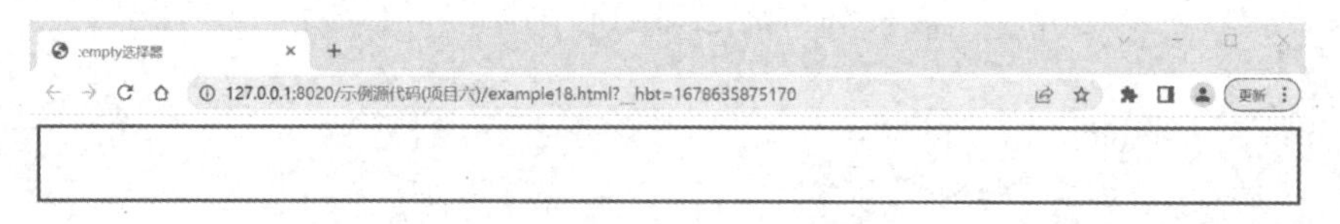

图 6-25　:empty 选择器的设置效果

4. :first-child 选择器和:last-child 选择器

:first-child 选择器和:last-child 选择器分别用于对父元素中的第一个子元素和最后一个子元素指定样式。下面通过案例 6-19 来演示:first-child 选择器和:last-child 选择器的应用。

【例 6-19】example19.html

```
<!DOCTYPE html>
<html>
	<head>
		<meta charset="utf-8">
		<title>:first-child 选择器和:last-child 选择器</title>
		<style>
			p:first-child{
				color: blue;
			}
			p:last-child{
				color: red;
```

```
            }
        </style>
    </head>
    <body>
        <p>带着丝丝暖意，春，踏着轻盈的脚步来了。花儿虽未开放，但从那跃跃欲试的姿态上不难
看出，他们已经做好了准备。</p>
        <p>挽着冬雪的阵阵凉意，<em>春</em>，试探着沉睡的草儿，或许是时候将他们唤起，描绘
<em>春</em>的生机，展现<em>春</em>的活力。</p>
        <p>伴着轻风，拂动着积蓄着无穷力量的枝条，唤醒你我的心，春已经到来。</p>
        <p>仍然在为远方的道路感到迷茫？请握好你手中的舵，让春风携你走向远方。美丽的时刻无
须停留，无须徘徊，勇敢地向前进，哪怕荆棘满地；勇敢地向前进，哪怕道路坎坷；勇敢地向前进，哪怕失去
现在的安逸。春与你偕行。</p>
        <p>你是否已听见生命的赞歌？嘹亮婉转，穿透冰河冷泉，穿越层叠的高山，划破灰暗的天
空，跟着春的脚步环绕在你我身边。</p>
        <p><span>春天</span>向你走近，你准备好了吗？敞开你的胸襟，闭上双眼，尽情呼吸这春的
气息。春，在向你招手，请紧跟春的步伐，踏上希望的道路，不要迟疑。</p>
    </body>
</html>
```

在上述代码中，使用:first-child 选择器，将第一个段落的文本颜色设置为蓝色。使用:last-child 选择器，将最后一个段落的文本颜色设置为红色。例 6-19 的代码在高版本 Google Chrome 中的运行效果如图 6-26 所示。

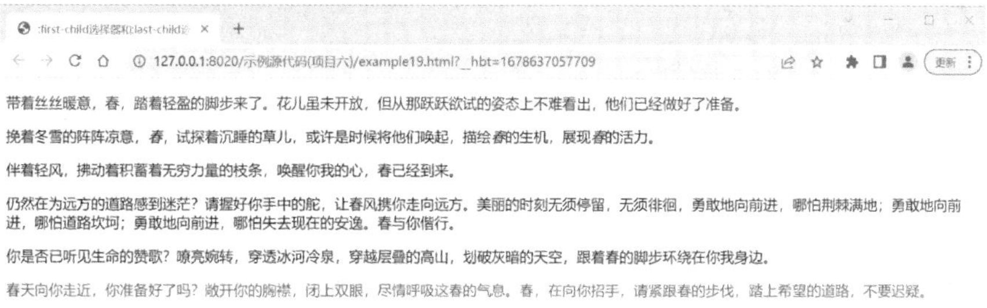

带着丝丝暖意，春，踏着轻盈的脚步来了。花儿虽未开放，但从那跃跃欲试的姿态上不难看出，他们已经做好了准备。

挽着冬雪的阵阵凉意，春，试探着沉睡的草儿，或许是时候将他们唤起，描绘春的生机，展现春的活力。

伴着轻风，拂动着积蓄着无穷力量的枝条，唤醒你我的心，春已经到来。

仍然在为远方的道路感到迷茫？请握好你手中的舵，让春风携你走向远方。美丽的时刻无须停留，无须徘徊，勇敢地向前进，哪怕荆棘满地；勇敢地向前进，哪怕道路坎坷；勇敢地向前进，哪怕失去现在的安逸。春与你偕行。

你是否已听见生命的赞歌？嘹亮婉转，穿透冰河冷泉，穿越层叠的高山，划破灰暗的天空，跟着春的脚步环绕在你我身边。

春天向你走近，你准备好了吗？敞开你的胸襟，闭上双眼，尽情呼吸这春的气息。春，在向你招手，请紧跟春的步伐，踏上希望的道路，不要迟疑。

图 6-26　:first-child 选择器和:last-child 选择器的设置效果

5. :nth-child(n)选择器和:nth-last-child(n)选择器

使用:first-child 选择器和:last-child 选择器可以选择某个父元素中的第一个或最后一个子元素，如果想要选择第二个或倒数第二个子元素，这两个选择器就不起作用了。CSS3 引入了:nth-child(n)选择器和:nth-last-child(n)选择器，它们是:first-child 选择器和:last-child 选择器的扩展。

:nth-child(n)选择器和:nth-last-child(n)选择器分别用于对父元素中的第 *n* 个子元素和倒数第 *n* 个子元素指定样式。在使用:nth-child(n) 选择器时，“n”可以是数字或关键词。

odd 和 even 是可用于匹配下标是奇数或偶数的子元素的关键词。:nth-child(even)选择器和:nth-last-child(even)选择器分别用于对父元素中的第偶数个子元素和倒数第偶数个子元素指定样式。:nth-child(odd)选择器和:nth-last-child(odd)选择器分别用于对父元素中的第奇数个子元素和倒数第奇数个子元素指定样式。

下面通过一个案例来演示:nth-child(n)和:nth-last-child(n)选择器的应用，如例 6-20 所示。

【例 6-20】example20.html

```
<!DOCTYPE html>
<html>
    <head>
        <meta charset="utf-8">
        <title>:nth-child(n)选择器和:nth-last-child(n)选择器</title>
        <style>
            p:nth-child(2){
                text-decoration: underline;
            }
            p:nth-last-child(3){
                font-weight: bold;
            }
            p:nth-child(odd){
                background: #00CCFF;
            }
        </style>
    </head>
    <body>
        <p>带着……。</p>
        <p>挽着冬雪的阵阵凉意，<em>春</em>……</p>
        <p>伴着……</p>
        <p>仍然……</p>
        <p>你是……</p>
        <p><span>春天</span>……</p>
    </body>
</html>
```

在上述代码中，由于:nth-child(2)选择器的作用，页面中正数第二个段落显示下画线效果。由于:nth-last-child(3)选择器的作用，页面中倒数第三个段落加粗显示。使用 p:nth-child(odd)选择器，将页面中奇数段落的背景颜色设置为蓝色。例 6-20 的代码在高版本 Google Chrome 中的运行效果如图 6-27 所示。

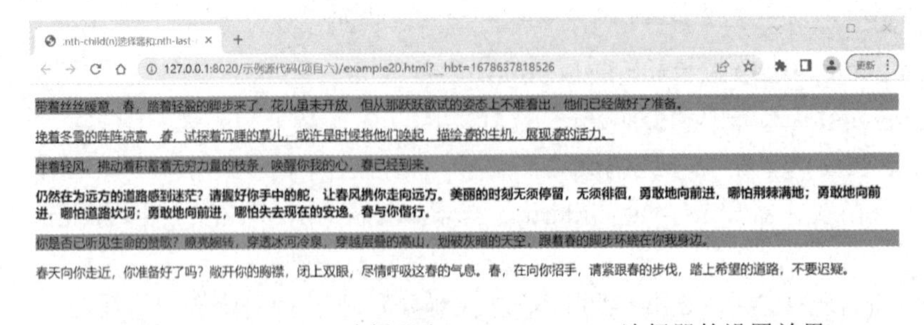

图 6-27　:nth-child(n)选择器和:nth-last-child(n)选择器的设置效果

6. :only-child 选择器

:only-child 选择器用于对某个父元素的唯一子元素指定样式。下面通过案例 6-21 来演示:only-child 选择器的应用。

【例 6-21】example21.html（部分代码）

```
span:only-child{
    background: yellow;
}
```

在上述代码中，对于<span>标记定义的文本，是第 6 个<p>标记唯一的子元素，通过:only-child 选择器为文本设置背景颜色为黄色。例 6-21 的代码在高版本 Google Chrome 中的运行效果如图 6-28 所示。

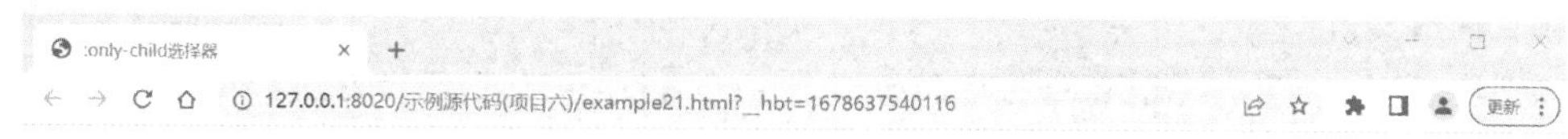

图 6-28　:only-child 选择器的设置效果

7. :nth-of-type(n)选择器和:nth-last-of-type(n)选择器

:nth-of-type(n)选择器和:nth-last-of-type(n)选择器分别用于对父元素中特定类型的第 *n* 个子元素和倒数第 *n* 个子元素指定样式。而:nth-child(n)选择器和:nth-last-child(n)选择器用于匹配父元素中的第 *n* 个子元素和倒数第 *n* 个子元素，与子元素类型无关。

下面通过一个案例来演示:nth-of-type(n)选择器和:nth-last-of-type(n)选择器的应用，如例 6-22 所示。

【例 6-22】example22.html（部分代码）

```
em:nth-of-type(2){
        color: orange;
        background-color: yellow;
}
em:nth-last-of-type(1){
        color: green;
        background-color: yellow;
}
```

在上述代码中，使用 em:nth-of-type(2)选择器，将第二段中正数第二个<em>标记的文本颜色设置为橙色，背景颜色设置为黄色。使用 em:nth-last-of-type(2)选择器，将第二段中倒数第一个<em>标记定义的文本颜色设置为绿色，背景颜色设置为黄色。例 6-22 的代码在高版本 Google Chrome 中的运行效果如图 6-29 所示。

:nth-of-type(n)选择器和:nth-la
127.0.0.1:8020/示例源代码(项目六)/example22.html?__hbt=1678638257538
更新

带着丝丝暖意，春，踏着轻盈的脚步来了。花儿虽未开放，但从那跃跃欲试的姿态上不难看出，他们已经做好了准备。

挽着冬雪的阵阵凉意，春，试探着沉睡的草儿，或许是时候将他们唤起，描绘春的生机，展现春的活力。

伴着轻风，拂动着积蓄着无穷力量的枝条，唤醒你我的心，春已经到来。

仍然在为远方的道路感到迷茫？请握好你手中的舵，让春风携你走向远方。美丽的时刻无须停留，无须徘徊，勇敢地向前进，哪怕荆棘满地；勇敢地向前进，哪怕道路坎坷；勇敢地向前进，哪怕失去现在的安逸。春与你偕行。

你是否已听见生命的赞歌？嘹亮婉转，穿透冰河冷泉，穿越层叠的高山，划破灰暗的天空，跟着春的脚步环绕在你我身边。

春天向你走近，你准备好了吗？敞开你的胸襟，闭上双眼，尽情呼吸这春的气息。春，在向你招手，请紧跟春的步伐，踏上希望的道路，不要迟疑。

图 6-29　:nth-of-type(n)选择器和:nth-last-of-type(n)选择器的设置效果

【任务实施】制作弹出式多级导航菜单

【效果分析】

1. 结构分析

观察网页效果图，可以看到导航模块位于页面的顶部，在一级导航菜单下方显示二级导航菜单。二级导航菜单通过鼠标指针触发，鼠标移入二级导航菜单后单击可以打开相应的链接，二级导航菜单出现的位置紧随一级导航菜单。二级导航模块结构如图 6-30 所示。

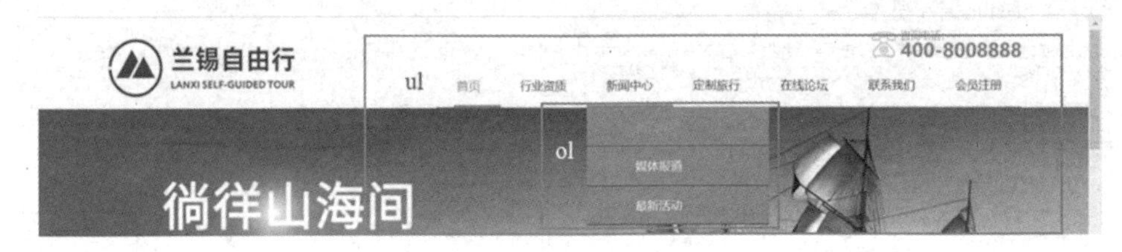

图 6-30　二级导航模块结构图

2. 样式分析

分析二级导航模块结构图，可以分 3 个部分设置样式，具体如下。

（1）设置二级导航菜单<ol>标记、<li>标记和内部超链接的样式。

（2）设置鼠标响应样式。

（3）设置二级导航菜单的位置。

【模块制作】

1. 搭建 HTML 结构

根据上面的分析，使用相应的 HTML 标记来搭建网页结构，如例 6-23 所示。

【例 6-23】example23.html

```
<!DOCTYPE html>
<html>
    <head>
        <meta charset="utf-8">
        <title>网页二级导航菜单</title>
        <link type="text/css" rel="stylesheet" href="style/exemple23.css"/>
    </head>
    <body id="index">
        <!--头部区域-->
        <div class="header">
            <a href="#" class="logo"><img src="images/hd_logo.jpg"></a>
            <div class="tel">咨询电话：<p>400-8008888</p></div>
            <ul class="nav">
                <li class="li_index"><a href="index.html">首页</a><span></span></li>
                <li class="li_about"><a href="#">行业资质</a><span></span></li>
                <li class="li_news"><a href="#">新闻中心</a><span></span>
                    <ol>
                        <li><a href="#">咨询动态</a></li>
                        <li><a href="#">媒体报道</a></li>
                        <li><a href="#">最新活动</a></li>
```

```
                </ol>
            </li>
            <li class="li_pro"><a href="pro.html">定制旅行</a><span></span></li>
            <li class="li_qixia"><a href="#">在线论坛/a><span></span></li>
            <li class="li_liuyan"><a href="#">联系我们</a><span></span></li>
            <li class="li_us"><a href="register.html">会员注册</a><span></span></li>
        </ul>
    </div>
</body>
</html>
```

在例 6-23 所示的 HTML 结构代码中，通过无序列表<ul>标记定义一级导航菜单，列表项<li>标记定义一级导航菜单项，<a>标记定义导航菜单项的超链接效果。在第三个一级导航菜单项中，嵌套二级导航菜单，二级导航菜单用<ol>标记定义。

例 6-23 的代码在高版本 Google Chrome 中的运行效果如图 6-31 所示。

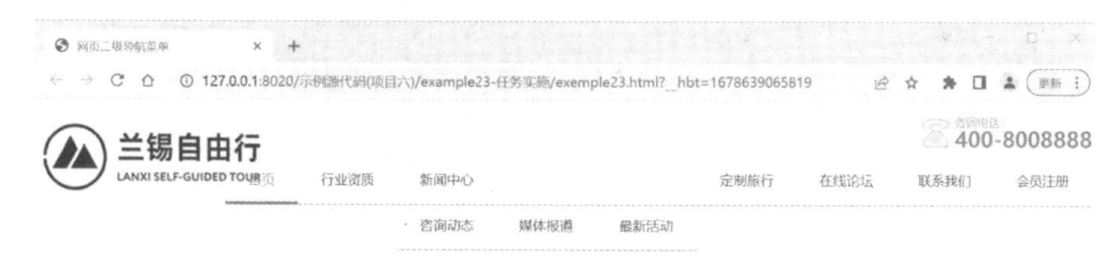

图 6-31　未设置 CSS 样式时的页面效果

2. 定义 CSS 样式

在搭建完网页结构后，接下来使用 CSS3 对网页样式进行修饰。

在 style 文件夹中创建样式表文件 example23.css，并在 example23.html 文档的<head>标记中，通过<link>标记引入样式表文件 example23.css。下面在样式表文件 example23.css 中写入 CSS 代码，控制网页二级导航菜单的外观样式，实现图 6-18 所示的效果。

（1）全局样式设置。

首先定义网页的统一样式，为该任务涉及的所有标记设置 margin 和 padding 属性值均为 0，清除浏览器的默认外边距和内边距设置，并设置文字相关标记的字体和颜色。此外，清除列表默认显示样式，清除图像边框，设置超链接自带下画线效果为无，CSS 代码如下。

```
/*初始化所用标记在所有浏览器中的 margin、padding 属性值*/
a,body,div,img,li,p,span,ul,ol{margin:0;padding:0; font-family:"微软雅黑","黑体"; color:#333;}
ul,ol{ list-style:none}
img{ border:none;}
a{ text-decoration:none; }
```

（2）二级导航菜单的样式设置。

在原有一级导航菜单的基础上，添加二级导航菜单样式。

当鼠标触发一级导航菜单项时，会在下方显示二级导航菜单。由于二级导航菜单的位置要始终跟随一级导航菜单，所以对嵌套列表元素使用定位布局，将父元素<li>标记设置成相对定位，二级导航菜单<ol>标记设置为绝对定位，并设置边偏移属性 top 为 45px，left 为 0px。

设置列表项<li>标记定义的二级导航菜单项不浮动。在二级导航菜单项<li>标记内使用<a>标记定义超链接文本，并设置文本内容转换为块级元素，宽度为170px，行高为45px，文本缩进35px，文字颜色为#fff，背景颜色为#00bfff，下边框为1px、实线、颜色为#00b3e1。当鼠标移动到<a>标记上时，文字颜色变为#db7093。CSS代码如下。

```
    .header .nav li:hover ol{display:block;}
    .header .nav ol{ display:none; position:absolute;top:45px;left:0px;}
    .header .nav ol li{ float:none;}
    .header .nav ol li a{ display:block; width:170px; line-height:45px; text-indent:35px;color: #fff;
background:deepskyblue; border-bottom: 1px solid #003be1;}
    .header .nav ol li a:hover{ color: # db7093;}
```

至此，我们完成了二级导航菜单的CSS样式制作，在将该样式应用于网页后，效果如图6-32所示。

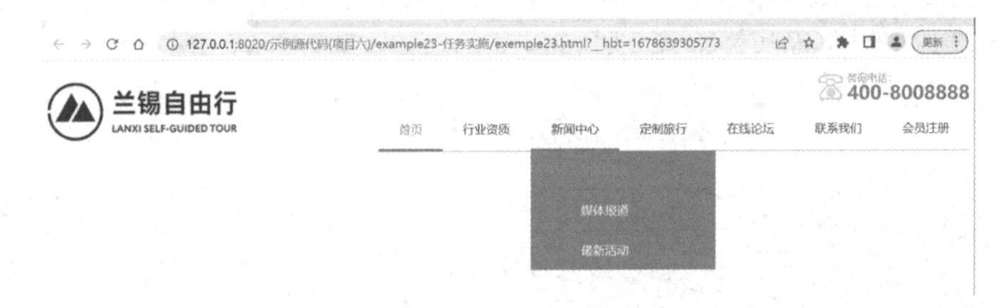

图6-32　添加CSS样式后的二级导航菜单效果

项目小结

拓展-6.2.4-伪元素选择器

超链接和列表是网页中必不可少的元素，常用超链接和嵌套列表实现多级导航菜单。本项目讲解了HTML5超链接标记的应用和列表的嵌套，并介绍了CSS链接伪类选择器、属性选择器、关系选择器和伪类选择器的应用。

通过本项目的讲解，学生应该能够熟练地运用超链接和列表实现页面导航菜单。

课后习题

一、选择题

1．关于定义超链接的描述，下面说法中错误的是（　　）。

A．可以给文字定义超链接

B．可以给图像定义超链接

C．链接、已访问过的链接．当前访问的链接可设为不同的颜色

D．只能使用默认的超链接颜色，不可更改

2．下面选项中，（　　）是表示超链接已访问过的伪类。

A．a:hover　　　　B．a:link

C．a:visited　　　　D．a:active

3．CSS3 中，（　　）用来选择某个元素的第一级子元素。

A．子元素选择器　　　　B．兄弟选择器

C．属性选择器　　　　D．伪类选择器

4．下列选项中，属于结构化伪类选择器的是（　　）。

A．E[att*=value]　　　　B．E[att$=value]

C．E[att^=value]　　　　D．:root

5．如果某个父元素仅有一个子元素，那么可以选择子元素的选择器是（　　）。

A．:not　　　　B．:only-child

C．:first-child　　　　D．:root

二、判断题

1．为了使未访问时和访问后的超链接样式保持一致，通常对 a:link 和 a:visited 应用相同的样式。（　　）

2．CSS3 中，E[att^=value]属性选择器中 E 是可以省略的。（　　）

3．:first-child 选择器用于为父元素中的最后一个子元素设置样式。（　　）

4．:nth-last-of-type(n)选择器与元素类型无关。（　　）

项目 7

制作宣传视频模块

情景引入

旅游网站首页已经基本搭建完成了，为了起到更好的宣传效果，小李同学想在网页上播放一段宣传视频。在互联网技术高速发展的今天，音频和视频已经被越来越广泛地应用在网页设计中。比起静态的图像和文字，音频和视频可以为用户提供更直观、更丰富的信息，更能吸引用户的注意力。那么，怎样在 HTML5 网页中播放音频和视频呢？

任务 7.1 播放音频和视频

【任务提出】

根据网页效果图，旅游网站首页新闻中心模块的右侧是本任务需要制作的宣传视频模块，如图 7-1 所示，用于播放最新的旅行宣传片。本任务讲解如何使用 HTML5 新增的<audio>标记和<video>标记来播放音频和视频，并对其播放属性进行基本设置。

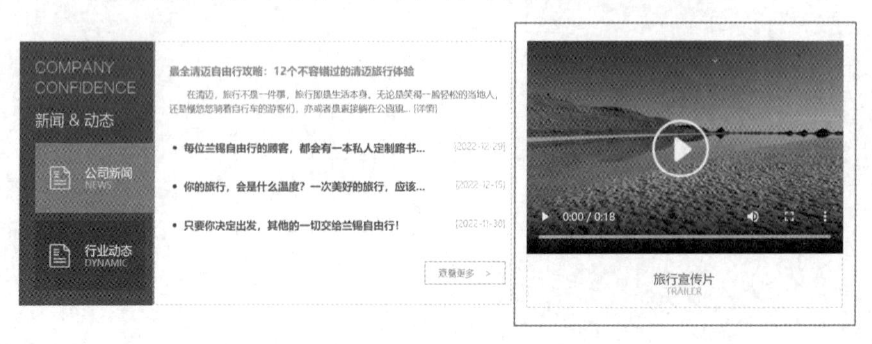

图 7-1　宣传视频模块效果图

【学习目标】

知识目标	技能目标	思政目标
√了解 HTML5 支持的音频格式和视频格式。 √掌握<audio>标记和<video>标记的基本用法及相关属性	√能够正确使用<audio>标记，在 HTML5 网页中播放音频。 √能够正确使用<video>标记，在 HTML5 网页中播放视频	√培养勇于创新、追求卓越的干劲

【知识储备】

在 HTML5 出现之前，想要在网页中播放音频或视频，通常需要使用第三方插件，比如 Flash。但是第三方插件使用起来比较烦琐，也容易导致安全性的问题，且移动设备的浏览器并不支持 Flash 插件。因此，在网页中播放音频或视频变得非常复杂。

HTML5 的多媒体标记解决了这一难题，新增的<audio>标记和<video>标记使浏览器不需要借助插件即可播放音频和视频。

7.1.1 HTML5 的音频标记

音频

在 HTML5 中，<audio>标记用于定义播放音频文件的标准方法。

1. <audio>标记支持的音频格式

<audio>标记用于播放音频文件或音频流，支持 Ogg Vorbis、MP3、WAV 等音频格式。

（1）Ogg Vorbis 是一种音频压缩格式，文件扩展名是“.ogg”。这种文件格式非常先进，所使用的编/解码器支持可变比特率，可以不断地进行大小和音质的改良，而不影响原有的编码器或播放器。

（2）MP3 也是一种音频压缩格式，文件扩展名是“.mp3”。利用 MPEG Audio Layer 3 的技术，可以将音乐以较高的压缩率，压缩成容量较小的文件，且能保持音质不会明显下降。

（3）WAV 是微软公司专门为 Windows 操作系统开发的一种标准数字音频文件，文件扩展名是“.wav”。该文件能记录各种单声道或立体声的声音信息，并能保证声音不失真，但其文件尺寸较大，多用于存储简短的声音片段。

2. <audio>标记的语法格式

<audio>标记的基本语法格式如下。

```
<audio  src="音频文件路径"  controls="controls"></audio>
```

其中，src 属性用于设置要播放的音频文件的路径；controls 属性用于设置是否显示播放控件，若设置了该属性，则浏览器网页中会出现一个简单的音频播放器，用于控制音频播放。

下面通过一个案例来演示如何使用<audio>标记播放音频，如例 7-1 所示。

【例 7-1】example01.html

```
<!DOCTYPE html>
<html>
    <head>
        <meta charset="utf-8">
        <title>在 HTML5 中播放音频</title>
    </head>
    <body>
```

```
        <audio src="media/music.mp3" controls="controls"></audio>
    </body>
</html>
```

例 7-1 的代码在 Google Chrome 中的运行效果如图 7-2 所示，可以看到网页上出现了一个比较简单的音频播放器，包含了播放、暂停、时间显示、音量控制等常用播放控件。

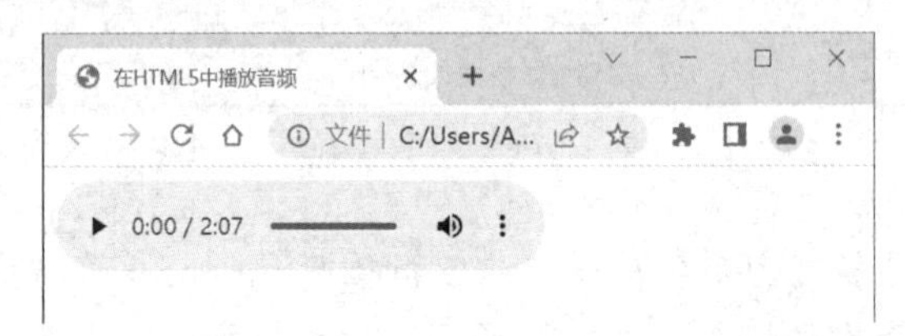

图 7-2　音频播放器的效果

需要注意的是，通过 controls 属性设置的播放控件的外观是由浏览器自己定义的，也就是说，不同的浏览器显示的音频播放控件的外观并不相同。如果我们需要精确定义播放控件的外观，则需要通过编写 JavaScript 脚本和 CSS 代码自行定义。

在播放音频时，还可以为<audio>标记设置更多属性，来进一步优化音频的播放效果，常用属性如表 7-1 所示。

表 7-1　<audio>标记常用属性

属性	属性值	描述
autoplay	autoplay	在网页载入完成后，自动播放音频。需要特别说明的是，Google Chrome 已经取消了对自动播放功能的支持，其他浏览器仍然支持自动播放
loop	loop	每当音频结束时重新开始播放，也就是循环播放
preload	preload	如果使用该属性，则音频在网页加载时进行加载及预备播放；如果已经设置了 autoplay 属性，则忽略该属性

3. <audio>标记的多浏览器兼容

在实际的网页开发中，当使用<audio>标记为 HTML5 网页添加音频文件时，还需要考虑浏览器的兼容问题。

（1）对低版本浏览器的兼容。

目前的浏览器几乎都支持 HTML5 的<audio>标记，如 IE 9.0 及以上版本、Firefox 3.5 及以上版本、Opera 10.5 及以上版本、Google Chrome 3.0 及以上版本和 Safari 3.0 及以上版本。如果浏览器版本太过陈旧，不支持<audio>标记，就无法播放音频。这时可以在<audio>和</audio>之间插入文字，这样不支持<audio>标记的浏览器就可以显示这些替代信息。例如，编写下面这段代码，在低版本的浏览器中会显示“抱歉，您的浏览器不支持 audio 标记”。

```
<audio src="media/music.mp3"  controls="controls">
    抱歉，您的浏览器不支持 audio 标记
</audio>
```

<audio>标记内的替换内容既可以是简单的提示信息，也可以是一些备用音频插件或者是音频文件的链接等。这样，当浏览器由于版本过低无法解析<audio>标记时，也可以向用户显示一些提示信息，增强用户体验。

（2）不同音频格式对各浏览器的兼容。

虽然<audio>标记支持 Ogg Vorbis、MP3、WAV 等音频格式，但是不同浏览器对这些格

式的支持情况并不相同，这 3 种音频格式在各浏览器中的支持情况如表 7-2 所示。

表 7-2　不同浏览器对 HTML5 音频格式的支持情况

格式	IE 9.0+	Firefox 3.5+	Opera 10.5+	Google Chrome 3.0+	Safari 3.0+
Ogg Vorbis		支持	支持	支持	
MP3	支持			支持	支持
WAV		支持	支持		支持

从表 7-2 中可以看到，MP3 格式在 IE、Google Chrome 和 Safari 中的支持情况均为良好，所以在网页中播放音频时通常会提供两种格式的音频文件，一般为 MP3 和 Ogg Vorbis 格式，也可以是 MP3 和 WAV 格式，这样就可以保证音频在各浏览器中都能播放了。

为了使音频能够在各浏览器中正常播放，往往需要准备至少两种格式的音频文件。在 HTML5 中，使用<source>标记可以为<audio>标记提供多个备用的音频文件。使用<source>标记添加多个音频文件的基本语法格式如下。

```
<audio  controls="controls">
    <source  src="音频文件路径"  type="媒体文件类型/格式"></source>
    <source  src="音频文件路径"  type="媒体文件类型/格式"></source>
    ……
</audio>
```

在上面的语法格式中，<source>标记一般需要设置两个属性。

- src：定义媒体文件的 URL 地址。
- type：定义媒体文件的类型。在设置 type 属性的时候，媒体类型与源文件的类型一定要匹配，如果类型不匹配，则浏览器可能会拒绝播放。例如，Ogg Vorbis 格式的 type 属性值为 audio/ogg，而 MP3 格式的 type 属性值为 audio/mpeg，WAV 格式的 type 属性值为 audio/wav。

例如，为网页添加一个在 Google Chrome 4.0 和 IE 9 中都可以正常播放的音频文件，代码如下。

```
<audio controls="controls">
    <source src="media/music.ogg" type="audio/ogg">
    <source src="media/music.mp3" type="audio/mpeg">
</audio>
```

虽然<audio>标记中可以包含多个<source>标记，用来导入不同格式的音频文件，但是浏览器在运行时，只会自动选择第一个可以识别的音频格式进行播放。所以，在运行上述代码时，Google Chrome 4.0 会播放 Ogg Vorbis 格式的音频文件，IE 9 浏览器会播放 MP3 格式的音频文件。

综上所述，浏览器会按照音频文件的声明顺序进行选择。如果浏览器支持的音频格式不止一种，那么浏览器会优先播放位置靠前的音频文件。所以，在利用<source>标记导入不同格式的音频文件时，应按照用户体验度由高到低或者服务器消耗由低到高的顺序依次列出。

📖**想一想：**要想在网页中添加背景音乐，需要怎么设置<audio>标记呢？

答：需要为<audio>标记设置 autoplay 和 loop 属性，且不要设置 controls 属性，具体代码见 example04.html。

你答对了吗？

7.1.2 HTML5 的视频标记

视频标记

在 HTML5 中，<video>标记用于定义播放视频文件的标准方法。

1. <video>标记支持的视频格式

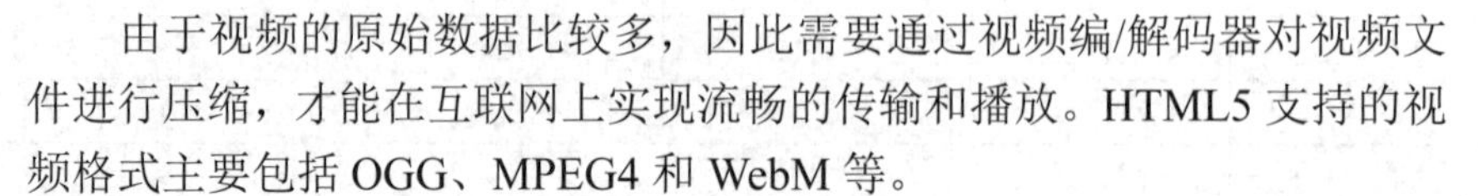

由于视频的原始数据比较多，因此需要通过视频编/解码器对视频文件进行压缩，才能在互联网上实现流畅的传输和播放。HTML5 支持的视频格式主要包括 OGG、MPEG4 和 WebM 等。

（1）OGG 是一个自由且开放标准的多媒体容器文件格式，既包含音频压缩格式 Ogg Vorbis，也包含视频压缩格式 Ogg Theora。因此，为了区分只包含音频格式的文件格式，产生了一种新的文件格式 OGV，文件扩展名是“.ogv”。OGV 是一个使用 OGG 开源格式的容器，采用与 OGG 相同的压缩方法，既包含音频格式，也包含视频格式。

（2）MPEG4 是为在互联网或移动通信设备上实时传输音频和视频信息而制定的最新的 MPEG 标准，扩展名是“.mp4”，其特点是压缩比高、成像清晰，能够高效率地编码、组织、存储、传输音频和视频信息，应用前景非常广阔。

（3）WebM 是一个开放的 Web 媒体项目，旨在开发高质量、开放的视频格式，文件扩展名是“.webm”。相对于苹果公司支持的 H.264 标准，谷歌公司提出的 WebM 标准实际上是 VP8 视频编码加上 Ogg Vorbis 音频编码的结果。WebM 标准的网络视频更加偏向于开源并且是基于 HTML5 标准的。

2. <video>标记的语法格式

<video>标记的基本语法格式如下。

```
<video  src="视频文件路径"  controls="controls"></video>
```

与<audio>标记的属性设置相同，src 属性用于设置要播放的视频文件的路径，controls 属性用于为视频提供播放控件，包括播放、暂停、进度、音量控制、全屏等功能。在<video>和</video>之间可以插入文字，用于在低版本浏览器不支持<video>标记时显示。

下面通过一个案例来演示如何使用<video>标记播放视频，如例 7-2 所示。

【例 7-2】example05.html

```
<!DOCTYPE html>
<html>
    <head>
        <meta charset="utf-8">
        <title>在 HTML5 中播放视频</title>
    </head>
    <body>
        <video src="media/video.mp4" controls="controls">
            抱歉，您的浏览器不支持 video 标记
        </video>
    </body>
</html>
```

例 7-2 的代码在高版本 Google Chrome 中的运行效果如图 7-3 所示。可以看到视频默认未播放，视频底部是浏览器添加的播放控件，用于控制视频的播放状态。同样需要注意的是，不同的浏览器显示的视频播放控件的默认外观并不相同。在低版本的浏览器中，会显示“抱歉，您的浏览器不支持 video 标记”。

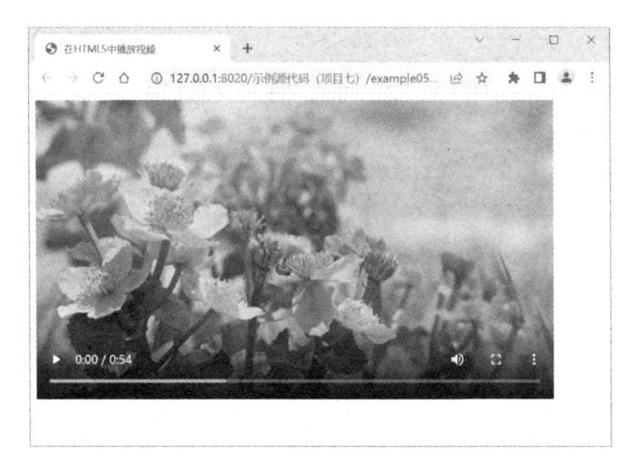

图 7-3　视频播放器的效果

在播放视频时，还可以为<video>标记设置更多的属性，来进一步优化视频的播放效果，常用属性如表 7-3 所示。

表 7-3　<video>标记常用属性

属性	属性值	描述
autoplay	autoplay	在网页载入完成后，自动播放视频。需要特别说明的是，Google Chrome 已经取消了对自动播放功能的支持，其他浏览器仍然支持自动播放。 在 Google Chrome 中自动播放视频，还需要同时设置静音属性
loop	loop	每当视频结束时重新开始播放，也就是循环播放
preload	auto/metadata/none	定义视频在网页加载时是否进行预加载。该属性有 3 个属性值，“auto”为全部预加载；“none”为不进行预加载；“metadata”为部分预加载，只加载视频元数据，包括尺寸、第一帧、持续时间等，但不加载整个视频。若视频文件较小，且加载过程不影响网页整体显示，则可以设置为 auto，反之设置为 meta
poster	图像文件路径	通过该属性值链接一张图像，当视频未加载完成或用户未单击播放按钮时，视频界面显示该图像，以增强网页显示效果及用户体验
muted	muted	设置视频播放时静音
width	像素或百分比值	设置视频播放器的宽度
height	像素或百分比值	设置视频播放器的高度

下面通过一个案例来演示<video>标记相关属性的设置方法，如例 7-3 所示。

【例 7-3】example06.html

```
<!DOCTYPE html>
<html>
    <head>
        <meta charset="utf-8">
        <title>video 标记的属性设置</title>
    </head>
    <body>
        <video src="media/video.mp4" controls="controls" width="200" height="200" preload="metadata"
muted="muted" loop="loop" poster="images/img.jpg">
            抱歉，您的浏览器不支持 video 标记
        </video>
    </body>
```

```
</html>
```

在上述代码中，<video>标记的 width 属性值和 height 属性值为 200，即视频播放器的宽度和高度为 200px；定义 preload 属性值为 metadata，设置视频部分预加载，以提高网页运行速度；定义 muted 属性值为 muted，设置视频静音播放；定义 loop 属性值为 loop，设置视频循环播放；定义 poster 属性值为 img.jpg 图像的相对路径，设置视频未加载完成或未播放之前显示 img.jpg 图像。例 7-3 的代码在高版本 Google Chrome 中的运行效果如图 7-4 所示。

图 7-4　例 7-3 的运行效果

3. <video>标记的多浏览器兼容

同音频标记一样，不同浏览器对 OGG、MPEG4 和 WebM 等视频格式的支持是有差异的，具体情况如表 7-4 所示。

表 7-4　不同浏览器对 HTML5 视频格式的支持情况

格式	IE 9.0+	Firefox 3.5+	Opera 10.5+	Google Chrome 3.0+	Safari 3.0+
OGG/OGV		支持	支持	支持	
MPEG4	支持			支持	支持
WebM		支持	支持	支持	

可以看到 IE 9.0+和 Safari 3.0+只支持 MPEG4 格式，而 OGG 和 WebM 格式在其他浏览器中均可播放。所以通常我们需要同时提供 MPEG4 和另一种格式的视频文件，就可以保证该视频在各浏览器中都能播放了。

在 HTML5 中，同样使用<source>标记为<video>标记提供多个备用视频文件，使用<source>标记添加多个视频文件的示例如下。

```
<video   controls="controls">
      <source src="media/video.ogv" type="video/ogg" >
      <source src="media/video.mp4" type="video/mp4" >
您的浏览器暂不支持 video 标记播放视频
</video>
```

在这段示例代码中，Firefox 3.5、Opera 10.5 和 Google Chrome 3.0 及以上版本的浏览器会播放 OGV 格式的视频文件；IE 9.0 和 Safari 3.0 及以上版本的浏览器会播放 MPEG4 格式的视频文件；其他低版本浏览器则会显示<video>标记内的文本信息“您的浏览器暂不支持 video 标记播放视频”。

📖**多学一招**　设置 object-fit 样式属性，将视频填满播放器

在排版网页时，视频文件的原始大小可能与想要在网页上显示的大小并不一致，在例 7-3 中，我们学习了通过<video>标记的 width 属性和 height 属性来设定视频播放器的宽度和高度。但如果视频原始的宽高比例与我们设定的视频播放器的宽高比例不一致，则视频在播放时会在网页中留出一块空白，用户体验会非常不好，这时就可以为<video>标记设置 object-fit 属性，使视频自动填满视频播放器。

下面通过设置 object-fit 属性，使视频的宽度和高度均变为 200px，如例 7-4 所示。

【例 7-4】example08.html

```
<!DOCTYPE html>
<html>
    <head>
        <meta charset="utf-8">
        <title> object-fit 视频填充</title>
        <style>
            video{
                object-fit: cover;
            }
        </style>
    </head>
    <body>
        <video src="media/video.mp4" controls="controls" width="200" height="200" preload="metadata" muted="muted" loop="loop" poster="images/img.jpg">
            抱歉，您的浏览器不支持 video 标记
        </video>
    </body>
</html>
```

添加 object-fit 属性前后的运行效果对比如图 7-5 和图 7-6 所示。

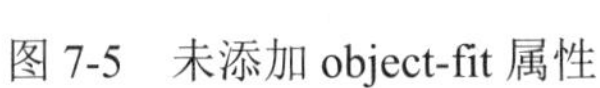
图 7-5　未添加 object-fit 属性

图 7-6　已添加 object-fit 属性

object-fit 属性可以指定元素应该如何适应指定容器的高度与宽度，一般用于<img>和<video>标记，包括对这些元素进行保留原始比例的裁剪、缩放和拉伸等。常见的 object-fit 属性值如表 7-5 所示。

表 7-5　常见的 object-fit 属性值

属性值	描述
fill	不保证保持原有比例，内容全部显示铺满容器
contain	保持原有比例，使图像的宽度完整地显示，高度自动缩放
cover	保持原有比例，高度铺满容器，宽度等比缩放，裁剪超出的部分
none	保留原有的宽度和高度不变，元素中心区域的内容被保留，裁剪超出的部分
scale-down	保持原有比例，当元素实际宽度和高度小于所设置的宽度和高度时，显示效果与 none 一致；否则，显示效果与 contain 一致

📖**注意**：通过设置<video>标记的 width 属性和 height 属性，改变的只是视频在网页中

的显示大小。如果需要真正改变视频的原始大小，则需要通过使用专业软件对视频进行压缩等处理。

【任务实施】使用<video>标记实现宣传视频的播放

【效果分析】

1. 结构分析

观察网页效果图，可以看到宣传视频模块并排排列在新闻中心模块的右侧，宣传视频模块整体由一个大盒子控制，其内部包含视频和文字内容，可以分别通过<div>标记嵌套<video>标记和<span>标记进行定义。宣传视频模块的结构如图 7-7 所示。

图 7-7 宣传视频模块的结构图

2. 样式分析

分析图 7-7，可以分 5 个部分设置样式或标记属性，具体如下。

（1）新闻中心模块和宣传视频模块的外层包裹一个<div>，对其设置宽度、高度及外边距。

（2）在项目 5 中已完成新闻中心模块的内容排版，在此为保证结构完整性，简单为其设置宽度、高度和背景颜色等样式，并设置左浮动。设置宣传视频模块<div>的宽度、高度和右浮动。

（3）设置视频内容<div>的宽度和高度，设置文字内容<div>的宽度、高度、文字样式和边框样式。

（4）设置<video>标记的 controls、preload 和 poster 属性，设置<source>标记的 src 和 type 属性，链接多个不同格式的视频文件。

（5）设置<span>标记的文字样式。

【模块制作】

1. 搭建 HTML 结构

根据上面的分析，使用相应的 HTML 标记来搭建网页结构，如例 7-5 所示。

【例 7-5】example09.html

```
<!DOCTYPE html>
<html>
    <head>
        <meta charset="utf-8">
        <title>宣传视频模块</title>
        <link rel="stylesheet" href="style/example09.css" />
    </head>
    <body>
```

```
        <div class="container">
            <div class="xwzx"></div>
            <div class="xcsp">
                <div class="shipin">
                    <video  controls="controls" preload="metadata" poster="images/shipin.jpg">
                        <source src="media/myVideo.ogv" type="video/ogg" >
                        <source src="media/myVideo.mp4" type="video/mp4" >
                    </video >
                </div>
                <div class="text">旅行宣传片<span>Trailer</span></div>
            </div>
        </div>
    </body>
</html>
```

在例 7-5 所示的 HTML 结构代码中，对多个<div>标记定义 class 属性，以便后续通过类选择器对其分别进行样式控制。对<video>标记定义 controls 属性，显示视频播放控件；定义 preload 属性值为 metadata，设置在加载网页时，预加载视频的元信息；定义 poster 属性值为图像 shipin.jpg 的相对路径，设置视频未加载完成或未播放之前，在网页中显示 shipin.jpg 图像的信息。定义两个<source>标记，分别定义 src 属性值为两个不同格式的视频文件地址，type 属性值为对应的视频文件格式信息，以实现在不同浏览器中均能够播放视频；将文字 Trailer 放在<span>标记中，以便后续对其文字样式进行控制。

例 7-5 的代码在高版本 Google Chrome 中的运行效果如图 7-8 所示。

图 7-8　HTML 结构页面效果

2. 定义 CSS 样式

在搭建完网页结构后，接下来使用 CSS3 对网页样式进行修饰。

在 style 文件夹中创建样式表文件 example09.css，并在 example09.html 文档的<head>标记中，通过<link>标记引入样式表文件 example09.css。下面在样式表文件 example09.css 中写入 CSS 代码，控制宣传视频模块的外观样式，采用从整体到局部的方式实现图 7-7 所示的效果，具体如下。

（1）全局样式设置。

首先定义网页的统一样式，为该任务涉及的所有标记设置 margin 和 padding 属性值均为 0，清除浏览器的默认外边距和内边距，并设置文字相关标记的字体为微软雅黑，CSS 代码如下。

```
/*初始化所用标记在所有浏览器中的 margin、padding 属性值*/
body,html,div,video,source,span{padding: 0; margin: 0;}
div,span{font-family:"微软雅黑";}
```

（2）整体布局实现。

根据效果图，为类名为 container 的最外层的<div>标记设置宽度为 1100px、高度为 340px。为了便于效果展示，可以设置其上下外边距为 50px，左右外边距为 auto，以实现<div>的水平居中。为左侧的新闻中心模块设置宽度为 660px，高度为 340px，设置背景颜色为#00408f，左浮动。为右侧的宣传视频模块设置宽度为 420px，高度为 340px，右浮动，CSS 代码如下。

```
/*版心*/
.container{
    width: 1100px; height: 340px;   margin: 50px auto;   /*水平居中*/
}
/*新闻中心模块*/
.xwzx{
    width: 660px; height: 340px; background:#00408f ;
    float: left;                     /*左浮动*/
}
/*宣传视频模块*/
.xcsp{
    width: 420px; height: 340px;
    float: right;                    /*右浮动*/
}
```

（3）视频及文字的样式设置。

为类名为 shipin 的<div>标记设置高度为 274px。为类名为 text 的<div>标记设置上内边距为 20px，宽度为 418px，高度为 45px。边框为 1px、实线、颜色为#d1d1d1，无上边框，文字颜色为#3f434c，字号为 16px，水平居中对齐，1 倍行高。设置<span>标记转为块级元素，字号为 12px，转为大写字母，文字颜色为#b0b1b4，CSS 代码如下。

```
/*视频*/
.xcsp .shipin{
    height: 274px;
}
/*文字*/
.xcsp .text{
    padding-top:20px; width: 418px; height: 45px;
   border: 1px solid #d1d1d1;   border-top: none;
   color: #3f434c; font-size: 16px; text-align: center;   line-height: 1em;
}

.xcsp .text span{
    display: block;   font-size:12px; text-transform:uppercase; color:#b0b1b4;
}
```

至此，我们完成了图 7-7 所示的宣传视频模块的 CSS 样式制作，在将该样式应用于网页后，效果如图 7-9 所示。

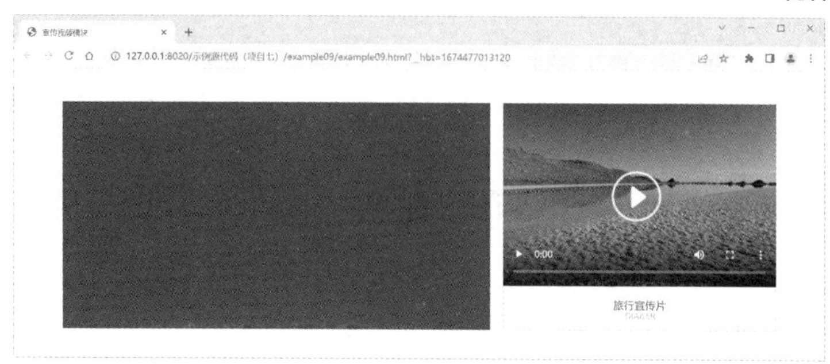

图 7-9　添加 CSS 样式后的网页效果

项目小结

本项目深入讲解 HTML5 的<audio>标记和<video>标记的使用方法及相关属性，并针对在 HTML5 网页中添加音频和视频文件的兼容问题进行了详细的介绍。

HTML5 新增的<audio>标记和<video>标记很好地解决了在网页中播放音频和视频的难题，从而让网页的内容更加丰富多彩。在音/视频赏析类、商业门户类、游戏类等网站中有很广泛的应用。

课后习题

一、单选题

1．下面选项中，用于为网页添加音频的标记是（　　）。

A．<video>　　B．<audio>
C．<img>　　D．以上都不是

2．下面选项中，用于为网页添加视频的标记是（　　）。

A．<video>　　B．<audio>
C．<img>　　D．以上都不是

3．关于浏览器对<video>和<audio>标记的支持情况，下列说法中正确的是（　　）。

A．绝大多数的浏览器可以支持 HTML5 中的<video>和<audio>标记
B．在不同的浏览器中运用<audio>标记时，浏览器显示的音频播放器的样式是相同的
C．Google Chrome3.0 版本不支持
D．以上均正确

4．HTML5 不支持的视频格式是（　　）。

A．OGG　　B．MP4
C．MOV　　D．WebM

5．下列选项中，用于嵌套在<video>标记中，指定不同文件路径的属性是（　　）。

A．src　　B．type
C．link　　D．source

二、判断题

1. 在不同的浏览器中运用<video>标记时，浏览器显示的视频播放器的样式相同。（　　）

2. <audio>标记的 width 属性和 height 属性可以用来设置宽度和高度。（　　）

3. <audio>标记和<video>标记均支持循环播放功能。（　　）

三、简答题

请简述在 HTML5 中如何嵌入音频和视频，并列举 HTML5 支持的音频和视频格式。

项目 8

制作热门推荐模块

情景引入

为了更好地分享旅游心得，小李同学决定制作一个在线论坛模块，为网站用户搭建一个分享信息、交流感悟的平台。在线论坛模块中有许多用户发布的话题，涉及的数据信息较多，那么用什么 HTML 标记能够更清晰地展示这些数据信息呢？

任务 8.1 表格的制作

表格标记

【任务提出】

根据网页效果图，旅游网站在线论坛二级页面的热门推荐模块是本任务需要制作的网页模块，如图 8-1 所示，用于展示用户发布的最新话题。本任务讲解如何使用 HTML 的表格对多行多列的复杂信息进行排版。

图 8-1 在线论坛-热门推荐模块

【学习目标】

知识目标	技能目标	思政目标
√掌握表格的相关标记和属性。 √掌握表格的相关样式设置	√能够正确使用表格，对复杂数据进行展示。 √能够根据需要使用表格，对网页进行局部布局	√培养追求真理、严谨治学的求是精神

【知识储备】

在日常生活中，我们经常使用表格对大量的数据信息进行统计和展示。同样，在制作网页时，也需要使用表格对网页信息进行排版，使网页内容能够清晰地展示，使数据信息更容易浏览。表格在网页设计中的应用非常广泛。

8.1.1 表格的相关标记

在日常生活中，我们对表格已经非常熟悉了，表格的基本作用是存放数据，常用于记录财务数据、学生信息、工作日程等。

HTML 的表格结构较为复杂，涉及的标记较多。一个表格至少由表格标记、行标记和单元格标记共同组成。一个表格包含若干行，而每一行又包含若干个单元格。单元格中的内容可以是文本、图像、列表、超链接、表单，甚至是另一个表格。

1. 创建表格的基本语法

HTML 的表格由<table></table>标记对定义，所有的表格内容都位于<table></table>标记对之间。表格中的行由<tr></tr>标记对定义，行标记可以包含若干个单元格，每个单元格都是由<td></td>标记对定义的，单元格的内容书写在<td></td>标记对之间。创建表格的基本语法格式如下。

```
<table>
        <tr>
            <td>单元格内容</td>
            ...
        </tr>
        ...
</table>
```

上述语法格式的具体含义如下。

- <table></table>：用于定义一个表格。
- <tr></tr>：用于定义表格的一行，一个表格有几行，就需要书写几个<tr></tr>标记对。
- <td></td>：用于定义一个单元格，必须嵌套在<tr></tr>标记对之间。一行中有几列数据，就需要书写几个<td></td>标记对。

下面来创建一个表格，如例 8-1 所示。

【例 8-1】example01.html

```
<!DOCTYPE html>
<html>
    <head>
        <meta charset="utf-8">
        <title>创建表格</title>
```

```
    </head>
    <body>
        <table>
            <tr>
                <td>第 1 行第 1 列</td>
                <td>第 1 行第 2 列</td>
                <td>第 1 行第 3 列</td>
            </tr>
            <tr>
                <td>第 2 行第 1 列</td>
                <td>第 2 行第 2 列</td>
                <td>第 2 行第 3 列</td>
            </tr>
        </table>
    </body>
</html>
```

在例 8-1 中，使用<table>标记、<tr>标记和<td>标记定义了一个 2 行 3 列的表格。这段代码在 Google Chrome 中的运行效果如图 8-2 所示。

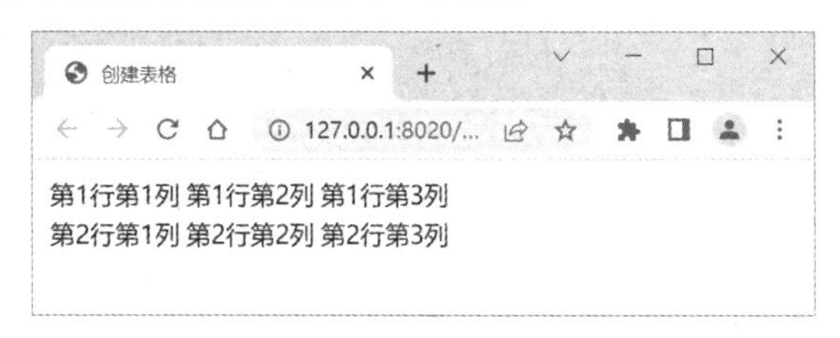

图 8-2　一个 2 行 3 列的表格

<table>标记默认是没有边框的，可以通过设置属性或 CSS 样式的方式，为表格设置边框，这一部分内容稍后讲解。

2. 表格的其他标记

HTML 的表格是由多种标记构成的一个整体结构，除了最基本的<table>标记、<tr>标记和<td>标记，在创建表格时还可以使用更多的标记，以便更加合理地搭建表格结构，更加清晰地展示数据信息。可供使用的 HTML 表格标记如表 8-1 所示。

表 8-1　HTML 表格标记

标记	描述
<table>	定义表格
<caption>	定义表格标题，语法格式为<caption>表格标题</caption>
<thead>	定义表格的页眉
<tbody>	定义表格的主体
<tfoot>	定义表格的页脚
<tr>	定义表格的行
<th>	定义表头单元格
<td>	定义表格单元格
<colgroup>	定义表格列的组
<col>	定义用于表格列的属性

（1）<caption></caption>：定义表格的标题，一个表格只能包含一个<caption></caption>标记对，且<caption>标记必须紧随<table>标记之后。

（2）<th></th>：定义表头单元格。在制作表格时，第 1 行的数据一般需要突出显示，这时就可以使用<th></th>标记对。<th></th>标记对中的文本会自动添加水平居中和粗体样式，而<td></td>标记对中的文本默认是左对齐的普通文本。

使用< caption >标记和<th>标记定义一个学生信息表，如例 8-2 所示。

【例 8-2】example02.html

```
<table border="1">    <!--为便于观察效果，为表格添加 1px 的边框-->
    <caption>学生信息表</caption>
    <tr>
        <th>学号</th>
        <th>姓名</th>
        <th>年龄</th>
        <th>性别</th>
    </tr>
    <tr>
        <td>10001</td>
        <td>张三</td>
        <td>19</td>
        <td>男</td>
    </tr>
    <tr>
        <td>10002</td>
        <td>李四</td>
        <td>18</td>
        <td>男</td>
    </tr>
</table>
```

上述代码使用<caption>标记设置表格标题为学生信息表，使用<th>标记定义表格第 1 行的表头信息，代码运行效果如图 8-3 所示。为了便于观察效果，为<table>标记设置 border 属性，为表格添加宽度为 1px 的边框。可见，由<caption>标记定义的标题会自动在表格宽度范围内水平居中，表头单元格中的文字居中加粗显示。

图 8-3　<caption>标记和<th>标记的使用

（3）<thead></thead>：定义表格的页眉，页眉的位置是表格的上部，一般对应表格的列标题部分。

（4）<tbody></tbody>：定义表格的主体，主体的位置是表格的中部，一般对应表格的主要内容。

（5） <foot></foot>：定义表格的页脚，页脚的位置是表格的底部。

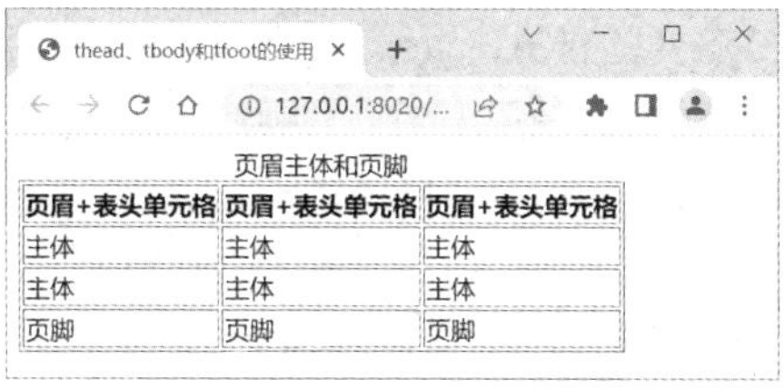

<thead>标记、<tbody>标记和<tfoot>标记作为<table>标记的子元素，应结合起来使用，用来定义表格的各个部分。不管定义顺序如何，表格在浏览器中都会按照页眉、主体和页脚的顺序依次显示，如例 8-3 所示。

【例 8-3】example03.html

```
<table border="1">      <!--为便于观察效果，为表格添加 1 像素的边框-->
    <caption>页眉、主体和页脚</caption>
    <thead>
        <tr>
            <th>页眉+表头单元格</th>
            <th>页眉+表头单元格</th>
            <th>页眉+表头单元格</th>
        </tr>
    </thead>
    <tfoot>
        <tr>
            <td>页脚</td>
            <td>页脚</td>
            <td>页脚</td>
        </tr>
    </tfoot>
    <tbody>
        <tr>
            <td>主体</td>
            <td>主体</td>
            <td>主体</td>
        </tr>
        <tr>
            <td>主体</td>
            <td>主体</td>
            <td>主体</td>
        </tr>
    </tbody>
</table>
```

<thead>标记、<tbody>标记和<tfoot>标记默认不会影响表格的样式，在使用时内部必须包含一个或者多个<tr>标记。一般习惯在<thead>标记的内部使用<th>标记，用来突出显示表格的列标题。在实际应用中，通常将<thead>标记和<tbody>标记搭配使用，<tfoot>标记可以根据情况省略不用。例 8-3 在 Google Chrome 中的运行效果如图 8-4 所示。

页眉主体和页脚

页眉+表头单元格	页眉+表头单元格	页眉+表头单元格
主体	主体	主体
主体	主体	主体
页脚	页脚	页脚

图 8-4　<thead>标记、<tbody>标记和<tfoot>标记的使用

（6）<colgroup></colgroup>：用于对表格列进行组合，可以向整列应用样式，而不需要重复为多个单元格设置样式。<colgroup>标记需要和<col>标记配合使用。

（7）<col>：嵌套在<colgroup>标记的内部，用于定义表格列的属性，按照书写顺序控制表格的对应列。其中，style 属性用于定义列的样式，span 属性用于定义列的数量。下面通过例 8-4，演示如何使用<colgroup>标记和<col>标记控制表格列的样式。

【例 8-4】example04.html

```
<table border="1">
	<caption>课程表</caption>
	<colgroup>
		<col />
		<col style="background-color:#97DB9A; width:60px;" />
		<col span="2" />
		<col span="2" style="background-color:#DCC48E;" />
	</colgroup>
	<tr>
		<td> </td>
		<th>周一</th>
		<th>周二</th>
		<th>周三</th>
		<th>周四</th>
		<th>周五</th>
	</tr>
	<tr>
		<th>上午</th>
		<td>语文</td>
		<td>数学</td>
		<td>语文</td>
		<td>英语</td>
		<td>数学</td>
	</tr>
	<tr>
		<th>下午</th>
		<td>数学</td>
		<td>英语</td>
		<td>数学</td>
		<td>语文</td>
		<td>语文</td>
	</tr>
</table>
```

通过为<col>标记定义表格列的样式，将 CSS 代码写在<col>标记的 style 属性中，即可向整列设置样式。浏览器会按照<col>标记的书写顺序，设置表格对应列的样式。默认一个<col>标记对应表格的一列，如果连续多列的样式相同，则只需为<col>标记设置 span 属性即可。span 的属性值是一个无单位的数值，用来指定让这个样式应用到表格中的多少列。即使某列不需要设置样式，也需要写一个空的<col>标记来进行说明。

分析例 8-4 中的代码可知，第 1 个<col>标记无 style 属性，表格第 1 列无样式；第 2 个

<col>标记设置表格第 2 列的样式为背景颜色为草绿色，宽度为 60px；第 3 个<col>标记设置表格第 3 列和第 4 列无样式；第 4 个<col>标记设置表格第 5 列和第 6 列的背景颜色为卡其色。例 8-4 在 Google Chrome 中的运行效果如图 8-5 所示。

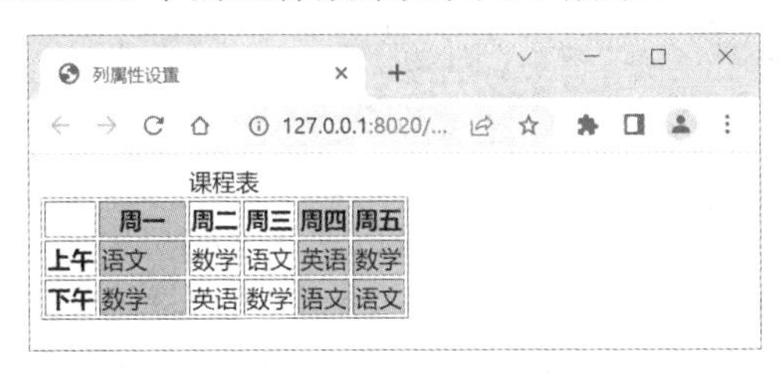

图 8-5　控制表格列的样式

8.1.2　表格的样式设置

表格标记大多数是没有默认样式的，早期的 HTML 为其提供了一系列的属性，用于对表格标记进行简单快速的样式设置。随着 Web 标准的不断发展及 HTML5 的出现，早期 HTML 标记中用于样式设置的属性大多数已经被废弃。现阶段开发网页要遵循结构与表现相分离的原则，尽量使用 CSS 样式来控制页面元素的外观。

下面分别通过设置属性和 CSS 样式两种方式，定义表格的外观样式，方便学生在对表格属性有所了解的前提下，更好地掌握用 CSS 样式控制表格外观的方法。

1. <table>标记的属性（HTML5 已废弃）

通过对<table>标记设置各种属性，可以控制表格整体的外观样式。早期 HTML 中定义的<table>标记的常用属性如表 8-2 所示。

表 8-2　<table>标记的常用属性（HTML5 已废弃）

属性	属性值	描述
border	数值	设置表格边框。默认值为 0px，即无边框。若 border=1，则表示表格的边框宽度为 1px。 在 HTML5 中，仅支持 border 属性，其余属性已被废弃
cellspacing	数值	设置单元格与单元格之间的空隙，默认值是 2px
cellpadding	数值	设置单元格内容与单元格边框之间的空隙，默认值为 1px
width	数值	设置表格宽度
height	数值	设置表格高度
align	left，center，right	设置表格在网页中的水平对齐方式，默认是 left，即左对齐
bgcolor	颜色值	设置表格的背景颜色

下面通过具体案例来应用<table>标记的常用属性，设置表格的外观样式，如例 8-5 所示。

【例 8-5】example05.html

```
<table border="5"   cellspacing="0" cellpadding="10" align="center"
 width="500" height="150" bgcolor="peachpuff" >
     <caption>课程表</caption>
     <tr>
          <td> </td>
          <th>周一</th>
          <th>周二</th>
```

```
            <th>周三</th>
            <th>周四</th>
            <th>周五</th>
        </tr>
        …
</table>
```

在例 8-5 中，定义<table>标记的 border 属性值为 5，设置表格外边框宽度为 5px；定义 cellspacing 属性值为 0，设置单元格之间的间距为 0，去掉相邻单元格边框之间的空隙；定义 cellpadding 属性值为 10，设置单元格中文字距离左边框的间距为 10px；定义 align 属性值为 center，设置表格在浏览器窗口中水平居中；定义 width 属性值为 500，设置表格宽度为 500px；定义 height 属性值为 150，设置表格高度为 150px；定义 bgcolor 属性值为 peachpuff，设置表格的背景颜色为桃红色。例 8-5 在 Google Chrome 中的运行效果如图 8-6 所示。

图 8-6　通过标记属性设置表格外观样式

2. 设置表格的 CSS 样式

使用 HTML 标记的属性对网页进行修饰的方式存在局限和不足，因为所有的样式都是写在标记中的，这样既不利于代码阅读，也不利于后期的代码维护。如果希望网页美观、大方、维护方便，就需要使用 CSS 样式实现结构与表现的分离。结构与表现相分离是指在网页设计中，HTML 标记只用于搭建网页的基本结构，不使用标记属性设置显示样式，所有的样式都在 CSS 文件中设置。

下面通过 CSS 样式为课程表设置外观样式，HTML 结构同例 8-5，CSS 代码如例 8-6 所示。

【例 8-6】example06.html

```
<style>
    th,td{
        border: 1px solid darkred ;
    }
    table{
        width: 500px;
        height: 150px;
        margin: 0 auto;
        border: 5px solid darkred;
        border-collapse: collapse;
        text-align: center;
    }
    tr:first-child{
        background-color: peachpuff;
    }
```

```
        tr th:first-child{
                background-color: peachpuff;
        }
</style>
```

通过 CSS 代码，为 th 和 td 单元格设置 1px、实线、深红色的边框；设置表格宽度为 500px，高度为 150px；设置表格上下外边距为 0px、左右外边距为 auto，使表格在浏览器窗口中水平居中显示；设置表格的外边框为 5px、实线、深红色；定义 border-collapse 属性值为 collapse，设置表格边框线合并为单线边框；设置表格内容水平居中对齐；设置表格第 1 行的背景颜色为桃红色，设置表格第 1 列的背景颜色为桃红色。例 8-6 在 Google Chrome 中的运行效果如图 8-7 所示。

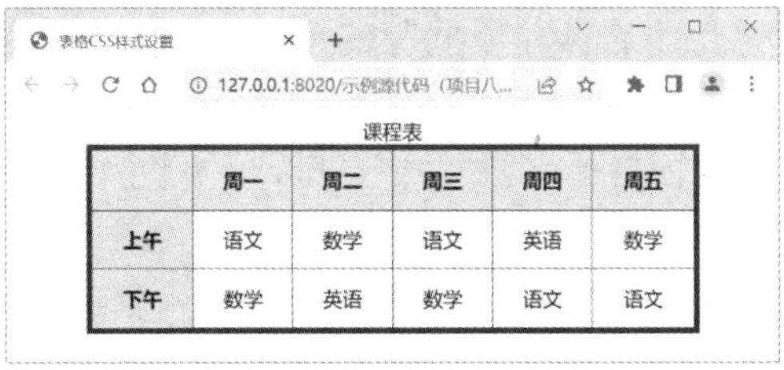

图 8-7　通过 CSS 样式设置表格外观样式

在设置表格的 CSS 样式时，需要注意以下几点。

（1）为表格定义的边框样式针对的是整个表格的外边框，如果需要设置表格的内边框，则需要为表格的单元格标记设置边框样式属性。例如，在例 8-6 中，表格中使用了 th 表头单元格和 td 单元格，要想设置该表格的内边框，就需要为 th 和 td 单元格定义边框样式属性。

（2）可以使用 text-align 属性为单元格内容设置水平对齐样式，使用 vertical-align 属性为单元格内容设置垂直对齐样式。

（3）若想设置单元格之间的间距值，则需要为单元格标记定义 border-spacing 属性。例如，使用 border-spacing:5px 会将单元格之间的空隙设置为 5px，类似<table>标记的 cellspacing 属性。需要注意的是，对单元格设置 margin 属性是无效的。

（4）表格还有一个特殊的属性 border-collapse，用来设置表格的边框是否被合并为一条边框。border-collapse 的属性值默认为 separate，即边框分开显示，也就是双线边框的效果，此时可以进一步设置 border-spacing 属性，设置单元格之间的空隙。当 border-collapse 的属性值为 collapse 时，表格的边框会合并为一个单一的边框，此时 border-spacing 属性不再生效。

📖**注意：** border-collapse: collapse 与 border-spacing: 0 这两句 CSS 代码的效果并不相同。定义 border-collapse 的属性值为 collapse，会将表格边框合并为一条边框；而定义 border-spacing 的属性值为 0，只是将单元格之间的间隙设置为了 0px，让两条边框紧挨在一起而已，虽然视觉效果上看起来也是一条边框，但是宽度却是一条边框的两倍。

其他表格标记的属性与<table>标记的属性类似，也基本不再被 HTML5 支持，故不再赘述。在实际开发中，还是要使用 CSS 样式来控制表格的外观，这样做既符合 Web 标准，也能通过灵活运用 CSS 丰富的样式属性，将表格设置得更加美观。

8.1.3 合并单元格

在用表格展示复杂的数据信息时，经常需要对单元格进行跨列合并或跨行合并操作，这时就需要使用<td>标记的 colspan 属性和 rowspan 属性。这两个属性比较常用，现在仍被 HTML5 支持，需要重点掌握。属性描述如表 8-3 所示。

表 8-3　单元格合并属性

属性	属性值	描述
colspan	正整数	设置单元格横跨的列数（用于合并水平方向的单元格）
rowspan	正整数	设置单元格竖跨的行数（用于合并垂直方向的单元格）

- colspan：跨列合并，用于合并位于同行的多个相邻单元格。例如，“colspan=2”表示该单元格的宽度占据两列，从效果上看，就是合并当前单元格与右邻单元格。“colspan”表示合并同行的单元格，“2”表示合并两个单元格。
- rowspan：跨行合并，用于合并位于同列的多个相邻单元格。与 colspan 属性的用法相似。例如，“rowspan=2”表示该单元格的高度占据两列，从效果上看，就是合并当前单元格与下邻单元格。

下面通过一个具体的表格案例说明单元格的合并方法。图 8-8 所示为一个 4 行 5 列的产品销售表，为其设置 colspan 属性和 rowspan 属性，将第 1 列和第 4 行的部分单元格进行合并，最终效果如图 8-9 所示。

图 8-8　单元格合并前

图 8-9　单元格合并后

分析最终效果可知，需要对表格第 2 行的第 1 个单元格设置 rowspan 属性，属性值为 2，使当前单元格高度增加，向下占据两个单元格的位置。与此同时，将第 3 行的第 1 个单元格删除（该单元格的位置已经被占）；还需要对表格第 4 行的第 2 个单元格设置 colspan 属性，属性值为 4，使当前单元格的宽度增加，向右占据 4 个单元格的位置。同样，第 4 行的第 3 个单元格、第 4 个单元格和第 5 个单元格需要在原代码中删除。完成后的表格代码如例 8-7 所示。

【例 8-7】example07.html

```
<table>
    <caption>产品销售表</caption>
    <tr>
        <th>日期</th>
        <th>产品名称</th>
        <th>单价</th>
        <th>数量</th>
        <th>金额</th>
```

```
        </tr>
        <tr>
            <th rowspan="2">23 日</th>       <!--向下合并两个单元格-->
            <td>运动鞋</td>
            <td>199</td>
            <td>3</td>
            <td>597</td>
        </tr>
        <tr>
            <td>篮球</td>
            <td>99</td>
            <td>2</td>
            <td>198</td>
        </tr>
        <tr>
            <th>合计金额</th>
            <td colspan="4">795</td>          <!--向右合并 4 个单元格-->
        </tr>
    </table>
```

该案例的CSS样式设置与例8-6相同，在此不再赘述，完整代码请查看example07.html。

想一想：可以为<th>标记设置colspan属性和rowspan属性吗？

答：<th>标记是表头单元格，同样可以定义colspan属性和rowspan属性，实现单元格的合并。

【任务实施】使用表格实现热门推荐模块

【效果分析】

1. 结构分析

观察网页效果图，可以看到热门推荐模块中包含了很多信息，这些信息在网页上展示为多行多列的结构，应该通过表格进行排版。整个模块就是一个完整的表格结构，由<table>标记进行定义；整个表格可分为页眉和主体两个部分，由<thead>标记和<tbody>标记定义；每条话题信息都是表格的一行，由<tr>标记定义，分别嵌套在<thead>标记和<tbody>标记中。其中，第1行信息是表格的列标题，每个单元格都使用<th>标记定义，其他各行都使用<td>标记定义。热门推荐模块的结构如图8-10所示。 

图 8-10　热门推荐模块的结构图

2. 样式分析

分析网页效果图，可以分6个部分设置表格各标记的CSS样式，具体如下。

（1）定义网页的全局样式，设置所有标记的内边距和外边距等公共样式。

（2）设置 table 表格的宽度、外边距及单线边框样式。

（3）为 th 和 td 单元格设置相同的边框及内边距，设置 th 表头单元格的背景颜色及文字颜色，设置 td 单元格中的文字水平居中对齐。

（4）为<a>标记去除默认的下画线样式。

（5）设置表格主体第 2 行、第 4 行、第 6 行的背景颜色，进一步美化表格的外观。

（6）当鼠标滑上表格某行时，设置当前行改变背景颜色，增添一些动态效果。

【模块制作】

1. 搭建 HTML 结构

根据上面的分析，使用相应的 HTML 标记来搭建网页结构，如例 8-8 所示。

【例 8-8】example08.html（部分代码）

```
<!DOCTYPE html>
<html>
    <head>
        <meta charset="utf-8">
        <title>热门推荐模块制作</title>
        <link rel="stylesheet" href="style/example08.css" />
    </head>
    <body>
        <table>
            <thead>
                <tr>
                    <th>序号</th>
                    <th>标题</th>
                    <th>分类</th>
                    <th>作者</th>
                    <th>更新时间</th>
                    <th>浏览次数</th>
                </tr>
            </thead>
            <tbody>
                <tr>
                    <td>1</td>
                    <td>
                        <a href="#">厦门旅游行程安排篇</a>
                    </td>
                    <td>宝藏游记</td>
                    <td>张三</td>
                    <td>2023-01-15</td>
                    <td>3018</td>
                </tr>
                …
            </tbody>
        </table>
    </body>
</html>
```

例 8-8 的代码在 Google Chrome 中的运行效果如图 8-11 所示。

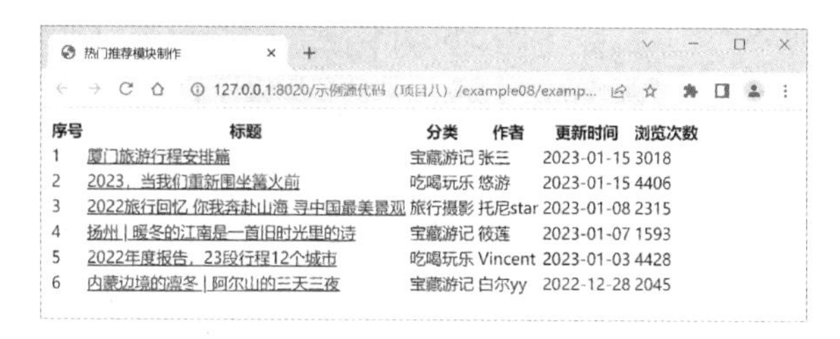

图 8-11　HTML 结构页面效果

2. 定义 CSS 样式

在搭建完网页结构后，接下来使用 CSS3 对网页样式进行修饰。

在样式表文件 example08.css 中写入 CSS 代码，控制热门推荐模块的外观样式，采用从整体到局部的方式实现图 8-10 所示的效果。

（1）全局样式设置。

首先定义网页的统一样式，为该任务涉及的所有标记设置 margin 和 padding 属性值均为 0，清除浏览器的默认外边距和内边距设置，并设置字体大小为 14px，文字颜色为#333，CSS 代码如下。

```
body,table,thead,tbody,tr,th,td,a {
        padding: 0;
        margin: 0;
        font-size: 14px;
        color: #333;
}
```

（2）整体布局实现。

首先，为 table 设置宽度为 830px、上下外边距为 50px、左右外边距为 auto，水平居中对齐；设置表格边框合并为单线边框。其次，定义 th 和 td 的边框为 1px、实线、颜色为#b8daff，为表格添加内外边框；为 th 和 td 定义内边距为 10px，撑开单元格，增加行高，使表格效果更加美观。再次，th 表头单元格中的文字默认有水平居中及加粗的样式，为其定义背景颜色为#b8daff，文字颜色为白色，使表头信息的显示效果更加突出；td 单元格中的文字默认左对齐，为其定义水平居中显示，统一表格内文字的水平对齐方式。最后，定义 tda 的 text-decoration 属性值为 none，去除默认的下画线样式。

为进一步美化表格外观，对表格主体中的第 2 行、第 4 行和第 6 行定义背景颜色为#f7f7f7。可以使用伪类选择器 :nth-child(even)，其中 even 表示偶数。

```
table {
        width: 830px;
        margin: 50px auto;
        border-collapse: collapse;          /*单线边框*/
}
td,th {
        border: 1px solid #b8daff;
        padding: 10px;
}
th {
        background: #00408f;
        color: #fff;
```

```
}
td {
    text-align: center;
}
td a{
    text-decoration: none;
}
tbody tr:nth-child(even) {          /*even 表示偶数*/
    background: #f7f7f7;
}
```

（3）通过 hover 伪类设置鼠标滑上表格主体各行的样式。

通过伪类选择器:hover，定义当鼠标滑上表格主体中的各行时，该行的背景颜色变为#e1ecf8，为表格的访问增添一些动态效果，CSS 代码如下。

```
/*设置鼠标滑上表格主体各行时的样式*/
tbody tr:hover {
    background: #e1ecf8;
}
```

至此，我们完成了图 8-10 所示的热门推荐模块的 CSS 样式制作，在将该样式应用于网页后，效果如图 8-12 所示。

图 8-12　添加 CSS 样式后的网页效果

项目小结

本项目详细介绍了表格的相关标记以及表格样式的设置方法，并对单元格的跨行合并和跨列合并操作进行了深入讲解。

表格的最大特点是结构清晰、行列分明，能够非常直观地展示多行多列的复杂信息。但是它的缺点也非常明显，如整体结构较为复杂，行列布局不够灵活等。所以在进行网页开发时，不要使用表格进行整体布局，表格只适用于复杂信息的展示或局部的布局。

课后习题

一、单选题

1．下列说法中正确的是（　　）。

A．<table></table>是表格标记　　　　B．<tr></tr>是列标记

C．<td></td>是行标记　　D．<title></title>是表格标记

2．表格的表头使用（　　）标记定义。

A．<tr>　　B．<td>　　C．<thead>　　D．<th>

3．下列标记在表格中只能使用一次的是（　　）。

A．<caption>　　B．<tr>　　C．<td>　　D．<th>

4．用于设置单元格外边距的 CSS 样式属性是（　　）。

A．padding　　B．margin

C．border-spacing　　D．border-collapse

5．用于设置单元格垂直对齐方式的 CSS 样式属性是（　　）。

A．width　　B．padding　　C．text-align　　D．vertical-align

二、判断题

1．在一个<table>标记对中，只能允许有一个<th>标记。（　　）

2．在表格中，<td>标记用于定义单元格，且必须嵌套在<tr></tr>标记对中。（　　）

3．在表格中，cellpadding 属性用于设置单元格内容与单元格边框之间的空隙，默认为 2px。（　　）

4．在表格中，valign 属性用于设置一行内容的水平对齐方式。（　　）

三、简答题

创建一个 3 行 5 列的表格，并设置表格第 3 列和第 4 列的宽度为 100px，请写出代码。

项目 9

制作会员登录页面

情景引入

现在大多数网站都具备搜索、用户注册和登录功能，小李同学也想为自己的网站制作一个会员登录页面。老师告诉他，虽然不同网站的登录页面外观各不相同，但想要采集用户提交的数据，就需要使用表单进行登录页面的制作。

任务 9.1 表单的制作

【任务提出】

根据网页效果图，旅游网站会员登录页面是本任务需要制作的网页模块，如图 9-1 所示，用于填写并提交登录信息。本任务将讲解表单的相关标记、属性及样式设置。

图 9-1　会员登录页面效果图

【学习目标】

知识目标	技能目标	思政目标
√掌握表单域和各种表单控件的定义方法及属性设置。 √掌握表单样式的设置方法	√能够熟练制作表单，正确设置不同的表单控件。 √能够根据需要设置表单样式，美化表单界面	√培养信息安全意识，注重个人信息的保护

【知识储备】

表单是网页上实现用户交互功能的重要元素。通过表单，网页可以接收用户的输入信息，并将这些信息通过特定方式发送到指定的服务器页面，由服务器程序进行必要的处理，最终实现登录、注册、信息搜索、在线购物、论坛发帖等多种功能。

需要注意的是，本项目制作的是表单的前台页面，只涉及表单创建、属性设置及样式排版。至于服务器程序如何接收并处理表单数据，已经超出了本书的范围，在此不做介绍，可以另行参考讲解服务器端编程语言（如 PHP）的书籍。

9.1.1　表单的作用及构成

表单的作用及构成

对于“表单”这个名称，大家可能感到比较陌生，其实它们在网页中随处可见。想想看，你平时上网的时候是不是经常要输入数据呢？不管是搜索网页、注册会员、还是在线购物，每一项功能都少不了表单。下面介绍表单的一些常见应用。

在网站中输入数据并单击按钮搜索信息，就是一个最简单且常见的表单应用，如图 9-2 所示。

图 9-2　搜索网站中的表单

有些网站必须先注册成为会员，才能访问网站中的资源。输入个人资料并注册会员的登录页面就是一个表单，如图 9-3 所示。

你有过在线答题的经历吗？互联网上经常会有与学习或生活相关的答题活动，答题的页面也是表单的一种应用。看到了精彩的视频节目，你是否也会发个弹幕来表达自己的想法呢？发送弹幕的过程也使用了表单。在线购物时，随处都可以看到表单页面。用户选择商品，输入购买数量，单击“结算”按钮的过程都用到了表单，如图 9-4 所示。

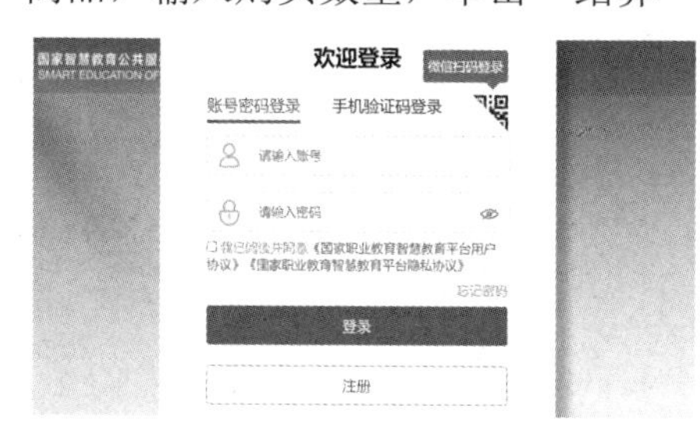

图 9-3　登录页面中的表单

图 9-4　购物车中的表单

1. 表单的基本架构

在网页中，一个完整的表单通常由表单域、表单控件（也称表单元素）和提示信息3个部分构成，如图9-5所示。这是一个在网页上常见的登录表单。

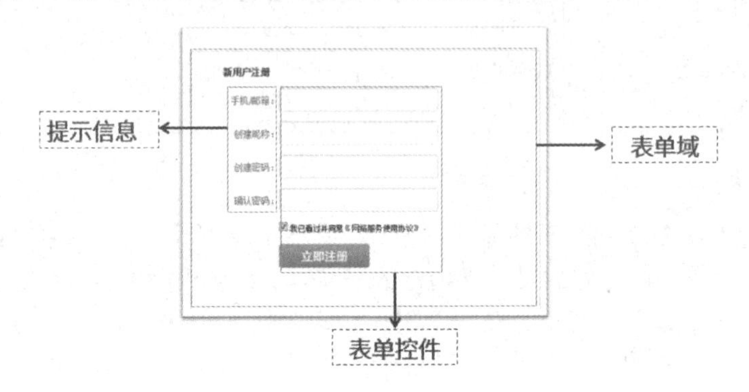

图9-5　HTML表单的构成

构成表单的表单域、提示信息和表单控件的具体功能如下。

- 表单域：相当于一个容器，用来容纳所有的表单控件和提示信息，以及定义表单数据的提交地址和提交方法。一般来说，如果不定义表单域，表单中的数据就无法提交到服务器中。
- 提示信息：一个表单中通常需要包含一些说明性的文字，提示用户需要填写和操作的内容。
- 表单控件：包含了具体的表单功能项，如单行文本输入框、密码输入框、单选框、复选框、提交按钮、重置按钮等。

2. 创建表单

在HTML5中，<form></form>标记对被用于定义表单域，即创建一个表单，以实现用户信息的收集和传递。创建表单的基本语法格式如下。

```
<form    action="url 地址"    method="提交方式" >
         各种表单控件
</form>
```

开发人员可以根据实际需要，在<form></form>标记对中，定义各种不同的表单控件，用来让用户输入不同的信息。<form></form>标记对包含的所有表单控件中的内容都会被提交给服务器。此外，在<form>标记中，还需要定义一些常用属性，用来定义表单数据的提交地址和提交方法。

下面借助一个简单的登录表单案例，来回顾表单的构成，如例9-1所示。

【例9-1】example01.html

```
<!DOCTYPE html>
<html>
    <head>
        <meta charset="utf-8">
        <title>表单的构成</title>
    </head>
    <body>
        <form action="login.php" method="post">
            用户名：<input type="text" name="name" />
```

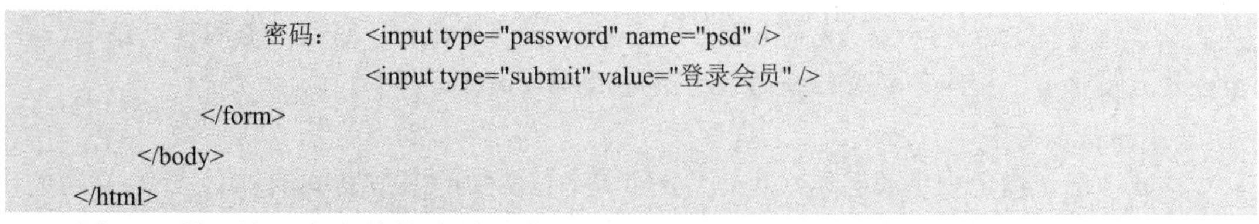

```
                密码：    <input type="password" name="psd" />
                          <input type="submit" value="登录会员" />
            </form>
        </body>
</html>
```

例 9-1 所示是一个完整的表单结构，对于<form>标记内部的表单控件，稍后会做具体讲解，这里只做了解即可。例 9-1 在 Google Chrome 中的运行效果如图 9-6 所示。

图 9-6　创建表单的效果

在创建表单时，需要先创建<form></form>标记对，用于定义表单域，然后在<form></form>标记对中继续创建表单控件和提示信息，如图 9-7 所示。

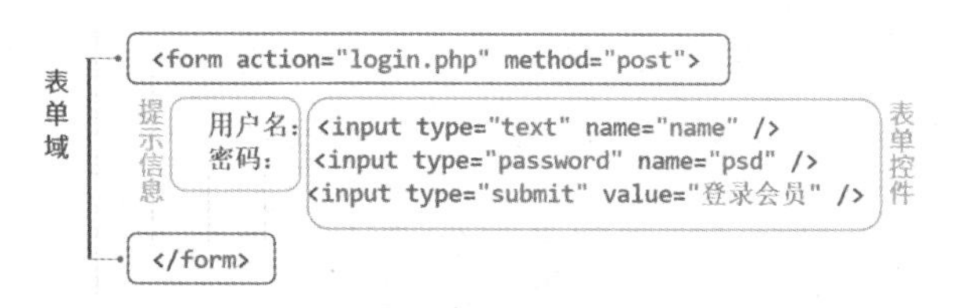

图 9-7　表单的结构分析

3. *表单的属性*

想要实现表单的数据提交功能，需要为<form>标记正确定义属性。在 HTML5 中，<form>标记拥有多个属性，可以定义提交地址、提交方法、自动完成、表单验证等不同的表单功能。下面对<form>标记的相关属性进行讲解。

（1）action 属性。

在表单收集到用户填写的信息后，如果想要将信息传递给服务器页面进行处理，则需要通过 action 属性来指定数据提交的服务器页面，即接收并处理表单数据的服务器程序的 URL 地址。

```
<form action="login.php" >
```

上述代码表示，当提交表单时，表单数据会被发送到名为 login.php 的页面中处理。action 的属性值可以是相对路径或绝对路径，如果属性值不存在，则浏览器会提示错误信息。为方便测试表单的数据提交，可以设置 action 的属性值为#，表示将表单数据提交至当前页面。

（2）method 属性。

该属性用于设置表单数据的提交方式，常用属性值为 get 或 post。在 HTML5 中，可以通过<form>标记的 method 属性指明表单提交数据的方法。

```
<form action="#" method="get">
```

在上述代码中，method 的属性值为 get，表示表单数据以 get 方式进行提交，数据会拼接在 URL 地址之后，显式发送。如果 method= "post"，则表示表单数据以 post 方式提交，数据会封装在 HTTP 请求头部，隐式发送。

📖**注意**：get 与 post 方式的区别主要在于：get 方式会将数据显示在地址栏中，保密性差，且只能发送255个字符以内的数据。而post方式保密性好，并且无数据量的限制，一般在发送用户名、密码等私密性强的数据时使用post方式。

（3）name属性。

该属性用于指定表单的名称，用来区分同一个页面中的多个表单。该属性不是必需的，如果页面只有一个表单，则可以不定义name的属性值。

（4）autocomplete属性。

该属性用来设置表单是否有自动完成功能。自动完成功能是指浏览器会将input等表单控件中输入的信息记录下来，当再次输入时，在下拉列表中会显示之前输入的信息，以便用户选择，从而实现自动完成输入的过程。

```
<form action="#" method="post" autocomplete="on">
```

当autocomplete的属性值为on时，表示表单控件拥有自动完成功能，如图9-8所示。如果autocomplete的属性值为off，则表示表单无自动完成功能。

（5）novalidate属性。

该属性可以指定在提交表单时，不验证数据的有效性。当novalidate为true时，整个表单内的所有表单控件都不验证数据的有效性。若不设置该属性，则在提交表单时，默认是验证数据有效性的，novalidate属性的用法如例9-2所示。

【例9-2】example03.html

```
<form action="#" method="post" novalidate="true">
        电子邮件地址：<input type="email" name="email" />
        <input type="submit" />
</form>
```

当设置novalidate属性值为true时，不验证数据的有效性，数据被成功提交。当不设置novalidate属性时，默认开启数据验证。若输入内容不符合电子邮件格式，则不能通过验证，数据提交失败，如图9-9所示。

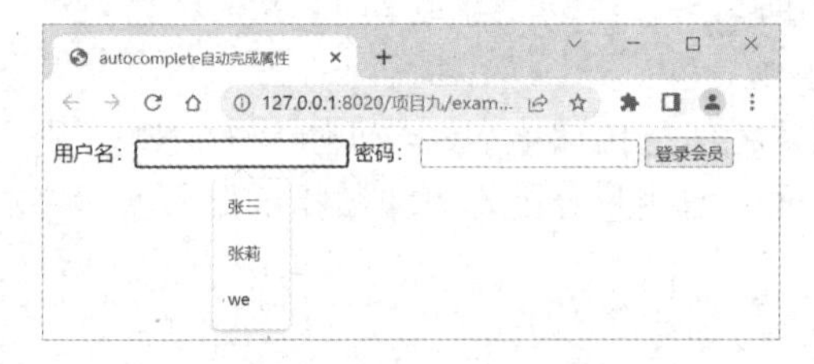

图9-8　设置autocomplete属性时的效果

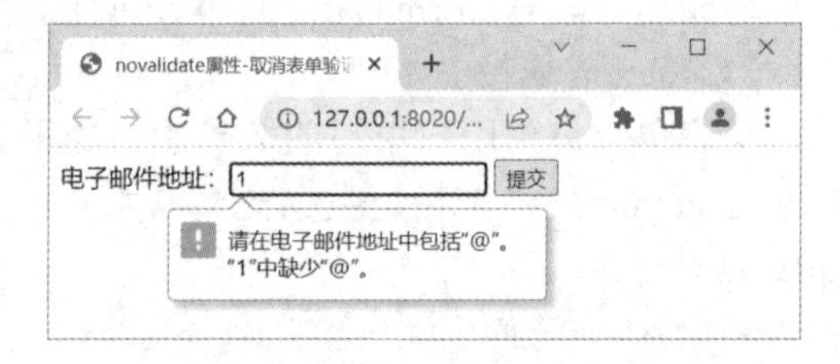

图9-9　未设置novalidate属性时的效果

想一想：<form></form>标记对可以单独使用吗？

答：想要让一个表单有意义，就必须在<form>标记中添加相应的表单控件。单独使用<form>标记是没有意义的。

表单控件input

9.1.2　input表单控件

1. <input>标记的语法格式

<input>标记是表单中最常见的表单控件，通常包含在<form>标记中，其基本语法格式如下。

```
<input    type="控件类型"    name="控件名称"    其他属性...    />
```

与大多数HTML标记不同的是，<input>标记是一个单标记，在书写时一定不要丢掉

input 后面的“/”。

<input>标记拥有很多属性，必须设置的是 type 属性。type 属性拥有多个属性值，每个属性值都定义了一种不同的表单控件类型。name 属性用来定义表单控件的名称，该名称会在提交表单数据时被使用，大多数<input>标记都需要设置 name 属性。

2. <input>标记的常用属性

网页中的单行文本框、密码框、单选按钮、复选框等都是通过<input>标记定义的。<input>标记的 type 属性的常见取值如表 9-1 所示。

表 9-1 <input>标记的常见 type 属性值

属性	属性值	描述
type	text	单行文本框
	password	密码输入框
	radio	单选按钮
	checkbox	复选框
	submit	提交按钮
	reset	重置按钮
	image	图像提交按钮
	button	普通按钮
	file	文件域
	hidden	隐藏域

（1）单行文本框。

设置<input>标记的 type 属性值为 text，可以在表单中产生一个单行文本框。单行文本框常用来输入少量的文本信息，如用户名、账号、证件号码等，是表单中最常见的控件。单行文本框的常用属性值还有 value、maxlength、size 等。例如，使用<input>标记输入用户名的代码如下。

```
<input type="text" name="user"  value="admin"  maxlength="10"  size="20" />
```

- name 属性：定义文本框的名称。
- value 属性：定义文本框的内容，可以定义文本框的默认值。
- maxlength 属性：定义文本框中最大输入的字符个数。
- size 属性：定义文本框的长度，文本框的默认长度是 20。

（2）密码输入框。

设置<input>标记的 type 属性值为 password，可以在表单中产生一个密码输入框。密码输入框用来输入密码，其常用属性与单行文本框类似，外观看起来也和单行文本框一样，最大的区别就是当用户在其中输入内容时，内容会以圆点的形式显示，以保护输入的内容不被他人看见。使用<input>标记输入密码的代码如下，其在 Google Chrome 中的运行效果如图 9-10 所示。

```
<input type="password" name="psd"  />
```

（3）单选按钮。

设置<input>标记的 type 属性值为 radio，可以在表单中产生一个单选按钮。单选按钮也是网页中常见的表单控件，想要正确实现单选功能，还需要设置 name 和 value 属性。示例代码如下，其在 Google Chrome 中的运行效果如图 9-11 所示。

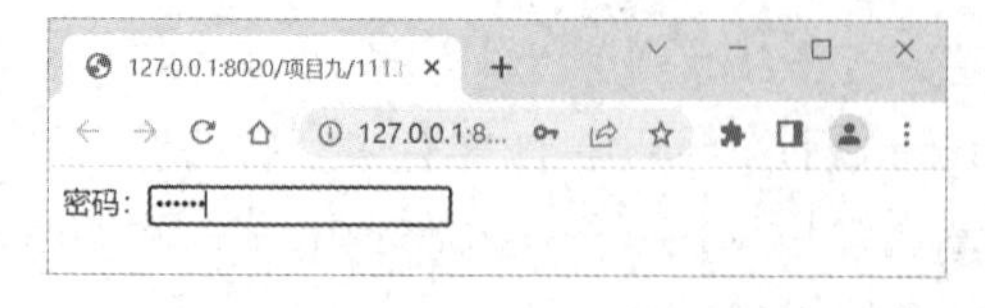

图 9-10　密码输入框的使用效果

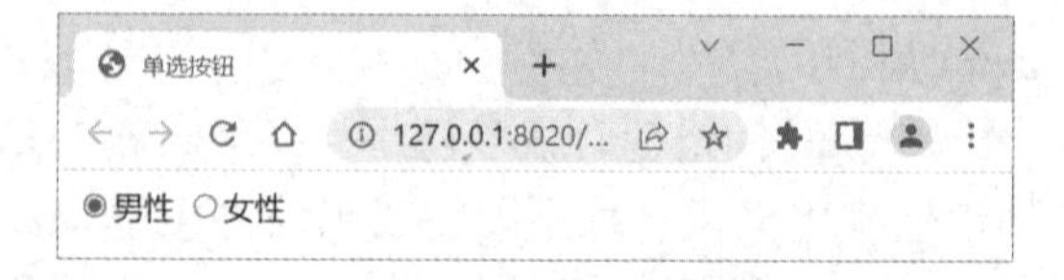

图 9-11　单选按钮的使用效果

```
<input type="radio" name="gender" value="male" checked="checked"/>男性
<input type="radio" name="gender" value="female" />女性
```

- name 属性：用来设置单选按钮的名称，name 属性值相同的单选按钮会被视为一组。在同一组单选按钮中，只有一个单选按钮会被选中。
- value 属性：用来设置单选按钮的值，这个值并不会被显示在页面中，而是随着表单数据被提交。
- checked 属性：用来表示该单选按钮已经被选中。

（4）复选框。

设置<input>标记的 type 属性值为 checkbox，可以在表单中产生一个复选框。所谓复选框，就是常见的多选按钮，主要用来实现多项选择功能。复选框的常用属性与单选按钮类似，设置方式也类似。两者的区别主要是单选按钮用来实现单选，而复选框用来实现多选。示例代码如下，其在 Google Chrome 中的运行效果如图 9-12 所示。

```
<input type="checkbox" name="hobby[]" value="绘画" checked="checked"/>绘画
<input type="checkbox" name="hobby[]" value="阅读" />阅读
<input type="checkbox" name="hobby[]" value="手工" />手工
```

（5）提交按钮。

设置<input>标记的 type 属性值为 submit，可以在表单中产生一个提交按钮。提交按钮是表单中的核心控件。用户在完成表单信息的输入后，单击提交按钮时，表单会按照<form>标记的 action 和 method 属性值来提交表单数据。

提交按钮上显示的文字默认是“提交”，如果需要更改，则可以设置 value 属性，更改按钮上的文字。示例代码如下，其在 Google Chrome 中的运行效果如图 9-13 所示。

```
请输入用户名：<input type="text" name="user" />
<input type="submit" name="submit" value="确定" />
```

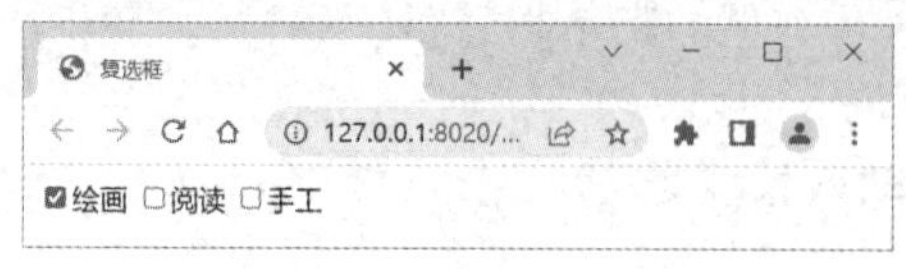

图 9-12　复选框的使用效果

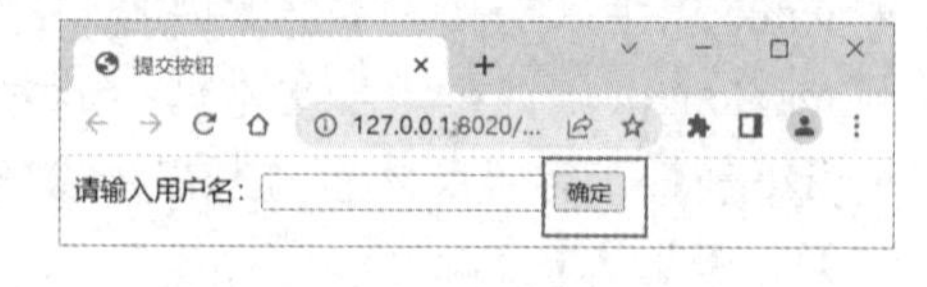

图 9-13　提交按钮的使用效果

（6）重置按钮。

设置<input>标记的 type 属性值为 reset，可以在表单中产生一个重置按钮。当用户输入的信息有误时，可以单击重置按钮，清空已经输入的所有表单信息。同样可以设置其 value 属性，更改重置按钮上显示的默认文本。

（7）图像提交按钮。

设置<input>标记的 type 属性值为 image，可以在表单中产生一个图像形式的提交按钮。图像提交按钮与普通的提交按钮在功能上基本相同，只是它用图像替代了默认的按钮，在外观上更加美观。需要注意的是，必须为其设置 src 属性，用来指定所用图像的 URL 地址。示例代码如下，其在 Google Chrome 中的运行效果如图 9-14 所示。

```
<input type="image" name="submit" src="images/login.png" />
```

（8）普通按钮。

设置<input>标记的 type 属性值为 button，可以在表单中产生一个普通按钮。该按钮需要显示的文字内容可以通过 value 属性设置。普通按钮本身没有任何功能，需要配合 JavaScript 脚本语言使用，在这里只做了解即可。

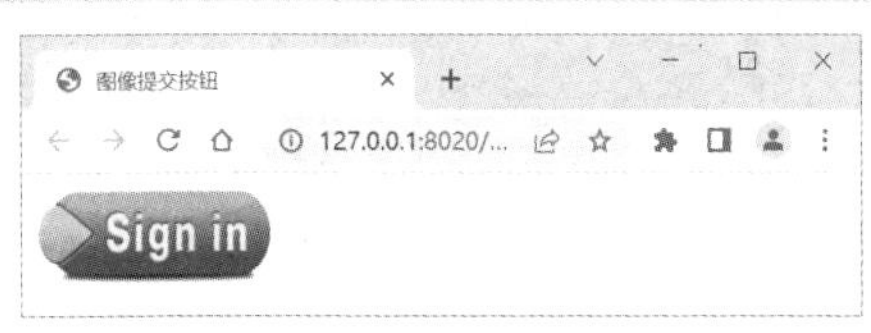

图 9-14　图像提交按钮

（9）文件域。

设置<input>标记的 type 属性值为 file，可以在表单中产生一个文件域。在设置文件域后，网页中会出现一个“选择文件”按钮，用户在单击按钮后，可以在资源管理器中选择想要上传的文件，将文件提交给后台服务器。示例代码如下，其在 Google Chrome 中的运行效果如图 9-15 所示。

```
<input type="file" name="file" />
```

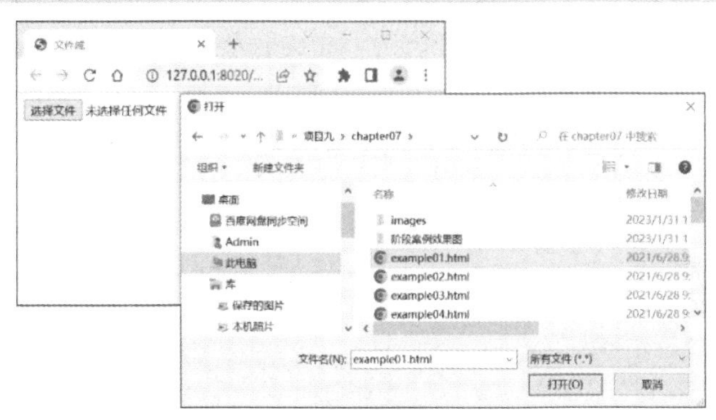

图 9-15　文件域的使用效果

（10）隐藏域。

设置<input>标记的 type 属性值为 hidden，可以在表单中产生一个隐藏域。隐藏域用来收集或发送信息，对网页的浏览者来说，隐藏域是看不见的。当表单数据被提交时，隐藏域就会将 name 值和 value 值以键-值对的形式发送到服务器中。隐藏域的示例代码如下。

```
<input type="hidden" name="name"  value="张三" />
```

下面通过制作一个会员注册表单来演示上述<input>标记的应用及效果，如例 9-3 所示。

【例 9-3】example05.html

```
<form action="#" method="post">
    用户名：
    <input type="text" name="user" value="张三" maxlength="10" /><br /><br />
    密码：
    <input type="password"  name="psd" size="22" /><br /><br />
    性别：
    <input type="radio" name="gender" value="男" checked="checked" />男
    <input type="radio" name="gender" value="女" />女<br /><br />
    兴趣：
    <input type="checkbox" name="hobby[]" value="唱歌" />唱歌
    <input type="checkbox" name="hobby[]" value="阅读" />阅读
```

```
        <input type="checkbox" name="hobby[]" value="手工" />手工<br /><br />
        上传头像：
        <input type="file" name="file" /><br /><br />
        <input type="submit" value="注册会员" />
        <input type="reset" value="重置信息" />
    </form>
```

首先，创建表单域。在<body>中创建<form></form>标记对，并设置其 action 和 method 属性，以便能够提交表单数据。然后，逐个创建 input 表单控件，并设置其 type 属性及其他相关属性。

创建单行文本框，设置其 type 属性值为 text，name 属性值为 user，value 属性值为张三，最多输入 10 个字符。创建密码输入框，设置其 type 属性值为 password，name 属性值为 psd，以及输入框长度为 22。创建一组单选按钮，设置其 type 属性值为 radio，name 属性值为 gender，设置对应的 value 属性，为第一个单选按钮设置 checked 属性，使其默认为选中状态。创建一组复选框，设置其 type 属性值为 checkbox，并设置 name 属性和对应的 value 属性。创建文件域，设置其 type 属性值为 file，并设置 name 属性，用来上传文件。创建提交按钮，设置其 type 属性值为 submit，value 属性值为注册会员。创建重置按钮，设置其 type 属性值为 reset，value 属性值为重置信息。

例 9-3 的代码在 Google Chrome 中的运行效果如图 9-16 所示。

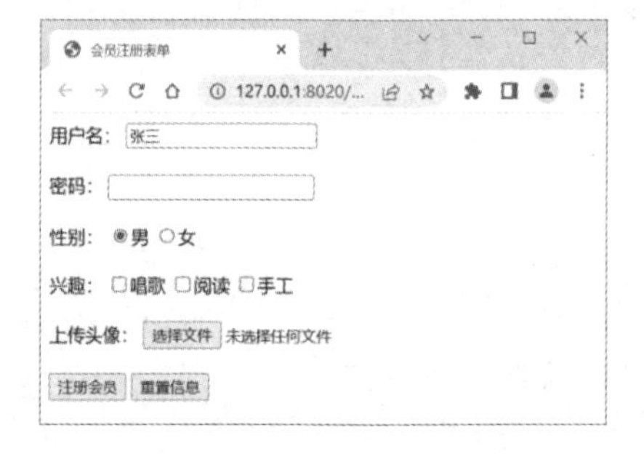

图 9-16 会员注册表单的运行效果

HTML5 新增的 input 表单控件

3. HTML5 新增的 input 表单控件

HTML5 新增了多个 input 表单控件，通过使用这些新增的输入型表单控件，可以实现更好的输入控制和验证。HTML5 中<input>标记的 type 属性的新增属性值如表 9-2 所示。

表 9-2 HTML5 中新增的<input>标记的 type 属性值

属性	属性值	描述
type	email	E-mail 地址输入框
	url	URL 地址输入框
	tel	电话号码输入框
	search	搜索框
	color	颜色输入框
	number	数值输入框
	range	数值滑动框
	date pickers	日期选择器

（1）E-mail 地址输入框。

设置<input>标记的 type 属性值为 email，就能在表单中产生一个 E-mail 地址输入框。email 类型的<input>标记是一种专门用于输入 E-mail 地址的文本输入框，在提交表单数据时，会自动验证 E-mail 地址输入框的内容是否符合 E-mail 地址格式。示例代码如下，其在 Google Chrome 中的运行效果如图 9-17 所示。

```
<input type="email" name="email" />
```

如果输入的数据不符合 E-mail 地址格式，则在单击“提交”按钮时，会出现图 9-17 所示的错误提示信息。只有符合 E-mail 地址格式的数据才会被提交。

（2） URL 地址输入框。

设置<input>标记的 type 属性值为 url，可以在表单中产生一个 URL 地址输入框。如果输入的内容是 URL 地址格式的文本，则会提交数据到服务器中；如果输入的内容不符合 URL 地址格式，则不允许提交，并且会有“请输入网址”的提示信息。示例代码如下，其在 Google Chrome 浏览器中的运行效果如图 9-18 所示。

```
<input type="url" name="url" />
```

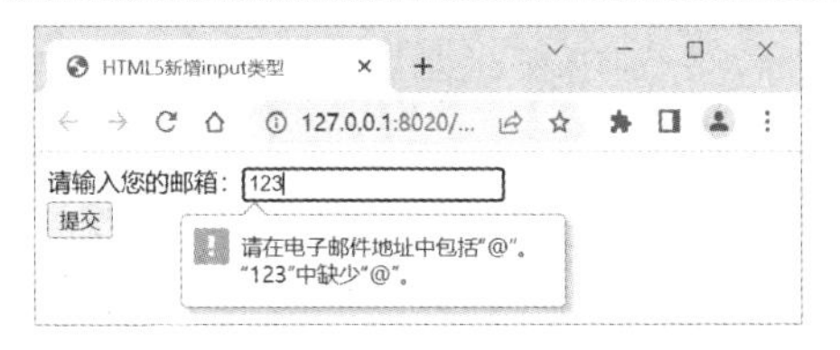

图 9-17　E-mail 地址输入框的运行效果

图 9-18　URL 地址输入框的运行效果

（3）电话号码输入框。

设置<input>标记的 type 属性值为 tel，可以在表单中产生一个电话号码输入框。tel 类型的<input>标记用于提供输入电话号码的文本框，它并不限定只输入数字，因为很多电话号码还包括其他字符，如“+”“-”等。又因为电话号码的格式千差万别，所以要想限定某种格式的电话号码，还需要配合 pattern 属性和正则表达式来实现。示例代码如下，通过 pattern 属性设置表单验证规则为 11 位数字，其在 Google Chrome 中的运行效果如图 9-19 所示。

```
<input type="tel" name="telphone" pattern="^\d{11}$"/>
```

（4）搜索框。

设置<input>标记的 type 属性值为 search，可以在表单中产生一个搜索框。search 类型的<input>标记是一种专门用于输入搜索关键词的文本框，能自动记录一些字符。在用户输入内容后，其右侧会附带一个删除图标，单击这个图标按钮可以快速清除文本框中的内容。示例代码如下，其在 Google Chrome 中的运行效果如图 9-20 所示。

```
<input  type="search"  name="search"  />
```

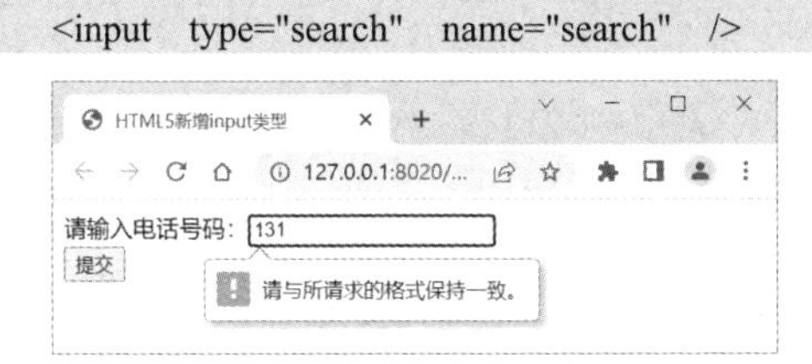

图 9-19　带数据验证功能的电话号码输入框

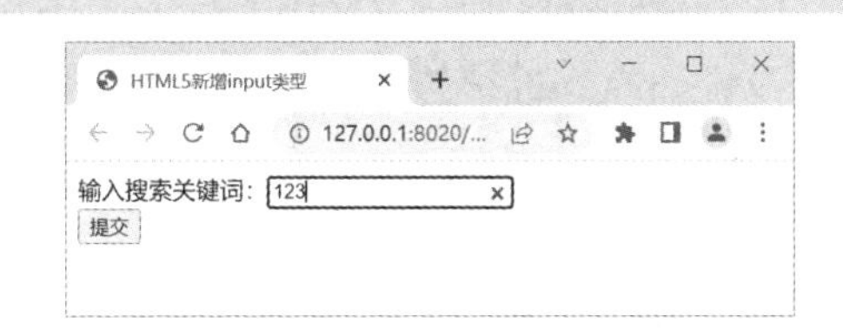

图 9-20　搜索框的运行效果

（5）颜色输入框。

设置<input>标记的 type 属性值为 color，可以在表单中产生一个颜色输入框。color 类型的<input>标记是一种专门用于设置颜色的文本框，该文本框在获得焦点时会自动调用系统的颜色窗口，打开拾色器面板，用户可以选取一种颜色。拾色器面板默认显示 RGB 颜色，用户可以自行修改色彩模式。示例代码如下，其在 Google Chrome 中的运行效果如图 9-21 所示。

```
<input  type="color"  name="color"  />
```

（6）日期选择器。

设置<input>标记的 type 属性值为 date，可以在表单中产生一个日期选择器。用户可以单击输入框后面的按钮，选择某年某月某日，也可以直接在输入框中输入日期。在 HTML5 之前是没有任何形式的日期选择器控件的，开发人员一般采用 JavaScript 脚本来实现日期时间选择的功能。示例代码如下，其在 Google Chrome 中的运行效果如图 9-22 所示。

```
<input  type="date"  name="date"  />
```

HTML5 提供了多个可用于选取日期和时间的输入类型，除了 date 类型，还有 month、week、time、datetime 等类型的日期时间选择器控件，分别用于选择月份、星期、时间、日期和时间等不同的内容，它们的使用方式和 date 类型类似。

图 9-21　颜色输入框的运行效果

图 9-22　日期选择器的运行效果

（7）数值输入框。

设置<input>标记的 type 属性值为 number，可以在表单中产生一个数值输入框。在提交表单数据时，会自动检查该输入框中的内容是否为数字，如果输入的内容不是数字则会出现错误提示。还可以进一步通过 max 属性设定最大值，通过 min 属性设定最小值，通过 step 属性设定合法的数字间隔，通过 value 属性设定默认值，如果输入的数字不在限定范围内，则会提示错误信息。示例代码如下，其在 Google Chrome 中的运行效果如图 9-23 所示。

```
<input  type="number"  name="number"  />
```

（8）数值滑动框。

设置<input>标记的 type 属性值为 range，可以在表单中产生一个数值滑动框。range 类型的<input>标记用于提供一定范围内数值的输入范围，在网页中显示为滑动条。它的常用属性与 number 类型一样，不同之处主要在于外观。示例代码如下，其在 Google Chrome 中的运行效果如图 9-24 所示。

```
<input  type="range"  name="range"  />
```

图 9-23　数值输入框的运行效果

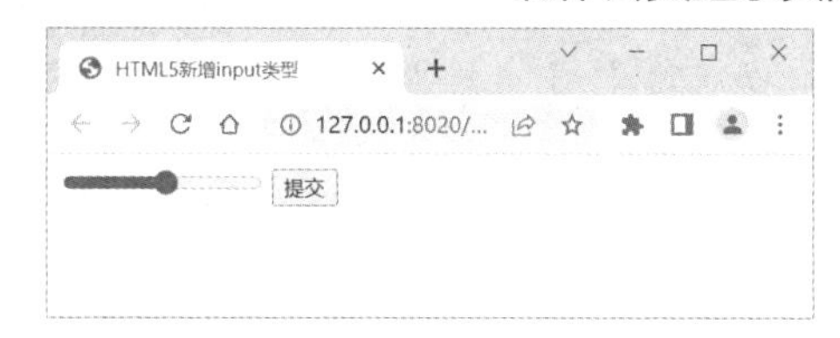

图 9-24　数值滑动框的运行效果

4. HTML5 新增的表单属性

除了 type 属性，<input>标记还可以定义很多其他的属性，以实现不同的功能，比如前面已经讲过的 name、value、autocomplete 属性等。HTML5 中新增的<input>标记的常用属性如表 9-3 所示。

表 9-3　HTML5 中新增的<input>标记的常用属性

属性	属性值	描述
autofocus	autofocus	指定网页加载后是否自动获取焦点
form	<form>的 id	设定字段隶属于哪一个或多个表单
multiple	multiple	规定输入框是否可以选择多个值
min、max 和 step	数值	规定输入框所允许的最大值、最小值及间隔
placeholder	字符串	为 input 类型的输入框提供一种提示
required	required	规定输入框中的内容不能为空
pattern	正则表达式	验证表单数据的格式

（1）autofocus 属性。

该属性用于指定网页加载后该表单控件是否自动获取焦点。当 autofocus 属性值为 autofocus 时，表示网页加载完成后会自动获取焦点。

（2）form 属性。

该属性用于指定表单控件属于哪一个表单。在 HTML5 之前，只有写在<form> </form>标记对中的表单控件才可以提交数据。现在，可以把表单控件写在网页的任意位置，只需为其指定 form 属性并设置属性值为该表单的 id，即可通过表单提交数据。这样，在排版网页时就灵活了许多。

如例 9-4 所示，submit 提交按钮的 from 属性值是表单的 id，所以虽然 submit 提交按钮并不在 form 表单内，但单击时，仍会提交 form 表单的数据。密码框的 autofocus 属性值为 true，会自动获取焦点。这段代码在 Google Chrome 中的运行效果如图 9-25 所示。

【例 9-4】example07.html

```
<form action="#" method="get" id="form1">
    用户名：<input type="text" name="name"   /><br/>
    密码：<input type="password" name="psd" autofocus="true"/><br/>
</form>
    <input type="submit" form="form1" />
```

（3）multiple 属性。

该属性用于指定输入框可以一次选择多个值，适用于 email 和 file 类型的<input>标记。multiple 属性在用于 email 类型的<input>标记时，表示可以在文本框中输入多个 E-mail 地址，多个地址之间通过英文逗号隔开；multiple 属性在用于 file 类型的<input>标记时，表示可以一次性选择多个文件。示例代码如下，在对文件域设置了 multiple 属性后，在 Google Chrome 中一次性选择多个文件的效果如图 9-26 所示。

```
<input type="file"  name="file"  multiple="multiple"  />
```

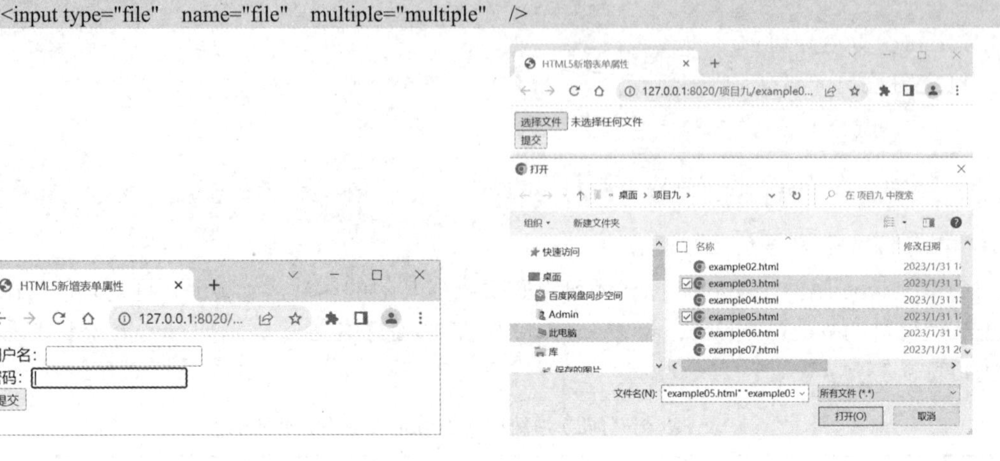

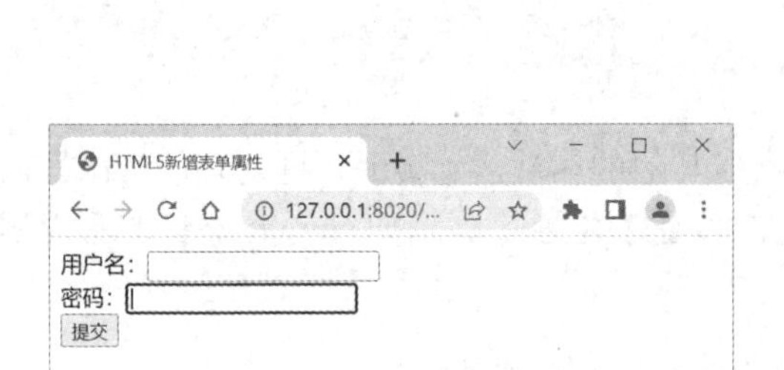

图 9-25　autofocus 属性和 form 属性　　　　图　9-26　multiple 属性

（4）min、max 和 step 属性。

以上属性用于为包含数字或日期的<input>标记规定限值，也就是给输入框加一个数值的约束，适用于 number、range 和 date 等类型。其中，max 属性表示允许输入的最大值；min 属性表示允许输入的最小值；step 属性表示输入值的数字间隔，如果不设置，则默认值是 1。

（5）placeholder 属性。

该属性用于为<input>标记提供相关提示信息，这些提示信息可以描述用户需要在输入框中输入何种内容。这些提示信息在输入框内容为空时出现，当用户输入内容时会自动消失。placeholder 属性适用于 text、search、url、tel、email 和 password 等类型。示例代码如下，其在 Google Chrome 中的运行效果如图 9-27 所示。

```
<input type="text"  name="user"  placeholder="请输入用户名"  />
```

（6）required 属性。

该属性用于规定输入框中的内容不能为空，否则不允许用户提交表单数据。如果表单中的某些内容是必须填写的，那么就要为相应的表单控件指定 required 属性。示例代码如下，其在 Google Chrome 中的运行效果如图 9-28 所示。

```
<input  type="text"  name="user"  placeholder="请输入用户名"
        required="required"  />
```

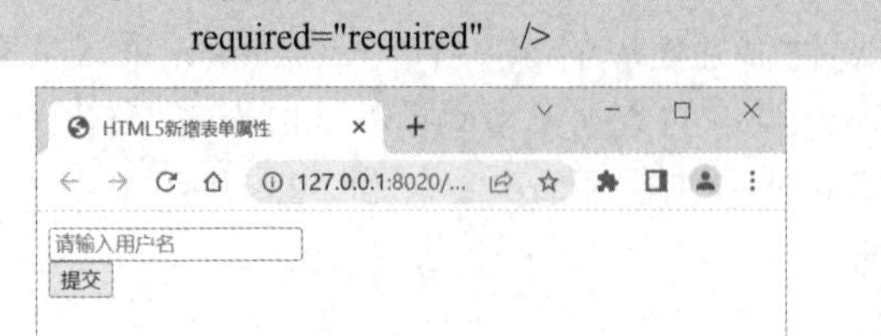

图 9-27　placeholder 属性

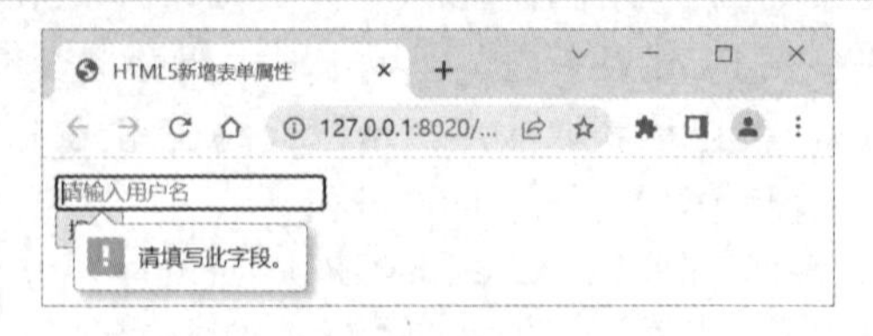

图 9-28　required 属性

（7）pattern 属性。

该属性用于定义表单数据验证的规则，其属性值为正则表达式。在提交表单数据时，会自动验证用户填写的内容与定义的正则表达式是否匹配，只有符合验证规则的数据才可以被提交。

其他表单控件

5. 其他表单控件

（1）textarea 文本域。

用户可以在单行文本框中输入少量文字信息，但如果需要输入大量的信息，就需要使

用<textarea>标记了。通过创建<textarea></textarea>标记对，可以在表单中产生一个多行文本输入框，其基本语法格式如下。

```
<textarea   name="文本域名称" cols="字符数" rows="行数"></textarea>
```

其中，cols 和 rows 是<textarea>标记的常用属性，cols 属性用来定义每行的字符数；rows 属性用来定义多行文本输入框显示的行数。示例代码如下，其在 Google Chrome 中的运行效果如图 9-29 所示。

```
<textarea name="textarea" cols="30" rows="5"></textarea>
```

（2）select 下拉菜单。

我们常常在表单中看见包含多个选项的下拉菜单，如选择所在的地区、选择价格区间等，当单击下拉按钮时，会出现一个下拉菜单。这种下拉菜单效果需要使用<select>标记，其基本语法格式如下。

```
<select name="列表框">
        <option   value="选项 1">选项 1</option>
        <option   value="选项 2">选项 2</option>
        ...
</select>
```

其中，<select>标记用于在表单中定义一个下拉菜单；<option>标记嵌套在<select>标记中，用于定义下拉菜单中的具体选项，<select></select>标记对中至少要包含一个<option></option>标记对，<option>标记需要设置 value 属性值，以便正确提交数据。示例代码如下，其在 Google Chrome 中的运行效果如图 9-30 所示。

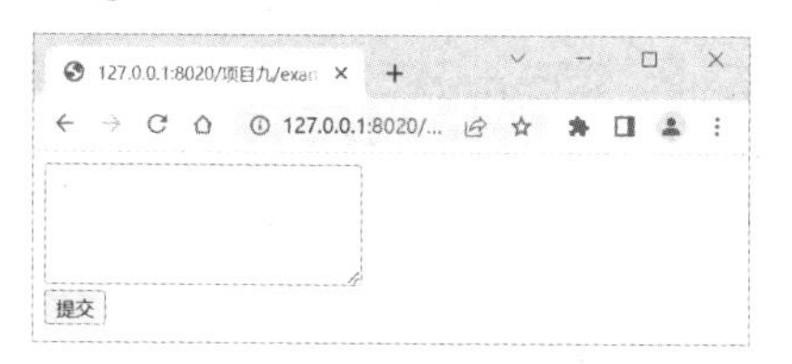

图 9-29　<textarea>标记

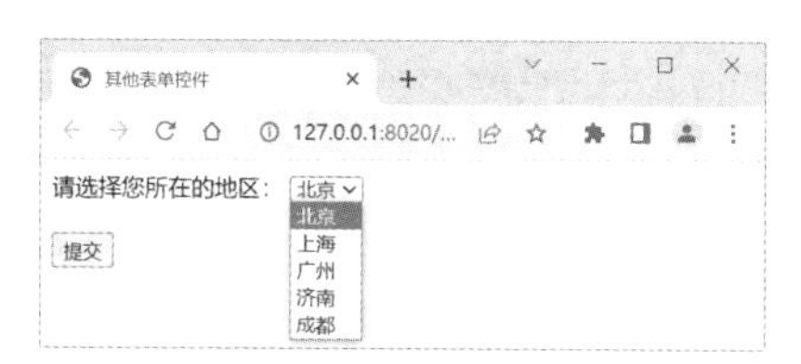

图 9-30　<select>标记

```
<form action="#" method="get">
    请选择您所在的地区：
    <select name="area">
        <option value="北京">北京</option>
        <option value="上海">上海</option>
        <option value="广州">广州</option>
        <option value="济南">济南</option>
        <option value="成都">成都</option>
    </select><br /><br />
    <input type="submit" />
</form>
```

在实际应用中，还可以为<select>和<option>标记定义如下属性，以改变其外观效果。为<select>标记定义 size 属性，可以设置下拉菜单的可见选项数。为<select>标记定义 multiple 属性，可以设置下拉菜单的多项选择功能。为<option>标记定义 selected 属性，可以设置当前项为默认选中项。

（3）datalist 选项列表。

<datalist>标记用于为输入框提供一个可选的列表，供用户直接选择或者在输入时匹配，

以便快速录入数据。<datalist>标记需要与<input>标记配合使用，其基本语法格式如下。

```
<input    type="text"    list="list 属性值"    name="控件名称" />
<datalist    id="input 标记的 list 属性值" >
    <option    value="列表值 1">列表值 1</option>
    <option    value="列表值 2">列表值 2</option>
    …
</datalist>
```

datalist 选项列表由<datalist></datalist>标记对与<option></option>标记对组成，<datalist>标记用于定义列表框，通过 id 属性与<input>标记的 list 属性绑定；<option>标记嵌套在<datalist>标记中，用于定义数据列表中的具体选项值，需要设置 value 属性值，以便正确提交数据。示例代码如下，其在 Google Chrome 中的运行效果如图 9-31 所示。

```
<form action="#" method="get">
    <input type="url" list="url_list" placeholder="请输入网址" name="url"/>
    <datalist id="url_list">
        <option value="http://www.sina.com.cn"></option>
        <option value="http://www.sohu.com"></option>
    </datalist>
    <input type="submit" />
</form>
```

datalist 选项列表的功能类似于自造词列表，用户只要输入第一个字，就可以从列表中找出匹配的词语。如果用户不希望从列表中选择某项，也可以自行输入其他内容。

（4）<label>标记。

<label>标记通常和<input>标记一起使用，为<input>标记定义标注（标记）。当用户单击<label>标记中的文本时，浏览器会自动将焦点转移到和该标记相关联的表单控件上。<label>标记不会向用户呈现任何特殊效果。但它提升了鼠标操作的准确性，增强了用户的操作体验。

通过<label>标记的 for 属性与表单控件进行绑定，for 属性值应当与相关联表单控件的 id 相同，其基本语法格式如下。

```
<label for="关联控件的 id" >文本内容</label>
<input type="控件类型" name="控件名称" id="控件 id"/>
```

示例代码如下，其在 Google Chrome 中的运行效果如图 9-32 所示。

```
<form action="#" method="get">
    <label for="user">用户名</label>
    <input type="text" name="user" id="user"/>
<input type="submit" />
</form>
```

图 9-31　<datalist>标记

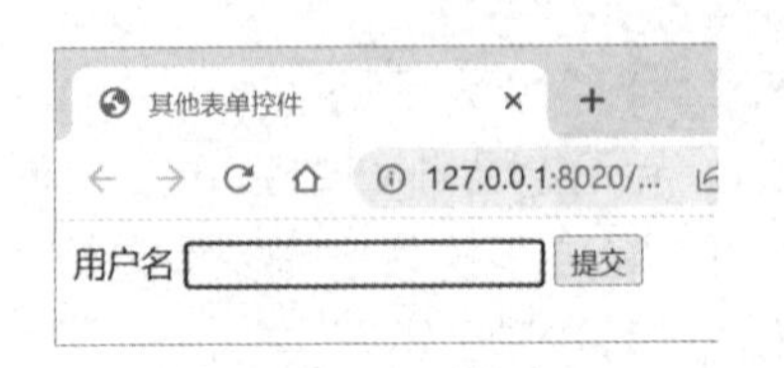

图 9-32　<label>标记

（5）fieldset 分组。

当表单中包含的控件较多时，可以对表单控件进行分组，以免用户输入数据时眼花缭乱。<fieldset></ fieldset >标记对用来设置表单分组，<legend></ legend >标记对用来设置分组标题，其基本语法格式如下。

```
<fieldset>
    <legend>分组标题</legend>
    分组内容
</fieldset>
```

< fieldset >标记用于定义分组框，< legend >标记嵌套在< fieldset >标记中，用于定义分组标题，一个表单中可以设置多个< fieldset >标记，实现多个分组。示例代码如下，其在Google Chrome 中的运行效果如图 9-33 所示。

```
<fieldset>
    <legend>个人基本信息</legend>
    <label for="user">姓名</label>
    <input type="text" name="user" id="user"/><br />
    <label for="age">年龄</label>
    <input type="number" name="age" id="age"/><br />
</fieldset>
```

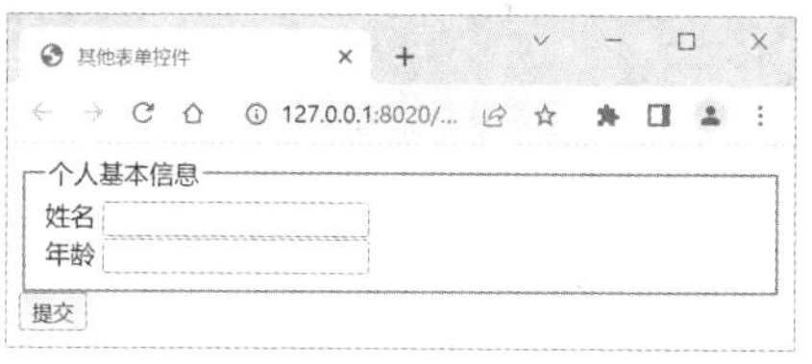

图 9-33 < fieldset >标记

【任务实施】制作会员登录表单并设置样式

【效果分析】

1. 结构分析

观察网页效果图，可以看到会员登录页面的主体内容是登录表单，这部分应该通过表单的相关标记进行制作，包括<form>标记、单行文本框、密码框、提交按钮以及一些文字信息。此外，会员登录页面还包含图像和文字信息，这些可以通过<img>标记和<p>标记进行制作。为了便于实现整体样式控制，表单模块和图文模块均应整体嵌套在<div>标记中。会员登录页面的整体结构如图 9-34 所示。

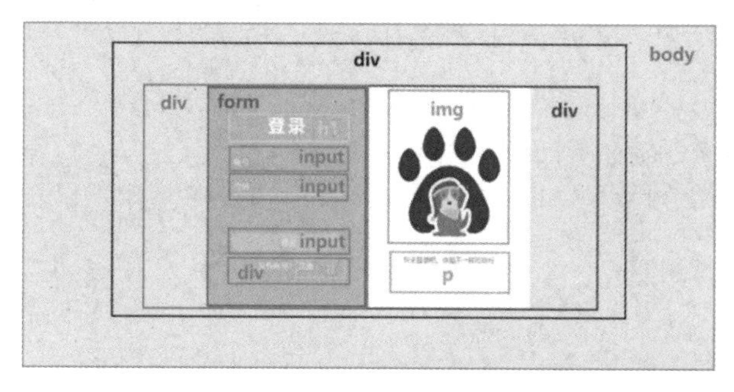

图 9-34 会员登录页面结构图

2. 样式分析

分析图 9-34，采用从整体到局部的方式大致可以分 4 个部分设置网页各标记的 CSS 样式，具体如下。

（1）定义网页的全局样式，设置所有标记的内边距和外边距等公共样式；设置网页的高度及背景颜色。

（2）设置页面内容<div>的宽度和高度；通过设置定位和调整外边距的方式，使<div>始终处在页面中心。

（3）设置表单模块的宽度、高度、浮动及背景颜色；设置<h1>标题标记的文字样式，设置 input 表单控件的外观样式，设置<a>标记的文字样式。

（4）设置图文模块的宽度、高度、浮动及背景颜色；设置<img>图像标记的宽度及外边距，设置<p>段落标记的文字样式。

【模块制作】

1. 搭建 HTML 结构

根据上面的分析，使用相应的 HTML 标记来搭建网页结构，如例 9-5 所示。

【例 9-5】example09.html

```
<!doctype html>
<html>
<head>
    <meta charset="utf-8">
    <title>会员登录</title>
    <link rel="stylesheet" href="style/example09.css" />
</head>
<body>
<div class="container">
    <div class="div-form">
        <form action="" method="post" class="form-login" >
            <h1>登录</h1>
            <input   type="text" name="user" placeholder="账号" />
            <input   type="password" name="psd" placeholder="密码"/>
            <input class="button" type="submit" value="登录"></input>
            <div class="control">
                没有账号？<a href="#">注册</a>
            </div>
        </form>
    </div>
    <div class="div-description">
        <img src="images/dl1.jpg" />
        <p>快来登录吧，体验不一样的旅行</p>
    </div>
  </div>
</body>
</html>
```

例 9-5 的代码在 Google Chrome 中的运行效果如图 9-35 所示。

图 9-35　HTML 结构页面效果

2. 定义 CSS 样式

在搭建完网页结构后，接下来使用 CSS3 对网页样式进行修饰。

在样式表文件 example09.css 中写入 CSS 代码，控制会员登录页面的外观样式，采用从整体到局部的方式实现图 9-34 所示的效果。

（1）全局样式设置。

定义网页的统一样式，使用通配符选择器为所有标记设置 margin 和 padding 属性值均为 0，清除浏览器的默认外边距和内边距，CSS 代码如下。

```
*{
    padding: 0;
    margin: 0;
}
```

（2）整体布局实现。

首先，设置 body 的高度为 100vh，背景颜色为#f7dd85，让网页的高度与浏览器窗口的高度相同，背景颜色为浅黄色，CSS 代码如下。

```
body {
    height: 100vh;
    background: #f7dd85;
}
```

其次，设置页面内容模块 container 的宽度为 600px、高度为 400px；设置相对定位属性，并设置 top 属性值和 left 属性值为 50%，使 container 的左上角定位在 body 的中心点上；设置左外边距为-300px（container 自身宽度的一半），使盒子向右偏移 300px，处于页面水平居中位置；设置上外边距为-200px（container 自身高度的一半），使盒子向上偏移 200px，垂直居中。通过设置定位及外边距，不管浏览器窗口大小如何变化，都可以让盒子始终处于页面的中心位置。

```
.container{
    width: 600px;
    height: 400px;
    position:absolute;
    top:50%;
    left:50%;
    margin-left: -300px;
```

```
		margin-top: -200px;
	}
```

然后，设置表单模块 div-form 为左浮动。设置 form 表单 form-login 的宽度为 300px，高度为 400px，背景颜色为#ff9955，左上角和左下角的圆角为 5px，文字颜色为白色，文字水平居中对齐，溢出隐藏。

```
	.div-form{
		float: left;
	}
	.div-form .form-login{
		width: 300px;
		height: 400px;
	background: #ff9955;
		border-radius: 5px 0 0 5px;
		color: #FFF;
		text-align: center;
		overflow: hidden;
	}
```

最后，设置图文模块 div-description 为右浮动，为 300px，高度为 400px，背景颜色为白色，右上角和右下角的圆角为 5px，文字水平居中对齐。

```
	.div-description{
		float: right;
		width: 300px;
		height: 400px;
		background-color: #FFFFFF;
		border-radius: 0 5px 5px 0;
		text-align: center;
	}
```

（3）表单的样式设置。

设置左侧表单模块中 h1 标题的上外边距为 50px，下外边距为 25px，设置字符间距为 5px。设置 input 表单控件的宽度为父元素宽度的 70%，上下内边距为 5px，上下外边距为 8px，背景颜色为透明，下边框为 2px、实线、半透明白色，无其余边框，无外轮廓，字号为 14px，字符间距为 1px。设置 input 表单控件中的提示文字颜色为白色。

设置提交按钮的高度为 32px，上外边距为 60px，下外边距为 10px，文字颜色为白色，无边框，圆角为 16px，背景颜色为半透明白色。设置鼠标滑上提交按钮时，其样式变为字符间距 3px，背景颜色为白色，文字颜色为#555，CSS 代码如下。

```
	.div-form h1{
		margin: 50px 0 25px 0;
		letter-spacing: 5px;
	}
	.div-form input{
		width: 70%;
		padding: 5px 0;
		margin: 8px 0;
	background-color: transparent;
		border: none;
```

```
        border-bottom: 2px solid rgba(255,255,255,0.7);
        outline: none;
        font-size: 14px;
        letter-spacing: 1px;
    }
    .div-form input::placeholder{
        color: #FFFFFF;
    }
    .div-form .button{
        height: 32px;
        margin: 60px auto 10px;
        color: #FFFFFF;
        border: none;
        border-radius: 16px;
        background-color: rgba(255,255,255,0.2);
    }
    .div-form .button:hover {
        letter-spacing: 3px;
        background-color: #FFFFFF;
        color: #555;
    }
```

设置右侧图文模块中 img 图像的宽度为父元素宽度的 75%，上外边距为 60px，下外边距为 15px。设置 p 段落的文字颜色为#555，字号为 12px。

```
    .div-description img{
        width: 75%;
        margin:60px 0 15px;
    }
    .div-description p{
        color: #555;
        font-size: 12px;
    }
```

至此，我们完成了图 9-34 所示的会员登录模块的 CSS 样式制作，在将该样式应用于网页后，效果如图 9-36 所示。

图 9-36　添加 CSS 样式后的网页效果

📖**多学一招**　在大多数浏览器中，placeholder 属性定义的提示文本的默认颜色为浅灰色，如果想改变 placeholder 的默认样式，则应该使用 ::placeholder 伪元素选择器。例如，下面的代码定义了提示文本的颜色为红色。

```
input::placeholder {
    color: red;
}
```

项目小结

本项目介绍了表单在网页中的重要作用以及表单的基本架构，重点讲解了 input 表单控件的不同类型及相关属性，并介绍了 textarea、select、datalist 等其他重要的表单控件。通过会员登录表单的制作，强化了表单的应用和表单样式的设置技巧。

课后习题

一、单选题

1．HTML 代码<input type="password" />表示（　　）。

A．创建单行文本框　　B．创建密码输入框

C．创建复选框　　D．创建提交按钮

2．下列选项中，不属于表单构成基本元素的是（　　）。

A．表单控件　　B．提示信息　　C．表单域　　D．文本域

3．下列选项中，不属于表单标记<form>的属性的是（　　）。

A．action　　B．size　　C．method　　D．id

4．可以获取表单中所有被选中的复选框的伪类选择器是（　　）。

A．:checked　　B．:selected　　C．:hover　　D．:focus

5．可以获取表单中触发焦点的输入框的伪类选择器是（　　）。

A．:checked　　B．:selected　　C．:hover　　D．:focus

二、判断题

1．想要把表单的子元素写在网页的任意位置上，只需为这个元素指定 form 属性并设置属性值为该表单的 id 即可。（　　）

2．在创建表单控件时，表单控件的名称由 name 属性设定。（　　）

3．在表单控件中，对复选框应用 checked 属性，指定默认项。（　　）

4．在<textarea>表单控件中，rows 用来定义多行文本输入框中每行的字符数。（　　）

项目 10

制作新闻详情页面

情景引入

旅游网站首页已经搭建完成，为了更好地整合网站内容，传达给用户更详细、更具体的信息，小李同学想制作一个新闻详情页面。这样可以更好地让用户了解旅游项目的详细信息，提高用户进行产品选择的兴致。在这个页面中，小李想使用 HTML5 新增的标记和属性进行设计。那么，如何使用 HTML5 新增的标记与属性，进行新闻详情页面的布局和设置呢？

任务 10.1 HTML5 新增标记与属性

新增结构标记

【任务提出】

根据新闻详情页效果图，旅游网站新闻详情页面的右侧是本任务需要制作的文章模块，如图 10-1 所示，用于一段新闻的详细内容。本任务学习如何使用 HTML5 新增的标记和属性布局文章模块，并进行基本属性设置。

图 10-1　新闻详情页面效果图

【学习目标】

知识目标	技能目标	思政目标
√掌握 HTML5 新增的标记、完善后的原有标记和新增的全局属性	√能够正确使用 HTML5 新增的标记，创建网页或网页元素。 √能够正确使用新增的全局属性	√拓展国际化视野，提升学生的文化素养，增强学生的文化自信

【知识储备】

在 HTML5 以前，开发人员只能通过为<div>标记添加类名或 ID 名的方式设置网页元素的样式，这样浏览器便无法识别正确的网页内容，代码可读性较差。在 HTML5 中增加了大量的结构元素，如<header>、<footer>、<nav>、<section>、<article>等，有了这些新增的结构元素，开发人员可以更好地构建文档结构，提高代码的可阅读性。

10.1.1　新增文档结构化标记

HTML5 新增了多个结构化标记，可以用来创建更友好的页面主体框架，如表 10-1 所示。

表 10-1　HTML5 新增的结构化标记

标记	描述
<header>	用于定义文档或节的页眉，以及介绍性内容，通常包含导航元素
<footer>	用于定义文档或节的页脚，通常包含作者、版权信息、联系信息等
<article>	用于定义文档内的文章。该标记可以是一个论坛帖子，可以是一篇新闻文章，也可以是一个用户评论。总之，只要是一篇独立的文档，就可以用该标记
<section>	用于定义文档中的一个区域（或节）。<section>标记可以包含多个<article>标记，也可以嵌套使用，用于表示该区域的子区域

续表

标记	描述
<aside>	用于定义与当前页面或文章内容几乎无关的附属信息，一般独立于正文并且不影响整体，表现为侧边栏或者推荐信息等
<figure>	用于定义一段独立的引用，经常与<figcaption>标记配合使用，通常用于正主文中的图片、代码、表格等。当这部分转移到附录或者其他页面中时不会影响整体
<figcaption>	用于表示与其相关联的引用的说明/标题，以及描述其父节点 <figure> 标记中的其他数据
<hgroup>	用于对多个<h1>～<h6>标记进行组合，一般用来展示标题的多个层级或者副标题
<nav>	用于定义页面中的导航链接部分。常见的有顶部导航、底部导航、侧边导航等

1. <article>定义文章块

<article>标记用于定义与上下文或者应用程序不相关的独立内容，常用在论坛帖子，博客文章、新闻评论等场景中。

<article>标记定义的内容块通常包含<header>、<footer>等标记，一个<article>标记通常会有自己的标题及脚注等信息。

2. <header>定义标题栏

<header>标记表示网页或者内容块的标题栏，具有引导和导航的作用。

下面通过一个<header>标记和<article>标记的示例，来理解这两个标记的基本含义，如例 10-1 所示。

【例 10-1】example01.html

```
<!DOCTYPE html>
<html>
<head>
    <meta charset="utf-8" />
    <title>header-标题栏</title>
</head>
<body>
    <header   class="header">
        <h1>网页标题部分</h1>
    </header>
    <article>
        <header>
            <h2>文章标题</h2>
        </header>
    </article>
</body>
</html>
```

在<body>的前 3 行代码中，<header>标记内嵌套<h1>标记定义网页标题，也可以在<article>标记内部设置文章块的标题。<article>标记的使用，可以使浏览器理解该内容块是和上下文不相关的独立的文章块。

<header>标记内部可以嵌套<h1>～<h6>、<hgroup>、<table>、<form>、<nav>等标记。

3. <hgroup>定义标题组

<hgroup>标记用来对标题和子标题进行分组，如果文章只有一个主标题，则不需要<hgroup>标记，如例 10-2 所示，在 Google Chrome 中的运行效果如图 10-2 所示。

【例 10-2】example02.html

```
<!DOCTYPE html>
<html>
<head>
    <meta charset="utf-8" />
    <title>hgroup 标题组</title>
</head>
<body>
    <article>
        <header>
            <hgroup>
                <h1>聚焦十四届全运会</h1>
                <h2>2021-09-06</h2>
            </hgroup>
        </header>
        <p>中华人民共和国第十四届运动会开幕式……（其余文字略）</p>
    </article>
</body>
</html>
```

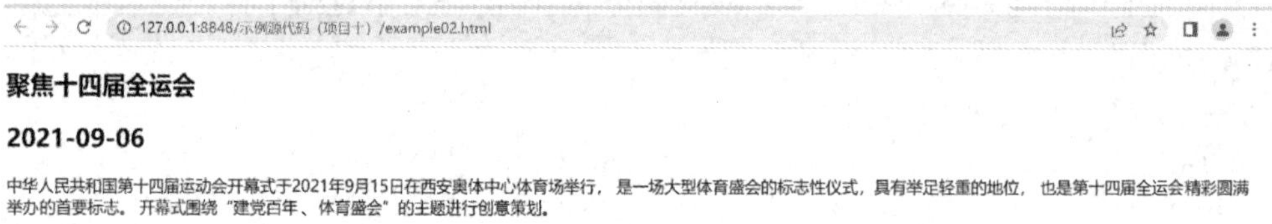

127.0.0.1:8848/示例源代码（项目十）/example02.html

聚焦十四届全运会

2021-09-06

中华人民共和国第十四届运动会开幕式于2021年9月15日在西安奥体中心体育场举行，是一场大型体育盛会的标志性仪式，具有举足轻重的地位，也是第十四届全运会精彩圆满举办的首要标志。开幕式围绕“建党百年、体育盛会”的主题进行创意策划。

图 10-2　<hgroup>标记

新的结构标记的使用，可以使浏览器正确地理解标记定义的内容的含义，更好地搭建页面框架。

4. <nav>定义导航

<nav>标记是页面导航的链接组，可以作为页面整体或者不同部分的导航，应用于主菜单导航、侧边栏导航、页内导航、翻页操作，如例 10-3 所示。

【例 10-3】example03.html

```
<!DOCTYPE html>
<html lang="en">
<head>
    <meta charset="utf-8" />
    <title>header 示例 2</title>
</head>
<body>
  <header>
      <hgroup>
          <h1>logo</h1>
          <a href="#">[URL]</a>
          <a href="#">[订阅]</a>
          <a href="#">[手机订阅]</a>
      </hgroup>
```

```
            <nav class="">
                <ul>
                    <li>首页</li>
    <li><a href="#">目录</a></li>
                    <li><a href="#">社区</a></li>
                    <li><a href="#">微博我</a></li>
                </ul>
            </nav>
        </header>
    </body>
    </html>
```

在上述代码的<header>标记中，嵌套了一个由<hroup>标记和一个<nav>标记定义的导航链接组。

5. <section>定义区块

<section>标记用于对网站或应用程序中的内容进行分块，类似于文章内容的分段或分节操作。所以<section>标记定义的相邻区块之间是有一定的相关性的，而<article>标记强调自身的完整和独立，如例 10-4 所示。

【例 10-4】example04.html

```
<!DOCTYPE html>
<html lang="en">
<head>
    <meta charset="utf-8" />
    <title>section 举例</title>
</head>
<body>
  <article>
      <header>
          <h1>鸟鸣涧</h1>
          <h2>王维(唐代)</h2>
      </header>
      <p>
          人闲桂花落，夜静春山空。
      </p>
       <p>
          月出惊山鸟，时鸣春涧中。
      </p>
      <section>
          <h2>解析</h2>
          <article>
              <h3>注释</h3>
              <p>闲：安静<悠闲。含有人声寂静的意思</p>
              <p>空：空寂、空空荡荡、空虚。……</p>
          </article>
          <article>
              <h3>赏析</h3>
              <p>此诗描绘山间春夜中幽静而美丽的景色，侧重于表现夜间春山的宁静幽美。全诗紧
扣一“静”字着笔，极似一幅风景写生画。诗人用花落、月出、鸟鸣等活动着的景物，突出地显示了月夜春山
```

```
的幽静，取得了以动衬静的艺术效果，生动地勾勒出一幅“鸟鸣山更幽”的诗情画意图。全诗旨在写静，却以动景处理，这种反衬的手法极见诗人的禅心与禅趣。
                    </p>
                </article>
            </section>
        </article>
    </body>
    </html>
```

以上是一首诗的原文、解析和赏析。整篇是独立且完整的，可以被网页直接应用。使用<article>标记来定义整体内容，其中嵌套了<header>标记，来定义文章的标题栏。原文用了<p>标记，解析和赏析用了<section>标记来进行区块的划分，这两部分在文章中既有独立性也有相关性。<section>区块中又包含独立的注释和赏析两部分内容，使用了<article>标记定义。使用新的结构标记可以搭建更容易被浏览器理解的框架。

🕮**注意：**（1）作为容器：区分<div>和<section>标记，<div>是一个容器，如果需要直接定义样式则推荐使用<div>。<section>关注内容的独立性，类似于文章的分段。

（2）作为独立的内容块：区分<article>和<section>标记，<article>是一个独立完整的内容块。<section>用于对内容进行分段或分节，是有一定的关联性的。

6. <aside>定义页面内容以外的内容

<aside>标记用于定义主体内容的附属信息，是网页或者网站的辅助部分，如侧边栏及其他内容的引用等，如例 10-5 所示。

【例 10-5】example05.html

```
<!DOCTYPE html>
<html>
<head>
    <meta charset="utf-8" />
    <title>aside 辅助栏</title>
</head>
<body>
   <article>
       <header>
           <h1>标题</h1>
       </header>
       <section>文章主要内容</section>
       <aside>其他相关文章</aside>
   </article>
  <aside>
    <nav>
        <h2>主要经营</h2>
        <ul>
            <li><a href="#">资产分布</a></li>
            <li><a href="#">生产经营</a></li>
            <li><a href="#">资产总额</a></li>
            <li><a href="#">财务报告</a></li>
        </ul>
    </nav>
```

```
    </aside>
  </body>
</html>
```

在以上代码中，包含一个<ariticle>标记，一个<aside>标记。浏览器会将<aside>标记中的内容理解成对<article>标记的辅助信息。其中，<article>标记内部嵌套<header>标记，用于放置标题；嵌套<section>标记，用于放置文章的主要内容；嵌套<aside>标记，用于放置<section>标记中的辅助内容，可以是相关文章、名词解释等。与<article>标记同级的<aside>标记内，因为有导航的性质，所以嵌套了<nav>标记，<nav>标记内嵌套<h2>标记，用于定义侧边栏的内容，用无序列表来定义相关链接。

因此，<aside>标记的作用有两点，一是作为相关内容的名词解释或者有关参考内容；二是作为网页或者网站的辅助，如友情链接、页面历史内容存档、评论列表等。

新增语义信息标记

10.1.2 新增语义信息标记

HTML5 不仅新增了很多结构化标记，还新增了很多语义信息标记，如表 10-2 所示。

表 10-2 HTML5 新增的语义信息标记

标记	描述
<mark>	用于定义高亮文本。显示效果是加上一个黄色背景
<time>	用于显示被标注的内容是日期或时间，采用 24 小时制
<meter>	用于表示一个已知最大值和最小值的计数器，又被称作 gauge（尺度）
<progress>	用于表示一个进度条，常用于下载进度、加载进度等用于显示任务进度的场景
<details>	规定了用户可见的或者隐藏的需求的补充细节，是交互式控件
<summary>	为<details>定义标题
<address>	定义文档作者或所有者的联系信息

1. <address>定义作者的联系信息

<address>标记用于定义作者的联系信息，在位于<body>标记内时表示该文档的作者或者所有者的联系信息，在位于<article>标记内时表示该文章的作者或所有者的联系信息。

在 HTML5 中，声明<address>不应该用来描述邮政地址，除非这个地址是作者联系信息的组成部分。下面通过一个示例，来理解<address>标记的语义，如例 10-6 所示。

【例 10-6】example08.html（部分代码）

```
<footer>
    <section>
        <address>
                发布者：
                <a title="作者:兰锡信息技术有限公司" href="http://baidu.com">
                    兰锡自由行攻略
                </a><br/>
                联系我们：
                <h1>兰锡信息技术有限公司</h1>
                <p>公司地址：山东省济南市历下区 XX 路 XX 号<br/>
                   E-mail: lanxizyx@126.com<br/>
                   传真：0531-8888XXXX     邮编：250000
```

```
            </p>
        </address>
        <p>发布于：
            <time datetime="2022-02-01">2022 年 2 月 1 日</time>
        </p>
    </section>
</footer>
```

在这段代码中，将作者信息、搜索链接、作者的联系信息放在<address>标记中，将<address>标记嵌套在文档的<footer>标记中。在浏览器中的显示效果如图 10-3 所示。

127.0.0.1:8848/示例源代码（项目十）/example08.html

发布者：兰锡自由行攻略
联系我们：

兰锡信息技术有限公司

公司地址：山东省济南市历下区XX路XX号
E-mail：lanxizyx@126.com
传真：0531-8888XXXX 邮编：250000

发布于： 2022年2月1日

图 10-3　<address>标记的运行效果

<address>标记中的文本通常呈现为斜体。大多数浏览器会在<address>标记前后添加折行样式。

2. <time>定义时间/日期

<time>标记用于定义公历的时间（24 小时制）或日期，时间和时区偏移是可选的。该标记能够以机器可读的方式对日期和时间进行编码，用户代理能够把生日提醒或排定的事件添加到用户日程表中，搜索引擎也能够生成更智能的搜索结果。<time>标记的属性如表 10-3 所示。

表 10-3　<time>标记的属性

属性	属性值	描述
datetime	datetime	规定日期 / 时间，否则由元素的内容决定日期 / 时间
pubdate	pubdate	指示 <time> 标记中的日期/时间是文档（或 <article> 标记）的发布日期

在例 10-6 的基础上，将文档的发布日期放在<time>标记中，代码如下。

```
<p>发布于：
    <time datetime="2022-02-01">2022 年 2 月 1 日</time>
</p>
```

📖注意：*在新的 HTML5 规范中，不再支持 pubdate 属性。*

<time>标记中的内容是显示在网页中的。如果不规定 datetime 属性，则时间由文档内容决定，否则由 datetime 属性规定的时间决定。

新增全局属性

10.1.3　新增全局属性

全局属性是可以与所有 HTML 元素一起使用的属性，接下来讲解几个重要的全局属性，如表 10-4 所示。

表 10-4　HTML 新增全局属性

属性	描述
contenteditable	规定元素内容是否可编辑（注释：如果元素未设置 contenteditable 属性，那么元素会从其父元素中继承该属性）
data-*	用于存储网页或应用程序的私有定制数据，可以在所有的 HTML 元素中嵌入数据
draggable	规定元素是否可拖动
spellcheck	规定是否对元素进行拼写和语法检查

1. contenteditable

contenteditable 属性用于指定元素内容是否可编辑。该属性的值为布尔值，当设置为 true 时，允许编辑；当设置为 false 时，不允许编辑，如例 10-7 所示。

【例 10-7】example15.html

```
<!DOCTYPE html>
<html>
    <head>
        <meta charset="utf-8">
        <title>contenteditable 属性</title>
    </head>
    <body>
        <p contenteditable="true">
            添加了‘contenteditable’属性以后，
            这个标记可以编辑了吗？
        </p>
    </body>
</html>
```

例 10-7 在浏览器中的运行效果如图 10-4 所示，用户可以在浏览器中编辑内容，如图 10-5 所示。

添加了‘contenteditable’属性以后，这个标签可以编辑了吗？

图 10-4　contenteditable 属性

添加了‘contenteditable’属性以后，这个标签可以编辑了吗？
---尝试改写内容，是可以做到的。

图 10-5　用户在浏览器中编辑后的效果

当元素没有设置 contenteditable 属性时，元素将从父元素中继承该属性。所有主流浏览器都支持 contenteditable 属性。

2. data-*属性

deta-*属性用于自定义用户数据。data-*可以在所有的 HTML 元素中嵌入数据，用于存储私有页面中的自定义数据。自定义数据可以让页面拥有更好的交互体验，而不需要使用 Ajax 或服务端查询数据。

这个属性包含两个部分：data 和属性名。属性名不能包含大写字母，在 data-后必须至少有一个字符，除此之外可以是任何字符串。所有浏览器都支持 data-*属性。下面通过一个示例来了解 data-*属性的应用，如例 10-8 所示。

【例 10-8】example16.html（部分代码）

```
<ul>
    <li data-product-type="hair conditioner">护发素</li>
```

```
    <li data-product-type="shampoo">洗发水</li>
    <li data-product-type="soap">肥皂</li>
</ul>
 <script type="text/javascript">
        var list=document.getElementsByTagName('li');
        for(var i = 0; i<list.length;i++){
                console.log(list[i].dataset.productType)
        }
</script>
```

在例 10-8 中，<ul>标记中的 3 个<li>标记都设置了 data-product-type 属性，在 JavasScript 中使用该属性保存的数据，在控制台中输出这个属性的数据，效果如图 10-6 所示。

- 护发素
- 洗发水
- 肥皂

元素　控制台
top　过滤
hair conditioner
shampoo
soap

图 10-6　data-*属性

【任务实施】使用 HTML5 新增标记制作文章模块

【效果分析】

1. 结构分析

观察网页效果图，可以看到文章模块在新闻详情页面的右侧，具体结构如图 10-7 所示。

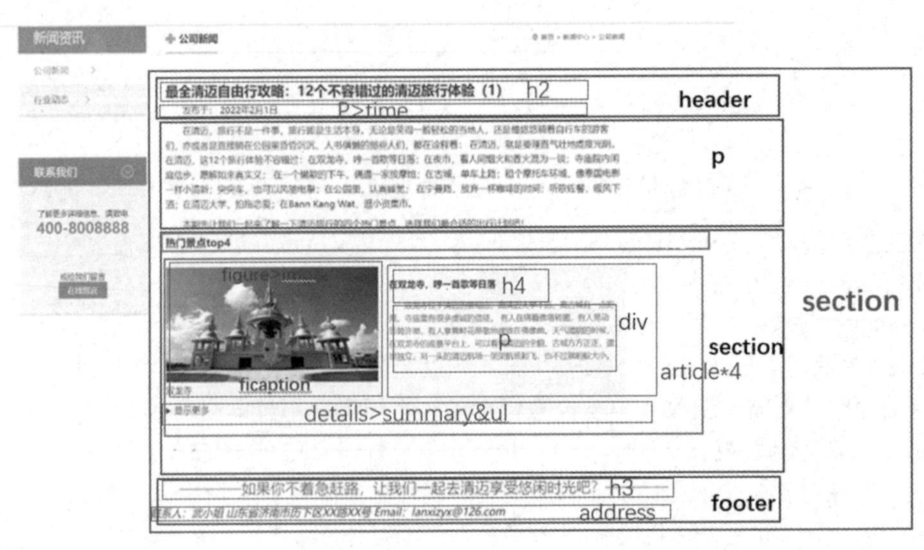

图 10-7　新闻详情页-文章模块结构图

整个文章模块包裹在一个<section>标记中。<section>标记中嵌套了<header>标记、<p>标记、<section>标记、<footer>标记结构。

<header>标记包裹文章的标题，标题有副标题，使用了<hgroup>标记，并在副标题中用<time>标记设置了发表时间，便于引擎抓取。

<section>标记中嵌套了<p>标记。<p>标记中有两段文字，用来描述文章的主要内容。

<section>标记中嵌套了另一个<section>标记，其文本内容是景点的详细介绍。每个景点的介绍被单独放在一个<article>标记中，彼此独立。共 4 个景点，对应 4 个<article>标记。

🕮**注意：**结构图中只详细写了一个<article>标记的结构，其他 3 个是相同的。在几个<article>标记中，左侧是图片与图片标题，使用<figure>标记嵌套<img>标记和<ficaption>标记定义；右侧是文章，使用了<div>嵌套<h3>标记和<p>标记来定义。下面是显示更多信息的<details>折叠标记。在<details>标记中，嵌套了<summary>标记和定义内容的<ul>标记。

在<section>标记中还嵌套了<footer>标记，其中又嵌套了<h3>标记和<address>标记。

2. 样式分析

分析文章模块结构图，可以分 4 个部分设置样式或标记属性，具体如下。

（1）文章模块作为新闻详情页的新闻内容部分，继承了首页和其他二级页面的公共样式，如左右浮动、清除浮动、内容标题的基本样式、<a>标记文本的字体样式等。在文章模块的标记中，应用公共样式中定义的类名，可以实现样式的设置。

（2）在文章模块中，对不同的样式进行设置。设置段落的字体大小 16px，行高为 1.6 倍，文字缩进 2 字符，填充为上下 5px，左右为 0。

（3）设置包裹每个景点内容容器的外边距和背景颜色；设置容器中文本内容<div>的宽度、高度及内填充，设置其中的<h2>标记、<p>标记的字体样式和间隔，做出文字块的样式。

（4）设置底部<h3>标记的字体大小、粗细，文本居中，字体颜色为本网站的主题色，以及内填充。

【模块制作】

1. 搭建 HTML 结构

根据上面的分析，使用相应的 HTML 标记来搭建网页结构，如例 10-9 所示。

【例 10-9】example18.html（部分代码）

```
…
<body id="news">
<!--头部区域-->
<header class="header">
    <a href="#" class="logo"><img src="images/hd_logo.jpg"></a>
    <div class="tel">咨询电话：<p>400-8008888</p></div>
    <nav class="nav">
        <li class="li_index"><a href="index.html">首页</a><span></span></li>
        …
    </nav>
</header>
<!--内页 banner 区域-->
<div class="ny_banner"> … </div>
<!--内容区域-->
<div class="ny_main">
<!--左侧边栏-->
<div class="aside float_l"> … </div>
<!--右侧图文区-->
```

```
<div class="ny_con float_r">
        …
            <section class="con ny_nw_con">
                <header>
                    <hgroup>
                        <h2>最全清迈自由行攻略：12 个不容错过的清迈旅行体验（1）</h1>
                        <p>发布于：
                            <time datetime="2022-02-01">2022 年 2 月 1 日</time>
                        </p>
                    </hgroup>
                </header>
                <p>在清迈，旅行不是一件事……</p>
                <p>…</p>
                <section class="con_list">
                    <h3>热门景点 Top4</h3>
                    <article class="nw_box">
                        <figure class="float_l">
                            <img src="images/news_box1.jpg" alt="" >
                            <figcaption>双龙寺</figcaption>
                        </figure>
                        <div class="tex float_r">
                            <h4>在双龙寺，哼一首歌等日落</h4>
                            <p>…</p>
                        </div>
                        <div style="clear:both"></div>
                            <details>
                                <summary>显示更多</summary>
                                <ul contenteditable="true" >
                                    <li>… </li>
                                    <li>大众评分：<meter value="65" min="0" max="100"
low="60" high="80" title="65 分" optimum="100">65</meter>
                                    </li>
                                    …
                                </ul>
                                <hr size="3" color="#ccc">
                            </details>
                    </article>
                    …
                </section>
                <footer>
                    <h3 class="ab_footer">…</h3>
                    <address>联系人：武小姐……</address>
                </footer>
            </section>
    <ul class="page">…</ul>
    </div>
    <div style="clear:both"></div>
    </div>
    <!--底部区域-->
```

```
<div class="footer">…</div>
</body>
```

在例 10-18 所示的 HTML 结构代码中，对多个需要设计相同样式的<div>标记定义了公共属性 class，以便后续通过类选择器对其统一进行样式控制。对于需要单独控制样式的标记，定义了单独的 class 属性，进行针对性的设置。

2. 定义 CSS 样式

在搭建完网页结构后，接下来使用 CSS3 对网页样式进行修饰。

在 style 文件夹中创建样式表文件 example18.css，并在 example18.html 文档的<head></head>标记中，通过<link>标记引入样式表文件 example18.css。下面在样式表文件 example18.css 中写入 CSS 代码，控制文章模块的外观样式，采用从整体到局部的方式实现图 10-7 所示的效果，具体代码可参考本项目的源代码 example18.css。

（1）全局样式设置。

首先定义网页的统一样式，为本任务涉及的所有标记设置 margin 和 padding 属性值均为 0，清除浏览器的默认外边距和内边距，并设置文字相关标记的字体为微软雅黑，颜色为 #333；设置背景颜色，高度为 100%，取消 ul、ol、li 的默认列表样式，取消图像的默认边框，取消 a 链接的文本下画线。

（2）整体布局实现。

根据效果图，整个详情页面中的头部区域、banner 区域、底部区域样式可以引入首页的结构与设置。将 banner 区域、侧边区域，以及具体内容应用的段落标记、浮动等设置为公共样式。至此，我们完成了图 10-1 所示的新闻详情页面的 CSS 样式制作。

任务 10.2 CSS3 高级应用

渐变属性

【任务提出】

任务 10.1 中对页面元素进行了基本布局，为了使页面更加美观，吸引用户浏览页面，可以为相关元素添加美化效果。

【学习目标】

知识目标	技能目标	思政目标
√掌握 CSS3 渐变属性的定义及使用方法	√能够正确使用 CSS3 的高级属性来设置和美化页面	√拓展国际化视野，提升文化素养，增强文化自信

【知识储备】

10.2.1 线性渐变

渐变可以实现两种或多种指定颜色之间平滑过渡的效果。在 CSS3 诞生之前，网页中的渐变效果要通过先制作一张渐变图像，再以背景图像的方式引入网页的方法实现。而 CSS3 增加了渐变属性，通过设置渐变属性可以轻松地实现渐变效果。

CSS3 定义了两种渐变属性：线性渐变（向下/向上/向左/向右/对角线）和径向渐变（由其中心定义）。

在设置线性渐变属性后，起始颜色会沿着一条直线过渡到结束颜色。如果需要创建线性渐变，则必须定义至少两个色标，色标是要呈现平滑过渡的颜色，还要设置起点、角度（或方向）以及渐变效果，语法格式如下。

```
background-image:linear-gradient(渐变角度或方向,颜色值 1,颜色值 2,...,颜色值 n);
```

渐变角度是指水平线和渐变线之间的夹角，可以是 to 加 left、right、top 和 bottom 等表示方向的关键词，或者以 deg 为单位的角度值。其中，to top 对应 0deg，to bottom 对应 180deg。渐变方向是指以 to bottom 或 0deg 为起点，顺时针旋转的角度值为夹角的线条方向，如图 10-8 所示。当逆时针旋转时，角度值为负值。如果未设置渐变方向，则默认方向为 to bottom 或 180deg。

以下代码设置了渐变方向为-90deg，渐变颜色为红色和黄色，这样就在 grad 元素内部，由右至左实现了由红色到黄色的均匀渐变。

```
#grad {
  background-image: linear-gradient(-90deg, red, yellow);
}
```

"颜色值 1"表示起始颜色，"颜色值 n"表示结束颜色，起始颜色和结束颜色之间可以添加多个颜色值，各颜色值之间用","隔开。以下代码设置了 3 个渐变颜色，红色、黄色、绿色，这样就沿渐变方向实现了由红色到黄色再到绿色的均匀渐变。

```
#grad {
  background-image: linear-gradient(red, yellow, green);
}
```

CSS 的渐变属性还支持调整透明度，也可以用于创建渐变效果。以下代码设置了从左开始的线性渐变，开始时完全透明，然后过渡为纯红色。

```
#grad {
  background-image: linear-gradient(to right, rgba(255,0,0,0), rgba(255,0,0,1));
}
```

还可以在每个颜色的后面书写一个百分比数值，用来表示这个颜色渐变的位置，颜色值和百分比数值之间需要用空格间隔。在以下代码中，黑色的位置是 0%，也就是起点位置；白色的位置是 40%，也就是整个渐变路径的 40%。渐变的最终效果如图 10-9 所示，从 0% 到 40%的位置实现了由黑色到白色的渐变，40%之后都是白色。

```
#grad {
  background-image: linear-gradient(to bottom, #000 0%, #fff 40%);
}
```

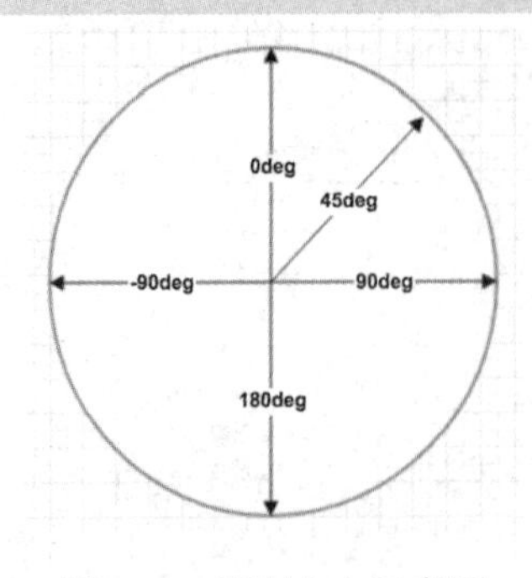

图 10-8　渐变方向示意图

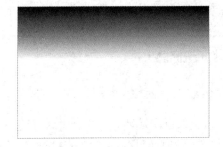

图 10-9　溅变效果示意图

10.2.2　径向渐变

径向渐变是网页中一种常用的渐变，在径向渐变过程中，起始颜色会从一个中心点开始，按照椭圆或圆形的形状向外进行渐变。运用 CSS3 的 radial-gradient()方法可以实现径向渐变效果，其基本语法格式如下。

```
background-image:radial-gradient(渐变形状 圆心位置,颜色值 1,颜色值 2...,颜色值 n);
```

下面这段代码为 div 元素设置了背景径向渐变效果。其中，渐变形状和圆心位置未设置，使用默认值；渐变颜色为由红色到绿色。这段代码在 Google Chrome 中的运行效果如图 10-10 所示。

```
div{
    width:300px;
    height:200px;
    background-image: radial-gradient(red,green);
}
```

1. 径向渐变参数设置

同线性渐变一样，CSS3 只能为 background-image 或 background 属性设置径向渐变，radial-gradient()用于定义渐变方式为径向渐变，括号内的参数用于指定渐变形状、渐变的圆心位置和渐变的颜色值。

（1）渐变形状。

渐变形状的常用值有 circle（圆形）、ellipse（椭圆形）、像素和百分比。其中，像素或百分比用于定义渐变形状的水平和垂直半径，如“50px 80px”或“70% 40%”。在以下代码中，渐变形状的水平半径为宽度的 40%，垂直半径为高度的 30%，径向渐变效果如图 10-11 所示。如果不设置渐变形状，那么默认值是 100%。此外，还可以使用 closest-side、farthest-side、closest-corner、farthest-corner 定义渐变的大小。

```
div{
    width:300px;
    height:200px;
    background-image: radial-gradient(40% 30%,red,green);
}
```

图 10-10　径向渐变

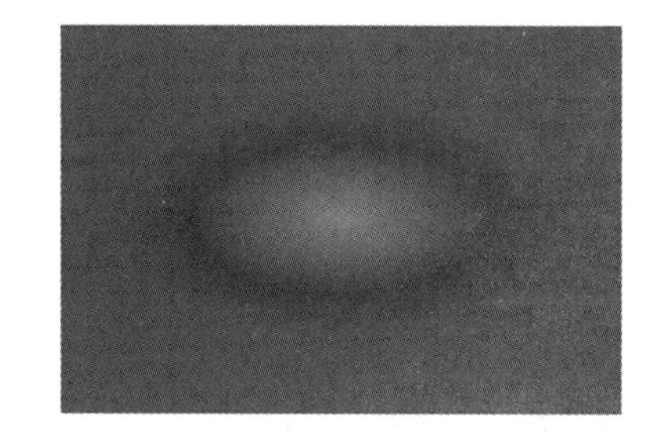

图 10-11　设置渐变形状

（2）圆心位置。

圆心位置用于确定径向渐变产生的中心位置，使用“at”加上关键词或参数值来定义。在以下代码中，圆心位置为水平位置 0px、垂直位置 100px 的点，径向渐变效果如图 10-12 所示。

```
div{
    width:300px;
    height:200px;
    background-image: radial-gradient(circle at 0px 100px,red, green,blue);
```

```
}
```

由此可见，定义圆心位置的同时需要描述圆心的水平和垂直坐标。既可以使用像素或者百分比进行定义，也可以使用 top、bottom、left、right、center 等方位关键词进行定义。如果圆心的水平和垂直坐标相同，则可以只写一个值。如果不定义圆心位置，则使用默认值 center。

（3）颜色值。

颜色值是径向渐变的颜色。“颜色值 1”表示起始颜色，“颜色值 n”表示结束颜色，起始颜色和结束颜色之间可以添加多个颜色值，各颜色值之间用“,”隔开。在以下代码中设置了 3 个渐变颜色，红色、绿色和蓝色，这样就从圆心开始，在渐变形状的范围内，实现了由红色到绿色再到蓝色的均匀渐变，渐变效果如图 10-13 所示。

```
div{
    width:300px;
    height:200px;
    background-image: radial-gradient(circle at center,red, green,blue);
}
```

图 10-12　设置圆心位置

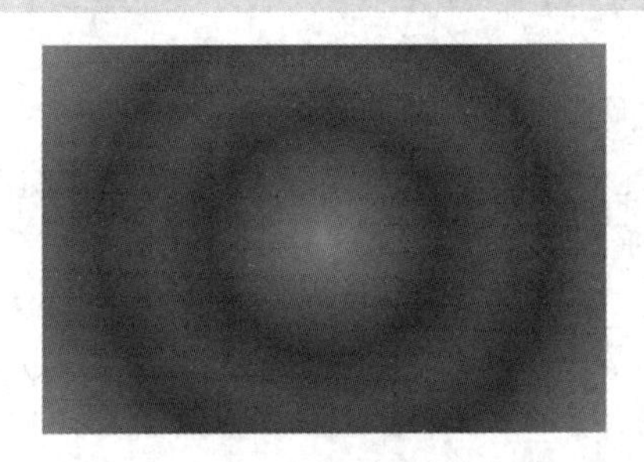

图 10-13　多颜色渐变

同样，我们可以在每个颜色的后面书写一个百分比，用来表示这个颜色渐变的位置，颜色值和百分比之间需要用空格间隔。在以下代码中，红色的位置是 10%，也就是从圆心到 10%的位置是红色；绿色的位置是 30%，也就是从 10%到 30%的位置是由红色渐变到绿色；蓝色的位置是 50%，也就是从 30%到 50%的位置是由绿色渐变到蓝色，50%到 100%的位置都是蓝色。渐变的最终效果如图 10-14 所示。

```
div{
    width:300px;
    height:200px;
    background-image: radial-gradient(circle,red 10%, green 30%,blue 50%);
}
```

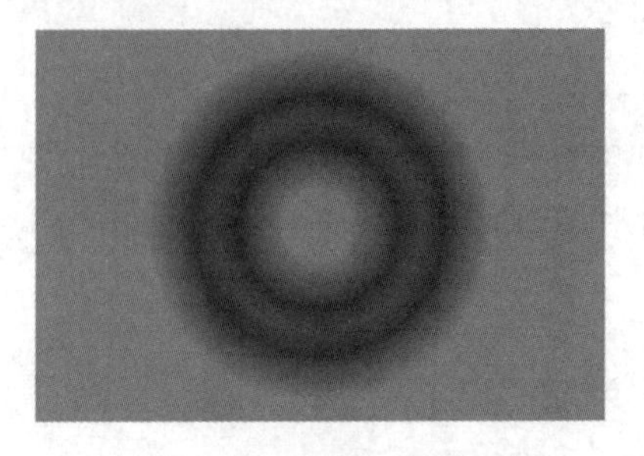

图 10-14　设置渐变颜色位置

2. 重复渐变属性

在网页设计中，经常需要在一个背景上重复应用渐变模式，这可以通过 CSS3 的重复渐变属性轻松实现。

重复渐变包括重复线性渐变和重复径向渐变。重复线性渐变通过 repeating-linear-gradient(参数值)实现，其参数取值与线性渐变相同；重复径向渐变通过 repeating-radial-gradient(参数值)实现，其参数取值与径向渐变相同。

```
div{
    width:300px;
    height:200px;
    background-image: repeating-linear-gradient(red, yellow 10%, green 20%);
}
```

上面这段代码定义了一个重复线性渐变，这段代码在 Google Chrome 中的运行效果如图 10-15 所示。

```
div{
    width:300px;
    height:200px;
    background-image: repeating-radial-gradient (red, yellow 20%, green 35%);
}
```

上面这段代码定义了一个重复径向渐变，这段代码在 Google Chrome 中的运行效果如图 10-16 所示。

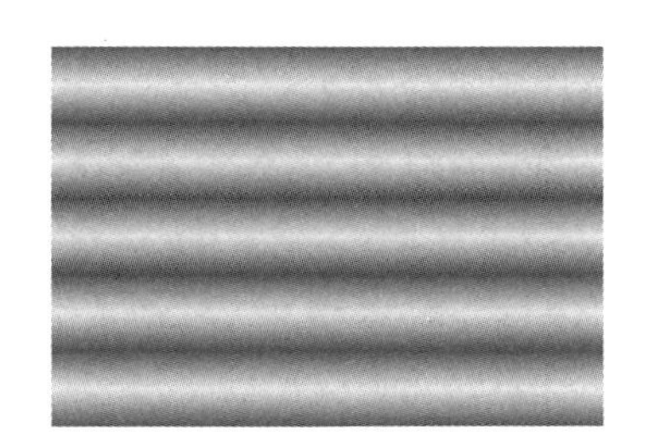

图 10-15　重复线性渐变

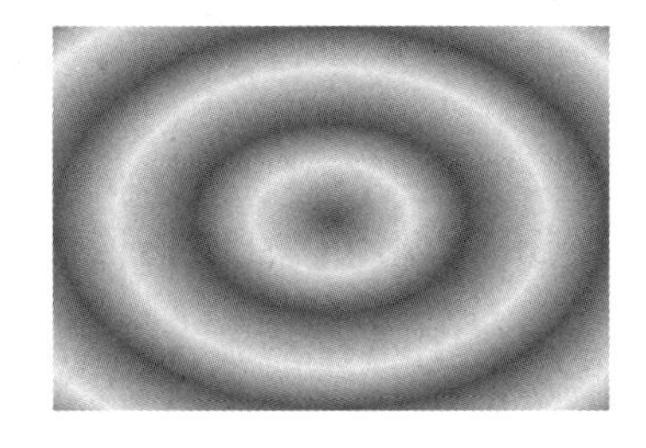

图 10-16　重复径向渐变

10.2.3　文字渐变

通过 CSS3 还可以实现文字颜色的渐变效果。

首先需要明确，渐变属性是为元素的背景图像或背景属性设置的，无法为文字颜色属性 color 设置渐变。所以如果想要实现文字颜色的渐变效果，则必须给文字背景也设置渐变属性，需要分 4 步来实现。

首先，设置文字颜色（color 属性）为透明色；其次，为文字标记设置背景图像的渐变属性，例 10-10 设置的是线性渐变属性；再次，设置文字标记的背景裁剪区域为文字，这样就可以只在文字范围内显示背景了；最后，背景裁剪是一个 CSS3 的新增属性，为了防止浏览器不兼容，还需要为各个浏览器设置兼容写法。至此，就实现了文字颜色渐变效果。示例代码如例 10-10 所示，在 Google Chrome 中的运行效果如图 10-17 所示。

【例 10-10】example29.html

```
<!DOCTYPE html>
<html>
```

```
    <head>
        <meta charset="utf-8">
        <title>文字渐变</title>
        <style>
          p{
              font-size: 60px;
              background-image: linear-gradient(135deg,red,blue);
              background-clip:text;
              -webkit-background-clip:text;
              color: transparent;
          }
    </style>
</head>
<body>
    <p>
        我是渐变文字
    </p>
</body>
</html>
```

127.0.0.1:8848/示例源代码（项目十）/example29.html

我是渐变文字

图 10-17　设置文字颜色渐变

【任务实施】使用 CSS3 设置新闻详情页面样式

【效果分析】

观察效果图，在图 10-1 的基础上，为相关元素添加新的效果，如图 10-18 所示。

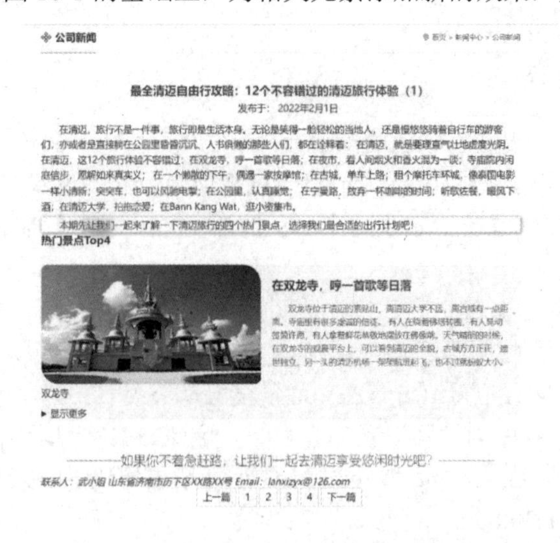

图 10-18　新闻详情页面-文章模块效果图

分析效果图，对下列标记元素进行样式设置和效果美化。

（1）标题区域，为文字颜色添加渐变效果，为发表时间也添加文字颜色渐变效果，突出显示。

（2）为第二个段落的<p>标记，添加边框阴影效果。

（3）为“热门景点 TOP4”标题中的 TOP4 添加文字投影，强调“很火”的效果。

（4）为每个景点的图像添加圆角边框，为内容简介的标题添加文字颜色渐变效果。

（5）为底部的标题文字颜色添加渐变效果。

【模块制作】

在上一个任务实施的基础上，继续完善 CSS 代码，控制文章模块的外观样式，实现上述效果。

（1）文字渐变色设置。

在 example33.css 文件中，为类名为 ny_nw_con 的<h2>标记、类名为 nw_box 的<h4>标记，以及类名为 ab_footer 的<h3>标记设置文字渐变样式。设置文字颜色为透明，背景图像为线性渐变，背景裁剪区域为 text，完成效果图中标题文字效果的设置。

```
.ny_nw_con header h2,.nw_box .tex h4,.ny_nw_con h3.ab_footer{
        font-size:20px;
        color:transparent;
        background-image: linear-gradient(135deg,#00408f,#00b3e1);
        background-clip:text;
        -webkit-background-clip:text;
}
```

（2）边框阴影设置。

为类名为 ny_nw_con 的标记中的类名为 box_sw 的<p>标记，设置边框阴影。

```
.ny_nw_con p.box_sw{ box-shadow:1px 1px 5px #00b3e1;line-height: 16px;}
```

（3）文字阴影设置。

为类名为 con_list 的标记中的<h3>标记中的<b>标记，设置文本阴影效果。

```
.ny_nw_con .con_list h3 b{
        margin-top:20px;
        text-shadow:0 0 4px white,
                    0 -5px 4px #fd3,
                    -2px -15px 11px #f80,
                    2px -25px 18px #f20;
}
.ny_nw_con .nw_box img{ border-radius: 10px 30px;}
```

项目小结

拓展-10.1.4-完善旧标记

本项目深入讲解 HTML5 的新增标记和 CSS3 高级属性的定义及使用方法，并针对应用过程中的语法和效果进行了详细的介绍。

HTML5 新增的标记很好地解决了以往标记的弊端，CSS3 高级属性的设置让页面效果更加生动，更能吸引用户浏览。这为网页设计带来了更合理、有效和美观的效果。

课后习题

一、单选题

1．下列选项中，属于导航菜单的标记是（　　）。

A．<nav>　B．<section>　C．<article>　D．<header>

2．下列选项中，属于页面底部的标记是（　　）。

A．<nav>　B．<section>　C．<article>　D．<footer>

3．在 HTML 5 中，可以对页面的标题进行分组的元素是（　　）。

A．address　B．hgroup　C．section　D．nav

4．以下可以为<figure>标记添加标题的元素是（　　）。

A．title　B．h3　C．figcaption　D．caption

5．关于<header>和<footer>标记，说法错误的是的元素是（　　）。

A．<footer>标记定义文档或节的页脚

B．<header>标记定义文档的页眉

C．<header>和<footer>是 HTML 5 中的新标记

D．在一个文档中只可以使用一个<footer>标记

二、简答题

1．请简述 HTML5 中新增结构标记有哪些，应用场景是怎样的。

2．请简述 CSS3 的渐变属性有哪几种，其参数值是如何设置的。

项目 11

制作页面动画效果

情景引入

经过一段时间的开发，小李同学已经基本完成了旅游网站主要页面的制作。网站的内容新颖、布局美观，但所有网页都是静态的，小李同学想为网页添加一些动态效果，让网站更具吸引力。在早期的网页开发中，一般通过 JavaScript 脚本或 Flash 来制作网页的动态效果，制作过程比较复杂，而 CSS3 提供了新的属性，对动态效果的制作提供了强有力的支持，可以实现过渡、移动、缩放、旋转等动画效果。

任务 11.1 过渡效果的实现

过渡

【任务提出】

根据网页效果图，制作旅游网站首页头部导航菜单的动画效果，如图 11-1 所示，在用户鼠标滑上导航菜单时，当前菜单项下方会出现一根从中心点向两侧不断伸展的线条。本任务讲解如何使用 CSS3 的过渡属性制作样式逐渐变化的动画效果。

动画开始时

咨询电话：400-8008888

首页 行业资质 新闻中心 定制旅行 在线论坛 联系我们 会员登录

咨询电话：400-8008888

首页 行业资质 新闻中心 定制旅行 在线论坛 联系我们 会员登录

动画结束时

咨询电话：400-8008888

首页 行业资质 新闻中心 定制旅行 在线论坛 联系我们 会员登录

图 11-1 首页头部导航菜单的动画效果

【学习目标】

知识目标	技能目标	思政目标
√掌握过渡属性的设置方法。 √掌握常见的过渡触发方式	√能够应用过渡属性制作灵活多样的过渡动画效果	√培养审美意识，提高审美水平

【知识储备】

CSS3 的过渡属性

CSS3 提供了强大的过渡属性，可以在不使用 Flash 动画或者 JavaScript 脚本的情况下，为元素的样式转变添加平滑的过渡效果，如位置逐渐变化、宽高逐渐变化、颜色逐渐变化等。CSS3 的过渡使用 transition 属性进行定义，transition 属性的基本语法格式如下。

```
transition：transition-property    transition-duration    transition-timing-function    transition-delay;
```

transition 属性是一个复合属性，用于一次性地设置 transition-property、transition-duration、transition-timing-function 和 transition-delay 这 4 个过渡属性。这 4 个过渡属性既可以单独使用，也可以通过用 transition 属性复合使用。4 个过渡属性的描述如表 11-1 所示。

表 11-1　4 个过渡属性的描述

属性	描述
transition-property	定义应用过渡效果的 CSS 属性的名称
transition-duration	定义完成过渡效果的时间（单位为秒或毫秒）
transition-timing-function	定义过渡效果的速度变化
transition-delay	定义过渡效果的延迟时间

下面将分别介绍 transition-property、transition-duration、transition-timing-function 和 transition-delay 这 4 个过渡属性的使用，最后介绍 transition 复合属性的使用。

1. transition-property 属性

transition-property 属性用于指定应用过渡效果的 CSS 属性的名称，当指定的 CSS 属性改变时，才会为其添加平滑的过渡效果，其基本语法格式如下。

```
transition-property:   property | all | none ;
```

transition-property 的属性值包括 property、all 和 none，如表 11-2 所示。

表 11-2　transition-property 的属性值

属性值	描述
property	定义应用过渡效果的 CSS 属性的名称，多个名称之间以逗号分隔
all	所有属性都将获得过渡效果
none	没有属性会获得过渡效果

如果属性值为 width，则只为元素的宽度变化添加平滑的过渡效果。如果需要设置多个过渡属性，那么多个属性之间要使用英文逗号分隔，也可以将属性值设置为 all，这样所有发生变化的属性都会被添加过渡效果。

2. transition-duration 属性

transition-duration 属性用于定义完成过渡效果的时间，默认值为 0，常用单位是秒（s），也可用毫秒（ms），其基本语法格式如下。

```
transition-duration: time ;
```

在上述语法格式中，规定完成过渡效果需要花费的时间为 time，其默认值为 0，默认无过渡效果。当 time 的值为正值时，表示从 A 样式转变为 B 样式的过渡持续时间。

下面通过例 11-1 来演示 transition-property 和 transition-duration 属性的用法，过渡效果通常在用户将指针移动到元素上时发生。

【例 11-1】example01.html

```
<!DOCTYPE html>
<html>
	<head>
		<meta charset="utf-8">
		<title>transition-duration 属性</title>
		<style type="text/css">
			div {
				width: 100px;
				height: 100px;
				background: red;
				transition-property: all;
				transition-duration: 1s;
			}
			div:hover {
				width: 200px;
				height: 200px;
				background: green;
			}
		</style>
	</head>
	<body>
		<p>请把鼠标移动到 div 元素上，就可以看到宽度、高度、颜色变化的过渡效果</p>
		<div>div</div>
	</body>
</html>
```

在例 11-1 中，<div>标记选择器定义的样式为 A 状态，:hover 伪类选择器定义的样式为 B 状态。通过 transition-property 属性指定了产生过渡效果的 CSS 属性为全部属性，通过 transition-duration 属性定义了过渡时间为 1 秒。运行例 11-1 的代码，当鼠标指向<div>时，触发过渡动画，<div>由 A 状态变为 B 状态，即宽度由 100px 变为 200px，高度由 100px 变为 200px，背景色由红色变为绿色，整个变化过程用时 1 秒，效果如图 11-2 和图 11-3 所示。

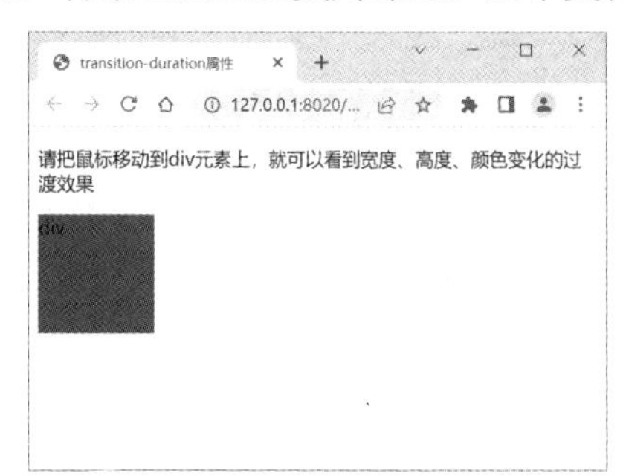

图 11-2　过渡效果开始时的 A 状态（1）

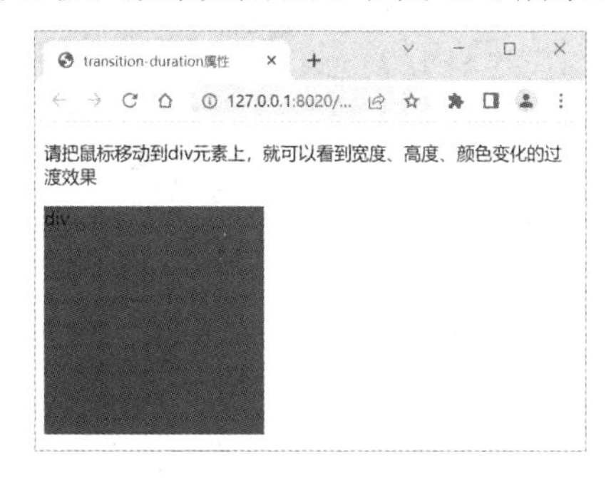

图 11-3　过渡效果完成时的 B 状态（1）

3．transition-timing-function 属性

transition-timing-function 属性用于定义过渡效果的速度变化，默认值是 ease，是以慢速开始，然后加快，最后慢慢结束的过渡效果，其基本语法格式如下。

```
transition-timing-function: ease | linear | ease-in …
```

这个属性的取值较多，其他常见的属性值及速度变化效果如表 11-3 所示。

表 11-3 transition-timing-function 的属性值

属性值	描述
ease	指定以慢速开始，然后加快，最后慢慢结束的过渡效果
linear	指定以相同速度开始至结束的过渡效果
ease-in	指定以慢速开始，然后逐渐加快的过渡效果
ease-out	指定以慢速结束的过渡效果
ease-in-out	指定以慢速开始和结束的过渡效果

下面通过案例 11-2 来演示 transition-timing-function 属性的用法。

【例 11-2】example02.html

```
<!doctype html>
<html>
	<head>
		<meta charset="utf-8">
		<title>transition-timing-function 属性</title>
		<style type="text/css">
			.bg {
				position: relative;
				width: 1000px;
				height: 500px;
				margin: 0 auto;
				background: url(images/bg.jpg);
			}
			.car {
				position: absolute;
				left: 0;
				bottom: 10px;
				width: 239px;
				height: 100px;
				background: url(images/car.png);
				/*指定动画过渡的 CSS 属性*/
				transition-property: left;
				/*指定动画过渡的时间*/
				transition-duration: 5s;
				/*指定动画以慢速开始，然后逐渐加快的过渡效果*/
				transition-timing-function: ease-in;
			}
			.bg:hover .car {
				left: 700px;
			}
```

```
        </style>
    </head>
    <body>
        <div class="bg">
            <div class="car"></div>
        </div>
    </body>
</html>
```

在例 11-2 的代码中，.bg 类选择器定义页面背景，.car 类选择器定义小汽车的初始样式 A 状态，:hover 伪类选择器定义小汽车的样式为 B 状态。通过 transition-property 属性指定了产生过渡效果的 CSS 属性为 left 属性，通过 transition-duration 属性定义了过渡时间为 5 秒，通过 transition-timing-function 属性定义了速度变化为逐渐加快的过渡效果。

运行例 11-2 的代码，当鼠标指向.bg 页面背景时，触发过渡动画，.car 小汽车由 A 状态变为 B 状态，即 left 的属性值变为 700px，小汽车逐渐加速从页面背景左侧移动到右侧，整个变化过程用时 5 秒。效果如图 11-4 和图 11-5 所示。

图 11-4　过渡效果开始时的 A 状态（2）

图 11-5　过渡效果完成时的 B 状态（2）

4. transition-delay 属性

transition-delay 属性用于定义过渡效果的延迟时间，默认值是 0，常用单位是秒或毫秒，其基本语法格式如下。

```
transition-delay: time ;
```

transition-delay 的属性值可以为 0、正整数和负整数。属性值为 0 表示无延迟时间，一经触发就立即开始播放过渡效果。属性值为正值表示在延迟该时间后播放过渡效果。属性值为负值表示过渡效果在该时间内开始播放，相当于之前这段时间的过渡效果被截断了。

在例 11-2 的代码中增加 transition-delay 属性设置，如例 11-3 所示。

【例 11-3】example03.html

```
.car {
    position: absolute;
    left: 0;
    bottom: 10px;
    width: 239px;
    height: 100px;
    background: url(images/car.png);
    /*指定动画过渡的 CSS 属性*/
    transition-property: left;
    /*指定动画过渡的时间*/
    transition-duration: 5s;
```

```
        /*指定动画以慢速开始，然后逐渐加快的过渡效果*/
        transition-timing-function: ease-in;
        /*指定动画延迟的时间*/
        transition-delay: 2s;
}
```

上述代码使用 transition-delay 属性指定过渡效果延迟两秒触发。运行例 11-3 的代码，当鼠标指向.bg 页面背景时，触发过渡动画，.car 小汽车延迟两秒后，逐渐加速从页面背景左侧移动到右侧，整个变化过程用时 5 秒。在移走鼠标时，要等待两秒，小汽车才会逐渐加速从页面背景右侧返回左侧。

5. transition 复合属性

transition 属性是一个复合属性，其属性值依次为 transition-property、transition-duration、transition-timing-function 和 transition-delay。其中，过渡持续时间是必须要设置的，其他属性值可以保持默认。一定要注意的是，各个参数必须按照顺序进行定义，不能颠倒。

下面通过案例 11-4 来演示 transition 属性的用法。

【例 11-4】example04.html

```
<!doctype html>
<html>
        <head>
                <meta charset="utf-8">
                <title>transition 属性</title>
                <style type="text/css">
                        div {
                                width: 100px;
                                height: 100px;
                                margin: 50px auto;
                                background: red;
                                transition: all 1s linear 2s;
                        }
                        div:hover {
                                width: 200px;
                                height: 200px;
                                background: green;
                                border-radius: 50%;
                        }
                </style>
        </head>
        <body>
                <div></div>
        </body>
</html>
```

在例 11-4 的代码中，<div>标记选择器定义的样式为 A 状态，:hover 伪类选择器定义的样式为 B 状态。通过 transition 属性指定了产生过渡效果的 CSS 属性为全部属性，过渡时间为 1 秒，过渡速度为匀速，过渡延迟时间为两秒。运行例 11-4 的代码，当鼠标指向<div>时，触发过渡动画，等待两秒后，<div>由 A 状态变为 B 状态，即宽度由 100px 变为 200px，高度由 100px 变为 200px，背景颜色由红色变为绿色，形状由正方形变为圆形，整个变化过程用时 1 秒，效果如图 11-6 和图 11-7 所示。

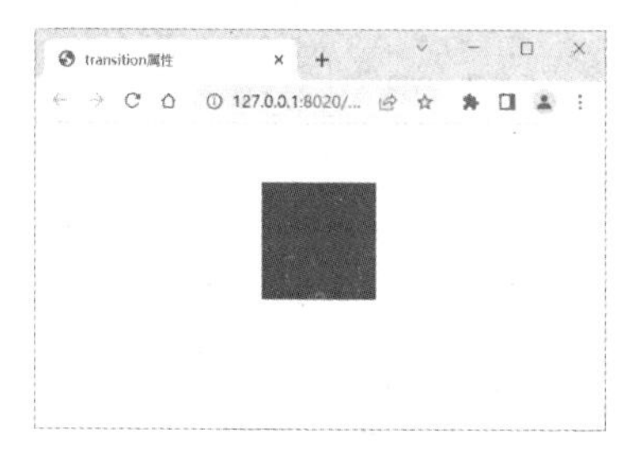

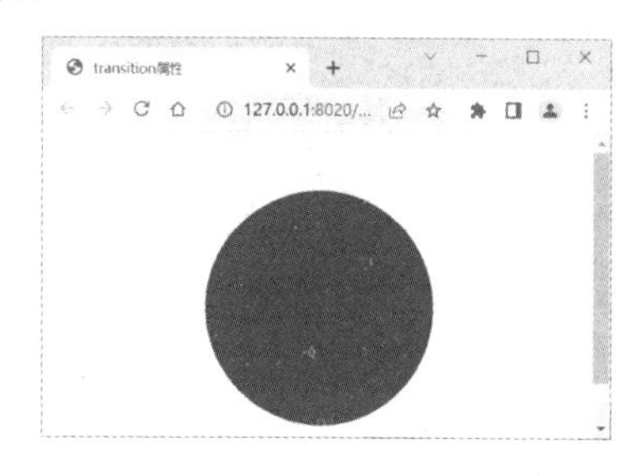

图 11-6　过渡效果开始时的 A 状态（3）　　图 11-7　过渡效果完成时的 B 状态（3）

6. 设置过渡触发方式

CSS3 过渡动画一般通过动态伪类触发，常见的过渡触发方式如表 11-4 所示。其中，最常用的过渡触发方式是:hover 伪类。

表 11-4　常见的过渡触发方式

动态伪类	作用元素	描述
:hover	所有元素	鼠标经过元素
:active	所有元素	鼠标单击元素并按住鼠标时
:focus	表单控件-输入框	输入框获取焦点
:checked	表单控件-单选按钮、复选框	被选中时

表 11-4 中的动态伪类的使用方法相同，在实际开发中可以根据过渡效果的触发方式灵活选用。下面通过例 11-5 来演示通过:focus 伪类触发输入框过渡效果的方法。当输入框获取焦点时，输入框的背景颜色逐渐高亮显示。

【例 11-5】example05.html

```
<!doctype html>
<html>
    <head>
        <meta charset="utf-8">
        <title>:focus 伪类触发输入框过渡效果</title>
        <style type="text/css">
            label {
                display: block;
                margin: 6px 2px;
            }
            input {
                padding: 4px;
                border: solid 1px #ddd;
                transition: background-color 1s ease-in;
            }
            input:focus {
                background-color: #9FFC54;
            }
        </style>
    </head>
```

```
    <body>
        <form   action="" method="post">
            <fieldset>
                <legend>用户登录</legend>
                <label for="name">姓名
                    <input type="text" id="name" name="name" >
                </label>
                <label for="pass">密码
                    <input type="password" id="pass" name="pass" >
                </label>
            </fieldset>
        </form>
    </body>
</html>
```

在例 11-5 的代码中，:focus 伪类选择器定义的是 input 元素获取焦点时的样式。通过 transition 属性指定了产生过渡效果的 CSS 属性为背景颜色、过渡时间为 1 秒、过渡速度为逐渐加速。运行例 11-5 的代码，当 input 元素获取焦点时，触发过渡动画，当前 input 元素的背景颜色由默认的白色逐渐变为草绿色，整个变化过程用时 1 秒，效果如图 11-8 和图 11-9 所示。

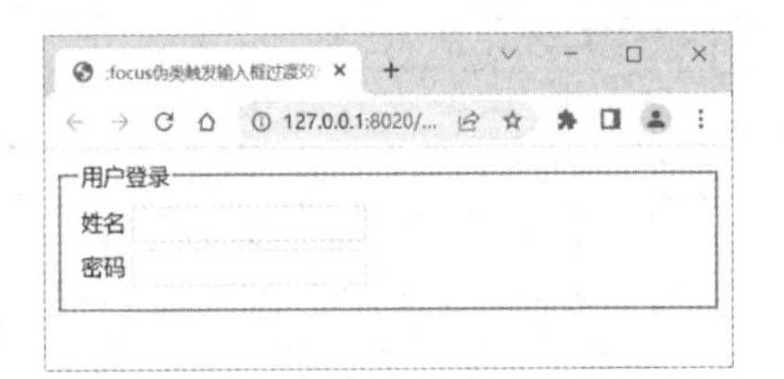

图 11-8　过渡效果开始时的 A 状态（4）

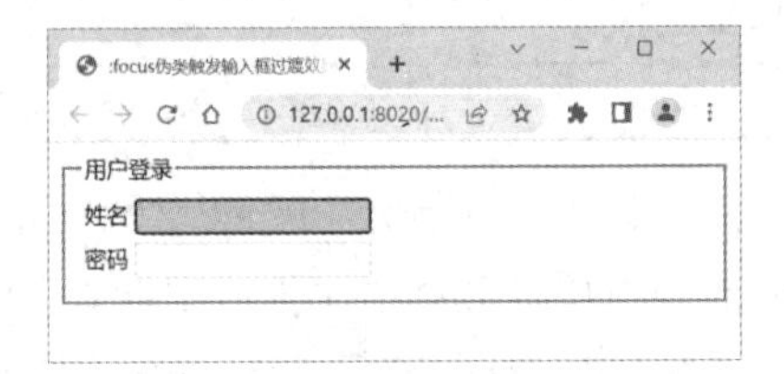

图 11-9　过渡效果完成后时的 B 状态（4）

【任务实施】制作导航菜单动画效果

【效果分析】

1. 结构分析

在项目 6 中，我们已经实现了导航菜单的排版，这里需要在项目 6 的基础上，对 HTML 结构稍做更改，以便实现导航菜单的动态效果。

观察网页效果图，可以看到鼠标指向某个菜单项时，文字下方会出现一根蓝色的线，所以需要在<a>标记的后面添加<span></span>标记对，用来实现蓝色线条的排版。更改后的导航菜单的结构如图 11-10 所示。

图 11-10　导航菜单结构图

2. 样式分析

为实现过渡效果，为<span>标记设置 CSS 属性，产生过渡效果的 CSS 属性主要是宽度和水平位置。在初始状态下，线条不可见，<span>标记的宽度为 0；在过渡结束后，<span>

标记的宽度变为 100%。若只设置宽度变化，则线条是从左侧向右侧伸展的。如果想要线条从中心点向两侧不断伸展，则需要同时改变<span>标记的 left 属性值。在初始状态下，<span>标记的 left 属性值为 50%，过渡结束后，<span>标记的 left 属性值变为 0。具体可分为 4 个方面进行设置。

（1）为实现子元素<span>的定位，为父元素<li>设置绝对定位属性。

（2）转换<span>标记为块级元素，设置宽度、高度、背景颜色、相对定位、left 属性值、bottom 属性值以及过渡属性等样式。

（3）当设置鼠标指向<li>时，<span>标记会改变宽度及 left 属性值。

（4）当设置鼠标指向<a>时，菜单项的文字颜色会发生变化。

【模块制作】

1. 搭建 HTML 结构

根据上面的分析，更改 HTML 结构，添加<span>标记，如例 11-6 所示。

【例 11-6】example06.html

```
<ul class="nav">
    <li><a href="index.html">首页</a><span></span></li>
    <li><a href="#">行业资质</a><span></span></li>
    <li><a href="#">新闻中心</a><span></span></li>
    <li><a href="pro.html">定制旅行</a><span></span></li>
    <li><a href="message.html">在线论坛</a><span></span></li>
    <li><a href="#">联系我们</a><span></span></li>
    <li><a href="login.html">会员登录</a><span></span></li>
</ul>
```

2. 定义 CSS 样式

在搭建完 HTML 结构后，接下来设置<span>和<li>等标记的样式。

（1）<li>标记的样式设置。

为<li>标记设置绝对定位属性，CSS 代码如下。

```
.nav li {
    float: left;
    position: relative;        /*绝对定位*/
}
```

（2）<li>标记的样式设置。

定义<span>标记的样式为块级元素，高度为 3px，背景颜色为#00b3e1，相对定位，bottom 属性值为 0。根据过渡效果的变化，设置<span>标记的宽度为 0px，left 属性值为 50%，过渡时间为 0.3 秒，默认对所有发生变化的样式应用过渡效果。

```
.nav li span {
    display: block;
    width: 0;
    height: 3px;
    background: #00b3e1;
    position: absolute;
    bottom: 0;
    left: 50%;
    transition: 0.3s;
```

```
}
```

（3）通过 hover 伪类设置鼠标指向<li>时<span>的样式。

通过伪类选择器 :hover，定义当鼠标指向某一导航项时，<span>标记的样式变为宽度100%，与父元素<li>标记同宽，left 属性值为 0，CSS 代码如下。

```
.nav li:hover span {
    width: 100%;
    left: 0
}
```

（4）通过 hover 伪类设置鼠标指向<a>时的样式。

通过伪类选择器:hover，定义当鼠标指向<a>时文字颜色变为#00b3e1，CSS 代码如下。

```
.nav li a:hover {
    color: #00b3e1;
}
```

至此，我们完成了图 11-1 所示的导航菜单的过渡效果制作，在将该样式应用于网页后，效果如图 11-11 和图 11-12 所示。

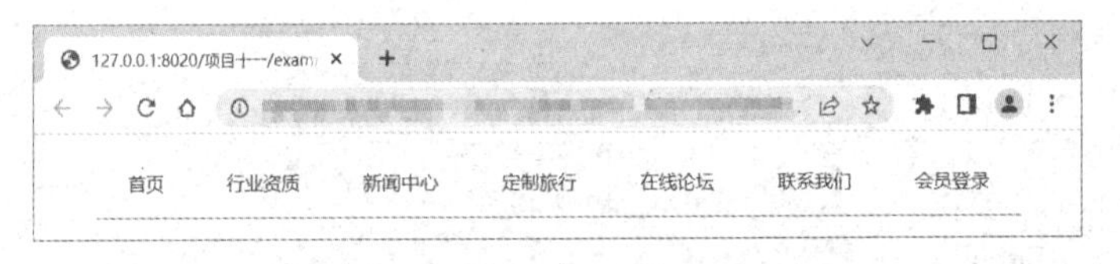

图 11-11　过渡效果开始前的导航菜单

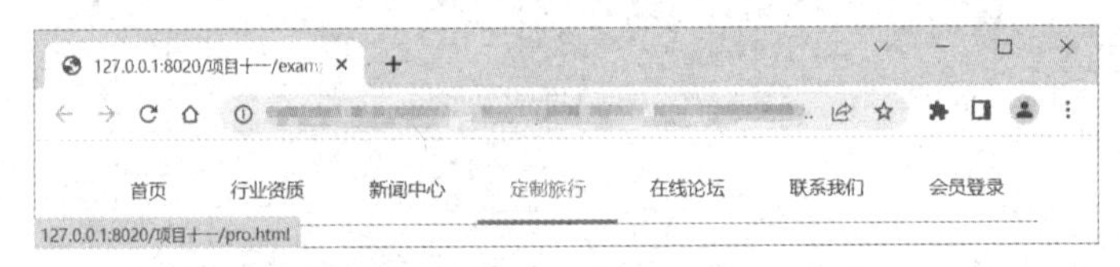

图 11-12　过渡效果完成后的导航菜单

任务 11.2　变形与动画效果的实现

【任务提出】

根据网页效果图，制作旅游网站会员登录页面的动画效果，如图 11-13 和图 11-14 所示，页面背景颜色不断变化。本任务讲解如何使用 CSS3 的变形属性和动画属性制作灵活多样的动画效果。

图 11-13　动画效果（1）

图 11-14　动画效果（2）

【学习目标】

知识目标	技能目标	思政目标
√掌握变形属性的设置方法。 √掌握动画属性的设置方法	√能够应用变形属性制作 2D 变形、3D 变形效果。 √能够应用动画属性制作网页中常见的动画效果	√提高审美和创新能力

【知识储备】

2D 变形

3D 变形

11.2.1 CSS3 的变形属性

通过设置 CSS3 的变形属性 transform 可以轻松实现网页元素的变形效果，如平移、缩放、倾斜及旋转等，大大降低了这类动画效果的开发难度，提高了网页开发人员的工作效率。CSS3 的变形使用 transform 属性进行定义，transform 属性的基本语法格式如下。

```
transform:  transform-functions | none;
```

CSS3 的变形属性是一系列效果的集合，包括平移、缩放、旋转、倾斜等，每个效果都能通过变形函数实现，可以让网页元素产生相应的效果变化。transform 的属性值默认为 none，用于行内元素和块级元素，表示没有变形效果；transform-functions 属性用于设置变形函数，可以设置一个或多个变形函数。这些变形函数可以应用于元素的 2D 变形和 3D 变形，下面分别进行讲解。

1．2D 变形

在 CSS3 中，使用 transform 属性可以实现 4 种 2D 变形效果，分别是平移、缩放、旋转和倾斜，如表 11-5 所示。

表 11-5　2D 变形函数

变形函数	描述
translate()	平移元素
scale()	缩放元素
skew()	倾斜元素
rotate()	旋转元素
matrix(n,n,n,n,n,n)	矩阵函数，可同时实现缩放、旋转、移动和倾斜功能（了解即可）

（1）平移。

使用 translate()函数能够重新定义元素的坐标，实现元素平移的效果，该函数包含两个参数，分别用于定义 *x* 轴和 *y* 轴坐标，其基本语法如下。

```
transform: translate(x,y);
```

- 参数 x 是元素在水平方向上移动的距离。当取值为正数时，元素沿水平方向向右移动；当取值为负数时，元素向左移动；当取值为 0 时，水平位置不发生变化。
- 参数 y 是元素在垂直方向上移动的距离。当取值为正数时，元素沿垂直方向向下移动；当取值为负数时，元素向上移动；如果省略了第 2 个参数，则取默认值 0，垂直位置不发生变化。

下面通过一个案例来演示 translate()函数的使用，如例 11-7 所示。

【例 11-7】example08.html

```
<!DOCTYPE html>
<html>
	<head>
		<meta charset="utf-8">
		<title>2D 平移</title>
		<style type="text/css">
			img {
				position: absolute;
				left: 20px;
				top: 10px;
				width: 300px;
				width: 300px;
			}
			img.bg {
				opacity: 0.3;
				border: dashed 1px red;
			}
			img.change {
				border: solid 1px red;
				/*x 轴向右偏移 150px，y 轴向下偏移 50px*/
				transform: translate(150px, 50px);
			}
		</style>
	</head>
	<body>
		<img class="bg" src="images/cat.jpg">
		<img class="change" src="images/cat.jpg">
	</body>
</html>
```

该案例向右下角平移图像，其中沿 *x* 轴向右偏移 150px，沿 *y* 轴向下偏移 50px。类名为 change 的<img>标记为平移后的图像，类名为 bg 的<img>标记为原图像。运行效果如图 11-15 所示。

图 11-15　2D 平移效果

（2）缩放。

scale()函数用于缩放元素，该函数包含两个参数，分别用来定义宽度和高度的缩放比例，其基本语法格式如下。

```
transform: scale(x,y);
```

在上述语法格式中，参数 x 表示元素在宽度上的缩放比例，参数 y 表示元素在高度上的缩放比例。x 和 y 可以是正数，也可以是负数。当参数值为正值且大于 1 时，元素的宽度或高度会被放大；当参数值为正值且小于 1 时，元素的宽度或高度会被缩小；当参数值为负值时，元素的尺寸仍按正值时放大或缩小，但是元素方向会被反转，如水平翻转或垂直翻转。如果省略第 2 个参数 y，则宽度和高度都会按照第 1 个参数进行变化。

下面通过一个案例来演示 scale()函数的使用，如例 11-8 所示。

【例 11-8】example09.html

```
img.change {
    border: solid 1px red;
    /* 宽度和高度均缩小为原来的一半 */
    transform: scale(0.5);
}
```

该案例将图像的宽度和高度缩小为原来的一半，运行效果如图 11-16 所示。若将 scale()函数的参数 x 和 y 改为负值，则可以看到图像在宽高变化的同时发生了水平翻转和垂直翻转，可见当参数 x 和 y 为负值时，既可以实现元素尺寸缩放，又可以实现元素的翻转效果。示例代码如下，运行效果如图 11-17 所示。

```
img.change {
    border: solid 1px red;
    /* 缩小一半+水平翻转+垂直翻转 */
    transform: scale(-0.5);
}
```

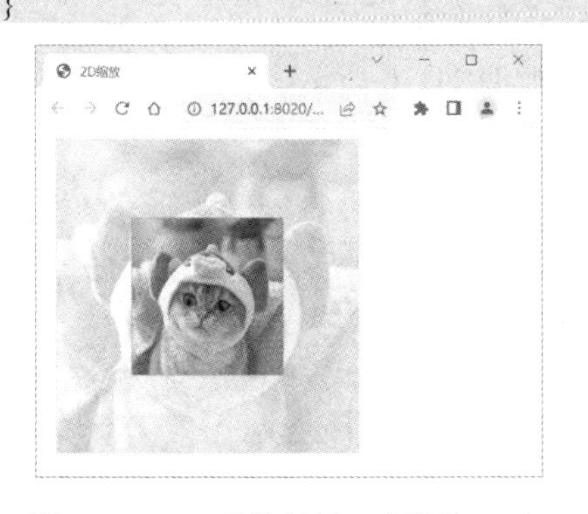

图 11-16　2D 缩放效果（参数为 0.5）

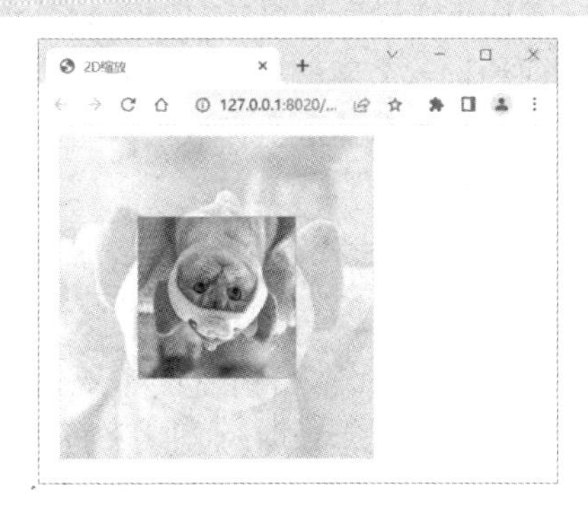

图 11-17　2D 缩放效果（参数为-0.5）

（3）倾斜。

使用 skew()函数能够让元素倾斜显示，该函数包含两个参数，分别用来定义 x 轴和 y 轴坐标倾斜的角度，可以将一个元素围绕 x 轴和 y 轴按照一定的角度倾斜，其基本语法格式如下。

```
transform: skew(x,y);
```

在上述语法格式中，参数 x 表示元素相对于 x 轴进行倾斜的角度，参数 y 表示元素相对于 y 轴倾斜的角度。如果省略第 2 个参数 y，则默认取值为 0，元素在 y 轴上不产生倾斜。skew()函数倾斜示意图如图 11-18 所示，其中实线表示倾斜前的元素，虚线表示倾斜后的元素。

下面通过一个案例来演示 skew()函数的使用，如例 11-9 所示。

【例 11-9】example10.html

```
img.change {
    border: solid 1px red;
    /* x 轴倾斜 30°，y 轴倾斜 20° */
    transform: skew(30deg, 20deg);
}
```

该案例将图像沿 x 轴倾斜 30deg，沿 y 轴倾斜 20deg，运行效果如图 11-19 所示。

（4）旋转。

使用 rotate()函数能够在二维空间内对元素进行旋转。该方法包含一个参数，用来定义元素旋转的角度，其基本语法格式如下。

```
transform: rotate(angle);
```

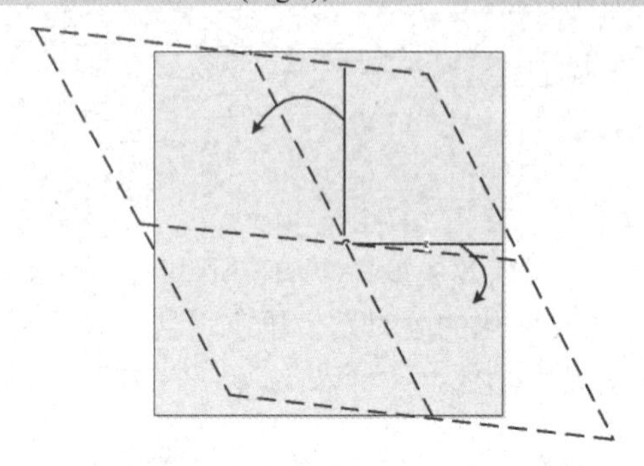

图 11-18　skew()函数示意图

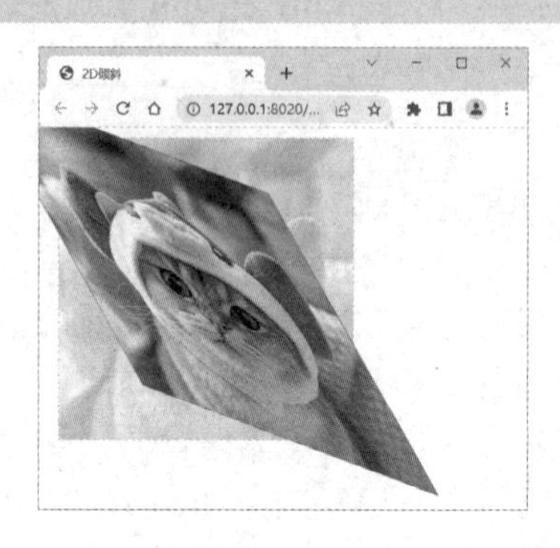

图 11-19　2D 倾斜效果

在上述语法格式中，参数 angle 表示要旋转的角度。如果角度为正值，则元素按照顺时针方向进行旋转；如果为负值，则按照逆时针方向旋转。rotate()函数旋转示意图如图 11-20 所示，其中虚线表示旋转前的元素，实线表示旋转后的元素。

下面通过一个案例来演示 rotate()函数的使用，如例 11-10 所示。

【例 11-10】example11.html

```
img.change {
    border: solid 1px red;
    /*逆时针旋转 45°*/
    transform: rotate(-45deg);
}
```

该案例将图像按逆时针方向旋转 45°，运行效果如图 11-21 所示。

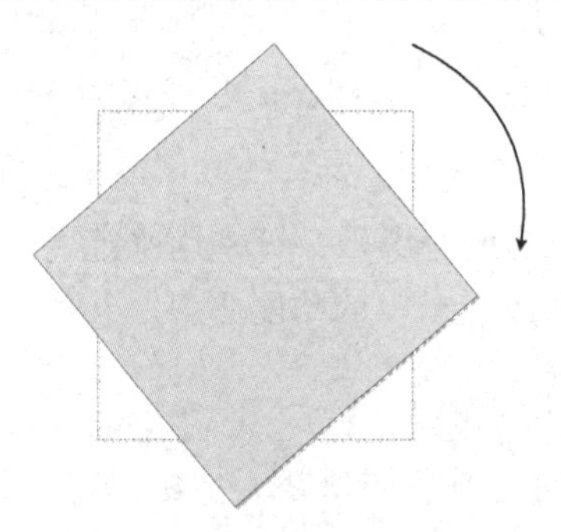

图 11-20　rotate()函数示意图

图 11-21　2D 旋转效果（参数为-45deg）

📖**注意**：rotate()函数与 skew()函数不同，rotate()函数只是旋转对象的角度，并不会改变对象的形状，而 skew()函数会改变对象的形状。

（5）设置变形的基准点。

通过 transform 属性可以设置元素的平移、缩放、倾斜及旋转效果，这些变形操作默认都是以元素的中心点为基准进行的。使用 transform-origin 属性可以重新设置新的变形基准点，其基本语法格式如下。

```
transform-origin: x-axis y-axis z-axis ;
```

在上述语法格式中，transform-origin 属性包含 3 个参数，其默认值分别为 50%、50% 、0，各参数的具体含义如表 11-6 所示。

表 11-6　transform-origin 属性的参数说明

参数	取值	描述
x-axis	left | center | right | length | %	定义基准点的横坐标值（*x* 轴）
y-axis	top | center | bottom | length | %	定义基准点的纵坐标值（*y* 轴）
z-axis	length	定义 *z* 轴的坐标值

注意：因为 2D 变形没有 *z* 轴，所以 *z* 轴的默认值为 0。3D 变形仍用 transform-origin 属性设置变形的基准点，在 3D 变形中，*z* 轴是一个可以设置的参数。

通过重置变形的基准点，可以制作不同的变形效果。下面通过一个案例来演示 transform-origin 属性的使用，如例 11-11 所示。

【例 11-11】example12.html

```
img.change {
    border: solid 1px red;
    /*设置旋转的基准点为图像右上角*/
    transform-origin: top right;
    /*逆时针旋转 30°*/
    transform: rotate(-30deg);
}
```

该案例以图像的右上角为基准点，逆时针旋转 30°，运行效果如图 11-22 所示。

图 11-22　重置旋转的基准点

2. 3D 变形

2D 变形是元素在 *x* 轴和 *y* 轴构成的平面上进行的变形转换，而 3D 变形是元素在 *x* 轴、*y* 轴和 *z* 轴构成的三维空间上进行的变形转换，下面对 3D 变形的相关属性和方法进行详细讲解。

CSS3 的 transform 属性包含很多的 3D 变形函数，运用这些函数可以实现不同的转换效果，如表 11-7 所示。

表 11-7　3D 变形函数

变形函数	描述
translate3d(x,y,z)	定义 3D 平移，分别在 *x* 轴、*y* 轴、*z* 轴平移，参数不能省略
translateX(x)	定义 3D 平移，仅在 *x* 轴平移
translateY(y)	定义 3D 平移，仅在 *y* 轴平移
translateZ(z)	定义 3D 平移，仅在 *z* 轴平移

续表

变形函数	描述
scale3d(x,y,z)	定义 3D 缩放，分别在 x 轴、y 轴、z 轴缩放，参数不能省略
scaleX(x)	定义 3D 缩放，仅在 x 轴缩放
scaleY(y)	定义 3D 缩放，仅在 y 轴缩放
scaleZ(z)	定义 3D 缩放，仅在 z 轴缩放
rotate3d(x,y,z,angle)	定义 3D 旋转，变形元素将沿着由(0,0,0)和(x,y,z)这两个点构成的直线为旋转轴进行旋转，旋转角度为 angle。 • x 是 0 到 1 之间的数值，表示旋转轴 x 坐标方向的矢量。 • y 是 0 到 1 之间的数值，表示旋转轴 y 坐标方向的矢量。 • z 是 0 到 1 之间的数值，表示旋转轴 z 坐标方向的矢量。 • angle 表示旋转角度。正值表示顺时针旋转，负值表示逆时针旋转
rotateX(angle)	定义以 x 轴为旋转轴进行的 3D 旋转
rotateY(angle)	定义以 y 轴为旋转轴进行的 3D 旋转
rotateZ(angle)	定义以 z 轴为旋转轴进行的 3D 旋转
perspective(n)	定义 3D 变形元素的透视距离，需定义在其他变形函数之前。为变形元素的父元素定义 perspective 属性，可起到相同作用
matrix3d(n,n,n,n,n,n,n,n,n,n,n,n,n,n,n,n)	定义 3D 转换，使用 16 个值的 4×4 矩阵，可同时实现 3D 平移、缩放、旋转、倾斜等效果（了解即可）

此外，CSS3 还包含了很多变形属性，通过这些属性可以设置不同的 3D 变形效果，具体如表 11-8 所示。

表 11-8　3D 变形属性

属性	取值	描述
transform-origin	x-axis y-axis z-axis	设置变形的基准点（同 2D 变形）
transform-style	flat 或 preserve-3d	设置子元素的 CSS 变形类型
perspective	none 或 length	设置 3D 元素的透视距离
perspective-origin	x-axis y-axis	设置 3D 元素的透视源点
backface-visibility	visible 或 hidden	设置元素的背面是否可见

（1）设置变形类型。

transform-style 属性规定了如何在 3D 空间中呈现被嵌套的子元素，其语法格式如下。

```
transform-style:flat | preserve-3d;
```

- flat：默认值，指定子元素在该元素所在平面内进行变形，即 2D 平面变形。
- preserve-3d：指定子元素在三维空间内进行变形，即 3D 立体变形。

下面通过一个案例来演示 transform-style 属性的使用，如例 11-12 所示。

【例 11-12】example13.html

```
<!DOCTYPE html>
<html>
    <head>
        <meta charset="utf-8">
        <title>transform-style</title>
        <style type="text/css">
```

```
            #box {
                /*3D 立体变形*/
                transform-style: preserve-3d;
                /*2D 平面变形*/
                /*transform-style: flat;*/
            }
            img {
                position: absolute;
                left: 20px;
                top: 10px;
                width: 300px;
                width: 300px;
            }
            img.bg {
                opacity: 0.3;
                border: dashed 1px red;
            }
            img.change {
                border: solid 1px red;
                /* 沿 x 轴顺时针旋转 45° */
                transform: rotateX(45deg);
            }
        </style>
    </head>
    <body>
        <div id="box">
            <img class="bg" src="images/cat.jpg">
            <img class="change" src="images/cat.jpg">
        </div>
    </body>
</html>
```

为父元素#box 设置 transform-style 属性，当属性值为 flat 时，运行效果如图 11-23 所示；当属性值为 preserve-3d 时，运行效果如图 11-24 所示，请仔细观察不同变形类型的效果区别。

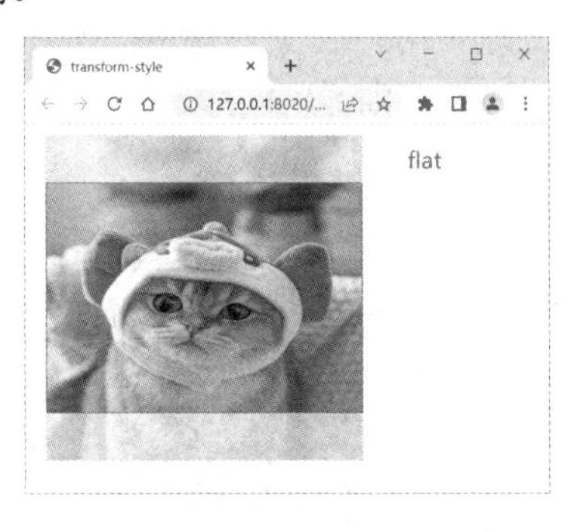

图 11-23　2D 平面变形效果

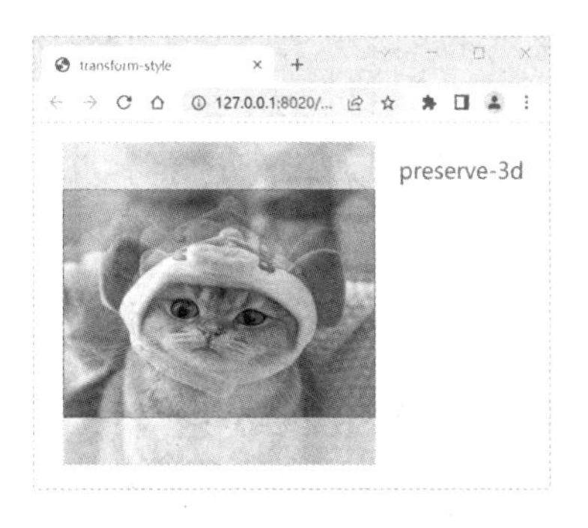

图 11-24　3D 立体变形效果

（2）设置透视距离。

3D 立体变形与 2D 平面变形最大的区别在于其参考的坐标系不同，2D 平面变形的坐标系是平面的，3D 立体变形的坐标系是由 x、y、z 三条轴组成的立体空间，x 轴正向、y 轴正向、z 轴正向分别朝向右、下和屏幕外，3D 立体变形坐标系示意图如图 11-25 所示。

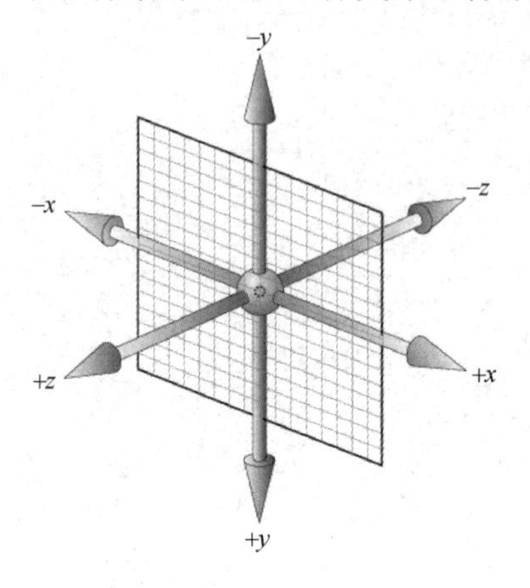

图 11-25　3D 立体变形坐标系示意图

透视是 3D 立体变形中最重要的概念，如果不设置透视，那么元素的 3D 立体变形效果将无法实现。在例 11-12 中，因为没有设置透视相关的样式属性，最终呈现出来的只有元素的宽高变化，类似 2D 平面变形效果。

perspective 属性规定了 3D 元素的透视距离，用于模拟在现实场景中观察者与变形元素之间的距离，其语法格式如下。

```
perspective:none | length ;
```

- none：不指定透视。
- length：指定子元素（3D 立体变形元素）的透视距离。

下面通过一个案例来演示 perspective 属性的使用，如例 11-13 所示。

【例 11-13】example14.html

```
#box {
        /*3D 立体变形*/
        transform-style: preserve-3d;
        /*透视距离为 1000px*/
        perspective: 1000px;
}
```

为父元素#box 设置 perspective 属性，并设置属性值为 1000px 或 2000px，运行效果如图 11-26 和图 11-27 所示，请仔细观察不同透视距离的效果区别。

图 11-26　透视距离为 1000px

图 11-27　透视距离为 2000px

可见，透视会让 3D 立体变形元素产生近大远小的效果，并且 perspective 属性值越大，元素的 3D 立体变形效果越不明显。

（3）设置透视源点。

透视源点是指 3D 立体变形中观察者的位置，观察者一般位于与屏幕平行的另一个平面，也就是 z 轴坐标为透视距离的平面。为父元素设置 perspective 属性后，会默认以父元素中心点所在的 x 轴、y 轴坐标为透视源点。

perspective-origin 属性用于重新定义透视源点的位置，该属性可以定义两个参数，分别是透视源点的 x 轴坐标和 y 轴坐标，也就是观察者的位置，或者是观察点的位置，其语法格式如下。

```
perspective-origin: x-axis y-axis;
```

- x-axis：定义源点在 x 轴上的位置，默认值为 50%，可能的参数值形式为 left、center、right、length 和百分比。
- y-axis：定义源点在 y 轴上的位置，默认值为 50%，可能的参数值形式为 top、center、bottom、length 和百分比。
- 若只设置了一个值，则第 2 个值默认为 50%。

perspective-origin 属性可以定义一个观察者的角度，如俯视、仰视、左右侧视等，如图 11-28 和图 11-29 所示。

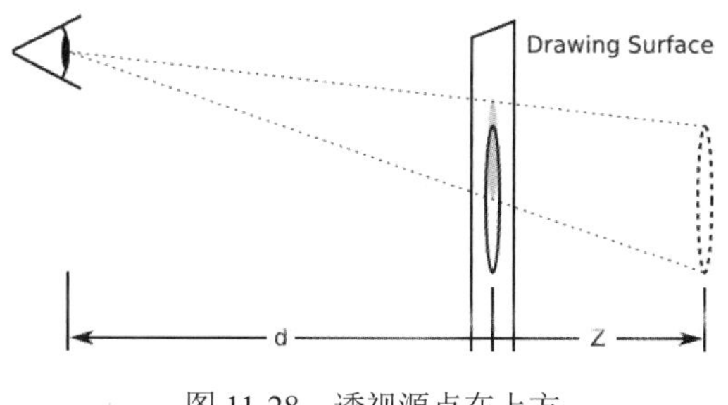

图 11-28　透视源点在上方

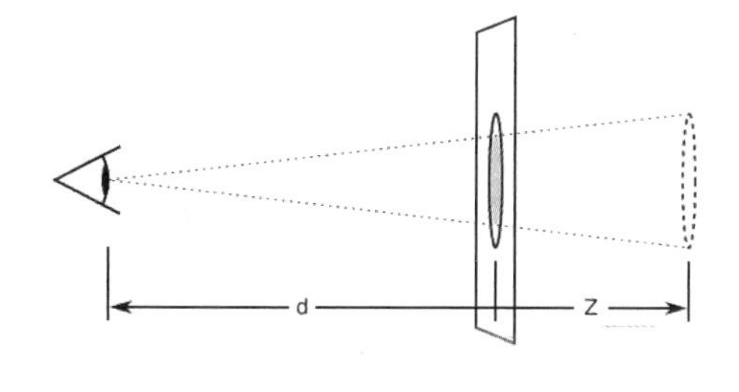

图 11-29　透视源点在中心

下面通过一个案例来演示 perspective-origin 属性的使用，如例 11-14 所示。

【例 11-14】example15.html

```
#box {
    /*3D 立体变形*/
    transform-style: preserve-3d;
    /*透视距离 1000px*/
    perspective: 1000px;
    /*透视源点在左侧*/
    perspective-origin: left;
}
```

为父元素#box 设置 perspective-origin 属性，并设置属性值为 left 或 right，运行效果如图 11-30 和图 11-31 所示，请仔细观察不同透视源点的效果。

（4）设置背面可见。

在 3D 立体变形效果中，变形元素的背面在默认情况下是可见的，有时可能需要让元素的背面不可见，这就需要设置 backface-visibility 属性，该属性的语法格式如下。

```
backface-visibility: visible | hidden;
```

- visible：默认值，指定元素背面可见，会显示正面的镜像。

- hidden：指定元素背面不可见。

图 11-30　透视源点在左侧

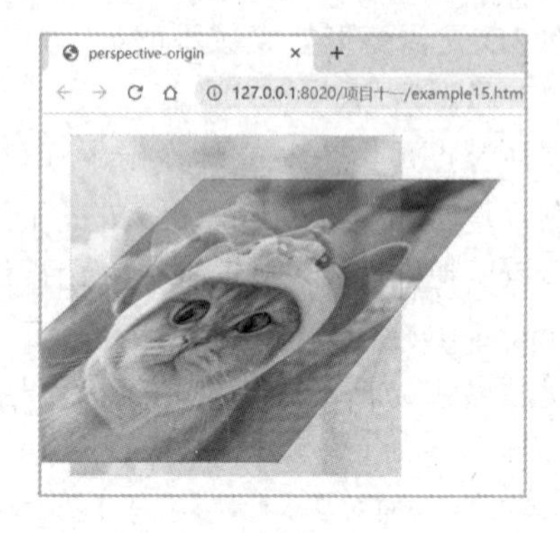

图 11-31　透视源点在右侧

下面通过一个案例来演示 backface-visibility 属性的使用，如例 11-15 所示。

【例 11-15】example16.html

```
img.change {
	border: solid 1px red;
	/*沿 x 轴顺时针旋转 45°*/
	transform: rotateX(120deg);
	/*元素背面不可见*/
	backface-visibility: hidden;
}
```

为变形元素 change 设置 backface-visibility 属性值为 hidden，且沿 x 轴旋转 120°，运行效果如图 11-32 所示。图 11-33 所示为不设置 backface-visibility 属性的效果，请仔细观察背面是否可见的效果区别。

图 11-32　背面不可见

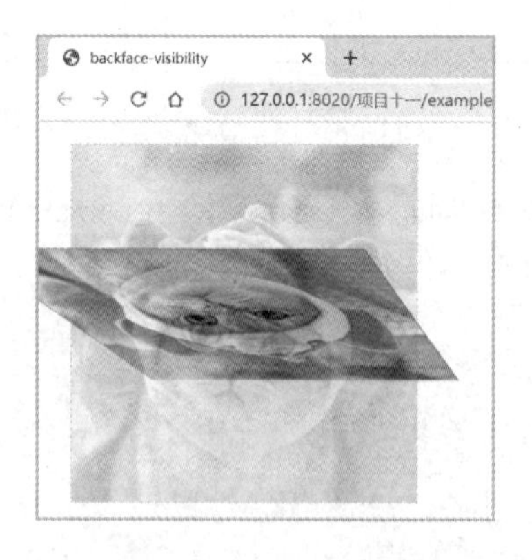

图 11-33　背面可见

🕮注意：backface-visibility 属性需要为变形元素设置有效，为其父元素设置无效。

3D 变形函数中的平移、缩放和旋转方法与 2D 变形函数的相关方法类似，在此不再赘述。同学们可以参考本项目示例源代码 example17.html 、example18.html、example19.html 的内容进行学习。

动画

11.2.2　CSS3 的动画属性

CSS3 除了支持过渡和变形效果，还可以实现强大的动画效果。CSS3 的动画类似于

Flash 中的关键帧动画，可以通过设置多个节点来精确控制一个或一组属性的变化，从而实现复杂且细腻的动画效果。CSS3 的动画设置非常灵活，先通过@keyframes 规则定义关键帧，再使用动画属性对动画名称、时长、速度等相关信息进行声明。

1. 设置关键帧

在定义动画之前必须先定义关键帧，一个关键帧表示动画的一个关键状态。在 CSS3 中，使用@keyframes 规则定义动画的关键状态，即一系列关键帧以及每个关键帧的样式，整个动画效果就是一系列关键帧之间的样式的平滑过渡。@keyframes 规则的语法格式如下。

```
@keyframes animationname {
                keyframes-selector{css-styles; }
}
```

- animationname：表示当前动画的名称，网页元素需要通过该名称使用动画。
- keyframes-selector：关键帧选择器，表示当前关键帧要应用到整个动画过程中的位置，取值一般为百分比、from 值或 to 值。其中，0%和 from 值均表示整个动画的开始，100%和 to 值均表示整个动画的结束。
- css-styles：用来定义当前关键帧的一组样式，表示执行到当前关键帧时对应的动画状态。

例如，使用@keyframes 规则定义一个改变背景颜色的动画，示例代码如下。

```
@keyframes change {
    0% {
        background: red;
    }
    50% {
        background: pink;
    }
    100% {
        background: green;
    }
}
```

上述代码创建了名为 change 的动画，该动画开始时背景为红色，动画时长的一半处背景为粉色，动画结束时背景为绿色。

2. 设置动画属性

要想将@keyframes 规则定义的动画应用到网页元素上，实现元素的动画效果，还需要为元素设置一系列与动画相关的属性。

CSS3 的动画属性较多，分别用来为元素添加动画，指定动画时长、动画播放速度、动画延迟时间、动画播放次数、动画是否逆向播放以及动画执行完毕时的元素状态，具体如表 11-9 所示。

表 11-9　CSS3 的动画属性

属性	描述
animation-name	指定要执行的动画名称
animation-duration	指定动画时长
animation-timing-function	指定动画速度
animation-delay	指定动画延迟时间

续表

属性	描述
animation-iteration-count	指定动画播放次数
animation-direction	指定动画是否逆向播放
animation-fill-mode	指定动画执行完毕时的状态
animation-play-state	指定动画播放状态，一般在 JavaScript 脚本中使用
animation	所有动画属性的复合属性，不包括 animation-play-state 属性

（1）animation-name 属性。

animation-name 属性用于定义元素要执行的动画名称。该名称是通过@keyframes 规则创建的动画名称，其基本语法格式如下。

```
animation-name : keyframename | none ;
```

其中，当属性值为 none 时，表示不应用任何动画，通常用于覆盖或者取消原有动画。

（2）animation-duration 属性。

animation-duration 属性用于定义完成整个动画所需要的时间，常用单位一般为秒（s）或毫秒（ms），其基本语法格式如下。

```
animation-duration : time ;
```

在默认情况下，animation-duration 的属性值为 0，表示没有任何动画效果，如果属性值为负值，则被视为 0。下面通过例 11-16 为 div 元素绑定动画 change，并设置动画时长为 5 秒，具体代码如下所示。

【例 11-16】example20.html

```
<!DOCTYPE html>
<html>
	<head>
		<meta charset="utf-8">
		<title>animation-duration 属性</title>
		<style type="text/css">
			div {
				width: 100px;
				height: 100px;
				background: yellow;
				animation-name: change;		/*绑定动画*/
				animation-duration: 5s;		/*指定动画时长*/
			}
			/*定义动画 change 的关键帧*/
			@keyframes change {
				0% {
					background: red;
				}
				50% {
					background: pink;
				}
				100% {
					background: green;
				}
			}
```

```
            </style>
        </head>
        <body>
            <div></div>
        </body>
</html>
```

这段代码在 Google Chrome 中的运行效果如图 11-34 所示，div 元素的背景颜色由红色变为粉色再变为绿色，整个变化过程用时 5 秒。动画结束后，div 元素的背景颜色变为原本的黄色。

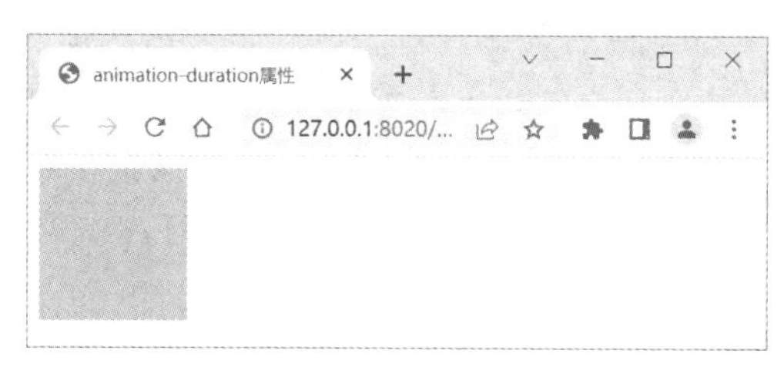

图 11-34　animation-duration 属性的运行效果

（3）animation-timing-function 属性。

animation-timing-function 属性用来规定动画的速度曲线，可以定义动画执行速度的快慢变化，其基本语法格式如下。

```
animation-timing-function: ease … ;
```

- ease：默认值，动画以低速开始，然后加快，在结束前变慢。
- linear：动画以相同速度开始和结束，也就是匀速效果。
- ease-in：动画以慢速开始，然后逐渐加快，也就是加速效果。
- ease-out：动画以慢速结束，也就是减速效果。
- ease-in-out：动画以慢速开始和结束。
- cubic-bezier(n,n,n,n)：特定的贝塞尔曲线类型，4 个数值需在[0, 1]内。

（4）animation-delay 属性。

animation-delay 属性用于定义执行动画效果之前的延迟时间，相当于定义动画从何时开始，其基本语法格式如下。

```
animation-delay:time;
```

延迟时间的单位一般为秒（s）或毫秒（ms），默认值为 0。

（5）animation-iteration-count 属性。

animation-iteration-count 属性用于定义动画的播放次数，其基本语法格式如下。

```
animation-iteration-count: number | infinite ;
```

- number：默认值是 1，即动画播放一次就停止，可以根据需要设定动画播放几次。
- infinite：表示动画无限次循环播放。

（6）animation-direction 属性。

animation-direction 属性用于定义动画播放方向，其基本语法格式如下。

```
animation-direction: normal | alternate | alternate-reverse;
```

- normal：默认值，表示动画正序播放。
- alternate：表示动画在奇数次（1、3、5 等）正常播放，而在偶数次（2、4、6 等）逆向播放。

- alternate-reverse：表示翻转动画效果，会使动画在奇数次（1、3、5 等）逆向播放，而在偶数次（2、4、6 等）正常播放。

（7）animation-fill-mode 属性。

animation-fill-mode 属性用于定义动画不播放时（当动画完成，或者有一个延迟未开始播放时）要应用到元素上的样式，其基本语法格式如下。

```
animation-fill-mode:  none | forwards | backwards | both;
```

- none：默认值，表示元素在动画执行之前和之后不会应用动画中的任何样式，也就是保持自身的默认样式。
- forwards：表示在动画结束后，元素将保持动画最后一帧的样式。
- backwards：表示在动画延迟时，元素将保持动画第一帧的样式。
- both：表示动画同时应用 forwards 和 backwards 的规则，即在设置延迟时，动画在未开始时保持第一帧的样式，在结束后保持最后一帧的样式。

（8）animation-play-state 属性。

animation-play-state 属性用于定义动画的播放状态，其基本语法格式如下。

```
animation-play-state:  running | paused;
```

- running：默认值，表示动画正在播放。
- paused：表示动画已暂停。

一般在 JavaScript 脚本中使用该属性，这样就能在播放过程中暂停动画，此处稍做了解即可。

（9）animation 属性。

与 transition 属性一样，animation 属性也是一个复合属性，可以在一个属性中同时设置 animation-name、animation-duration、animation-timing-function 等多个动画属性，其基本语法格式如下。

```
animation: name  duration  timing-function  delay iteration-count  direction  fill-mode;
```

在上述语法格式中，使用 animation 属性时必须设置动画名称和动画时间，延迟时间、速度、次数、方向、不播放时的样式等属性如果不需要都可以不设置。如果设置两个时间，则第 1 个时间默认是动画时间，第 2 个时间是延迟时间。

下面通过一个案例来演示 animation 属性的使用，如例 11-17 所示。

【例 11-17】example21.html

```
<!doctype html>
<html>
    <head>
        <meta charset="utf-8">
        <title>animation 动画属性</title>
        <style>
            .box {
                float: left;
                padding:50px 100px;
                border: 1px solid #ccc;
            }
            .loading i {
                display: inline-block;
                width: 4px;
```

```
            height: 35px;
            border-radius: 2px;
            margin: 0 2px;
            background-color: #333;
            animation: loading 0.5s ease-in infinite alternate;
        }

        @keyframes loading {
            0% {
                transform: scale(1);
            }
            100% {
                transform: scale(1,0.4);
            }
        }

        .loading i:nth-child(1) {
            animation-delay: -0.4s;
        }

        .loading i:nth-child(2) {
            animation-delay: -0.3s;
        }

        .loading i:nth-child(3) {
            animation-delay: -0.2s;
        }

        .loading i:nth-child(4) {
            animation-delay: -0.1s;
        }
    </style>
</head>

<body>
    <div class="box">
        <div class="loading">
            <i></i>
            <i></i>
            <i></i>
            <i></i>
            <i></i>
        </div>
    </div>
</body>
</html>
```

在这段 HTML 代码中，通过@keyframes 定义一个动画，动画名称为 loading，动画开始关键帧的样式为宽度和高度不缩放，结束关键帧的样式为宽度保持不变、高度缩放为 0.4 倍。

为 i 元素设置 animation 属性，应用动画。设置其 animation 属性值为 loading 0.5s ease-in infinite alternate，指定 i 元素播放 loading 动画，动画时长为 0.5 秒，加速播放，无限次重复播放，奇数次正向播放，偶数次逆向播放。

为 i 元素设置 animation-delay 属性，设置动画延迟时间。其中，第 1 个 i 元素的动画延迟时间为-0.4 秒，第 2 个 i 元素为-0.3 秒，第 3 个 i 元素为-0.2 秒，第 4 个 i 元素为-0.1 秒。例 11-17 在 Google Chrome 中的运行效果如图 11-35 和图 11-36 所示。

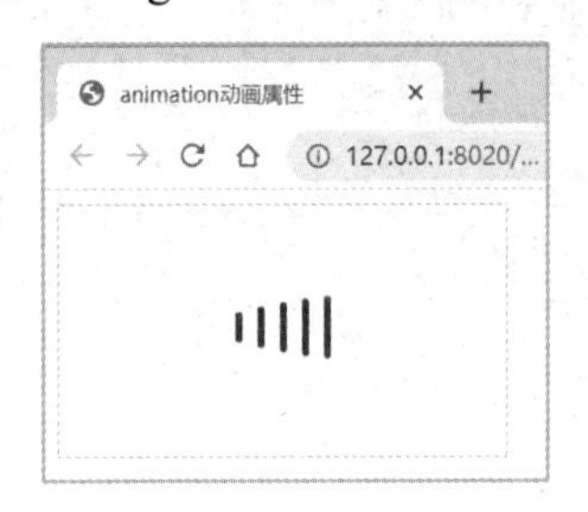

图 11-35　动画开始关键帧的效果

图 11-36　动画结束关键帧的效果

【任务实施】制作会员登录页面动画效果

【效果分析】

在项目 9 中，我们已经实现了会员登录页面的排版，这里需要在项目 9 的基础上，对 body 元素的背景样式稍做更改，并定义及应用动画，以实现页面背景颜色不断变化的动态效果。

【模块制作】

根据上面的分析，修改 body 元素的样式，定义并应用动画，如例 11-18 所示。

（1）body 元素的样式修改。

首先为body元素设置背景图像样式为线性渐变，渐变角度为120°，渐变颜色为#f7dd85、#ff9955，然后设置背景图像尺寸为 body 元素宽度、高度的 2 倍，CSS 代码如下。

【例 11-18】example22.css

```
body {
    height: 100vh;
    /*背景图像  线性渐变*/
    background-image: linear-gradient(120deg, #f7dd85,#ff9955);
    background-size: 200% 200%;    /*背景图像尺寸*/
}
```

（2）定义 Gradient 动画。

通过@keyframes 定义动画，动画名称为 Gradient，动画开始关键帧的样式为背景图像的水平及垂直位置的 10%，结束关键帧的样式为背景图像的水平及垂直位置的 90%，CSS 代码如下。

```
@keyframes Gradient {
    0% {
        background-position: 10% 10%;       /*背景图像位置*/
    }
    100% {
        background-position: 90% 90%;
```

```
    }
}
```

（3）为 body 元素应用 Gradient 动画。

为 body 元素设置 animation 属性，应用动画。设置其 animation 属性值为 Gradient 5s ease-in-out infinite alternate，指定 body 元素播放 Gradient 动画，动画时长为 5 秒，以慢速开始和结束，无限次重复播放，奇数次正向播放，偶数次逆向播放，CSS 代码如下。

```
body {
    height: 100vh;
    background-image: linear-gradient(120deg, #f7dd85,#ff9955);
    background-size: 200% 200%;
    /*应用 Gradient 动画*/
    animation: Gradient 5s ease-in-out infinite alternate;
}
```

至此，我们完成了图 11-13 和图 11-14 所示的会员登录页面的背景颜色不断变化的动画效果制作，在将该样式应用于网页后，效果如图 11-37 和图 11-38 所示。

图 11-37 添加 CSS 样式后的网页效果（1）

图 11-38 添加 CSS 样式后的网页效果（2）

项目小结

本项目详细讲解了 CSS3 的过渡属性、2D 平面变形、3D 立体变形和动画属性，并完成了旅游网站首页导航菜单、会员登录页面的动态效果的制作。

通过对本项目的学习，学生应该掌握 CSS3 中十分强大的过渡属性、变形属性和动画属性的技术要点，并能够熟练地使用相关属性轻松地实现元素的过渡、平移、缩放、旋转及动画等效果，从而大大降低这类动态效果的开发难度。

课后习题

一、单选题

1．以下哪个属性用来定义过渡属性（　　）。

A．transition-property　　B．transition-duration

C．transition-timing-function　　D．transition-delay

2．在 CSS3 中，可以实现平移效果的属性是（　　）。

A．translate()　　B．scale()　　C．skew()　　D．rotate()

3．在 CSS3 中，可以实现倾斜效果的属性是（　　）。

A．translate()　　B．scale()　　C．skew()　　D．rotate()

4．关于@ keyframes 属性参数的描述，下列说法正确的是（　　）。

A．animation-name 表示当前动画的名称，可以为空

B．keyframes-selector 指定当前关键帧要应用到整个动画过程中的位置

C．keyframes-selector 值可以是一个百分比、from 值或者 to 值

D．css-styles 定义执行到当前关键帧时对应的动画状态，由 CSS 属性进行定义

5．关键帧@keyframes 的名称需要和哪个属性值对应（　　）。

A．animation-name　　B．animation-duration

C．animation-timing-function　　D．animation-delay

二、判断题

1．transition 的属性值可以随意定义。（　　）

2．animation 只能定义开始状态和结束状态。（　　）

3．在使用 animation 属性时，必须指定 animation-name 和 animation-duration 属性，否则动画效果将不会播放。（　　）

4．使用 transform 属性可以设置盒子的变形。（　　）

三、简答题

综合运用所学知识，设计并完成星球公转、自转动画效果。

项目 12

制作响应式页面

情景引入

经过一段时间的开发，小李同学的旅游网站终于制作完成了。在运行检测时，他发现在平板电脑和手机上显示的是缩小后的网页，显示效果并不好。那么，网页可以自动调整尺寸和页面布局，以适应不同的屏幕尺寸吗？

任务 12.1 页面布局的新技术

响应式网页设计

【任务提出】

运用响应式布局技术，开发定制旅行二级页面，使该页面能够在平板电脑、手机等不同的设备上显示时，针对不同的屏幕尺寸调整样式代码，进行相应的布局。在对该页面应用响应式设计后，在小屏幕设备（平板电脑端）、超小屏幕（手机端）和大屏幕设备（电脑端）等不同分辨率下的运行效果如图 12-1、图 12-2、图 12-3 所示。本任务讲解如何运用响应式布局等技术开发响应式页面，以适配不同的屏幕尺寸。

图 12-1 小屏幕设备（平板电脑端）的运行效果

图 12-2 超小屏幕（手机端）的运行效果

图 12-3 大屏幕设备（电脑端）的运行效果

【学习目标】

知识目标	技能目标	思政目标
√掌握媒体查询的常用设置。 √掌握 Flex 弹性布局的常用属性设置	√能够正确开发响应式网页。 √能够正确使用弹性盒子进行页面布局和样式设置	√培养勇攀高峰、敢为人先的创新精神

【知识储备】

随着移动互联网的发展和移动智能终端的普及，网页的运行终端也变得越来越复杂，人们不仅会使用电脑来访问网页，还会使用智能手机或者平板电脑等移动设备。如何让网页适配各种具有不同屏幕尺寸、不同分辨率的终端设备，是网页设计的新挑战。

响应式网页设计就是一种解决方案，可以让同一个网页在不同分辨率的终端设备上显示不同的布局，从而带来良好的用户体验。

12.1.1 响应式网页设计

在过去，网页就是为了在电脑屏幕上进行展示而设计开发的，如果用手机等分辨率较小的设备访问，就只能在屏幕上看到缩小版的页面。随着 HTML5、移动互联网以及智能手机的普及，使用手机等移动终端访问网页的人越来越多，为了让用户在较小屏幕的移动设备上看到更合适的网页布局，并兼顾开发的效率，响应式的概念应运而生。

响应式网页设计是著名网页设计师 Ethan Marcotte 在 2010 年提出的，其基本理念是网页的设计与开发应当根据用户行为以及设备环境进行相应的响应和调整。无论用户正在使用电脑还是手机，页面都应该能够自动调整元素样式，以适应不同的设备。换句话说，页面应该有能力去自动响应用户的设备。

响应式网页设计是一种能够在不同分辨率的终端设备上对网页内容进行适当布局的排版方式，能够让一个网站兼容多个终端设备，这样开发人员就不必为每种终端设备都单独设计开发一个网站了。

响应式网页设计常用于企业的官网、博客以及新闻资讯类网站，这些网站以浏览内容为主，没有复杂的交互，比如星巴克官网。该网页在不同分辨率、不同终端设备下的运行效果如图 12-4、图 12-5、图 12-6 所示。

图 12-4　电脑端的运行效果

图 12-5　平板电脑端的运行效果

图 12-6　手机端的运行效果

12.1.2 媒体查询

响应式网页设计的目标是确保一个网页在不同类型的终端上（平板电脑、手机等）都能显示出令人满意的效果。想要实现响应式网页设计，就需要检测不同类型的终端，并为其应用不同的CSS样式。

媒体查询（Media Queries）是响应式网页设计的核心技术，通过媒体查询可以检测当前网页运行终端的设备信息，并按照规定的媒体类型和媒体特性，调用相应的CSS样式，从而在不同类型的终端设备上显示不同的CSS样式。使用媒体查询能够在不改变页面内容的情况下，为不同的终端设备制定特定的显示效果，最终实现响应式网页布局。

1. 媒体查询的语法规则

CSS的媒体查询可以检测终端设备的宽度、高度、手持方向和分辨率等信息。媒体查询可以在CSS内部使用，也可以通过<link>标记外链使用。下面先通过内联方式说明媒体查询的语法规则。

```
@media mediatype and|not|only (media feature){
        css-code;
}
```

上述语法的具体含义如下。

- @media：声明媒体查询的关键词。
- mediatype：媒体类型，将不同的终端设备划分成不同的类型。
- and | not | only：关键字，将媒体类型或多个媒体特性连接到一起作为媒体查询的条件。
- media feature：媒体特性，每种媒体类型都具有不同的特性，如宽度、高度等。
- css-code：在当前媒体查询中要应用的CSS代码。

2. 媒体类型

媒体类型（Media Type）是一个非常有用的属性，开发人员可以通过媒体类型对不同的设备指定不同的样式。常见的媒体类型有all、screen和print，在响应式网页设计中一般使用screen类型。W3C共列出了10种媒体类型，如表12-1所示。

表12-1 W3C媒体类型

值	描述
all	所有设备
screen	台式电脑、平板电脑或智能手机等设备
print	打印机或打印预览视图
braille	盲人用点子法触觉反馈设备
embossed	盲文打印机
handheld	便携设备
projection	投影设备
speech	语音或音频合成器
tty	使用固定间距字符网格的媒体，如电传打字机
tv	电视机类型的设备

3. 关键字

关键字用于将媒体类型或多个媒体特性连接到一起，作为媒体查询的条件表达式，如果当前设备类型与条件表达式相匹配，则查询结果返回 true，该网页会在匹配的设备上显示指定的 CSS 样式效果。

关键字共有 3 个，分别是 and、not 和 only。其中，关键字 and 可以将多个媒体特性连接到一起，相当于逻辑运算符“与”，只有这些媒体类型或媒体特性同时成立时，整个条件表达式才会成立。关键字 not 用来排除某些特定的媒体类型，相当于逻辑运算符“非”，表示对后面的表达式执行取反操作。关键字 only 用来指定某个特定的媒体类型，表示“仅限于”。对于支持媒体查询的移动设备，如果存在关键字 only，则移动设备的浏览器会忽略关键字 only 并直接根据后面的条件表达式应用 CSS 文件。对于不支持媒体查询但能够读取媒体类型的设备，浏览器会在遇到关键字 only 时忽略这个 CSS 文件。

4. 媒体特性

每种媒体类型都具备不同的特性，响应式网页设计就是根据不同媒体类型的特性来设置页面展示风格的。媒体查询可以检测到的设备特性比较多，在实际开发中，最常用的是设备的视口宽度（width）和屏幕宽度（device-width）。媒体查询可以检测的所有媒体特性如表 12-2 所示。

表 12-2　媒体特性

属性	是否可加 min/max 前缀	描述
width	是	视口宽度
height	是	视口高度
device-width	是	设备屏幕的宽度（渲染表面的宽度）
device-height	是	设备屏幕的高度（渲染表面的高度）
orientation	否	设备处于横向（lateral）还是纵向（portrait）
aspect-ratio	是	基于视口宽度和高度的宽高比
device-aspect-ratio	是	基于设备渲染平面宽度和高度的宽高比
color	是	每种颜色的位数
color-index	是	设备的颜色索引表中的颜色数
monochrome	是	检测单色帧缓冲区中每像素所使用的位数
resolution	是	检测屏幕或打印机的分辨率
scan	否	电视机的扫描方式，值可以设为 progressive（逐行扫描）或 interlace（隔行扫描）
grid	否	检测输出设备是网格设备还是位图设备

下面通过媒体查询来创建一个简单的响应式页面，如例 12-1 所示。

【例 12-1】example01.html

```
<!DOCTYPE html>
<html>
<head>
	<meta charset="utf-8">
	<title>媒体查询</title>
	<style>
		@media only screen and (max-width: 640px) {
			body {
				background-color: pink;
```

```
                }
            }
            @media only screen and (min-width: 700px) and (max-width:800px) {
                body {
                    background-color: green;
                }
            }
            @media only screen and (min-width: 1000px) {
                body {
                    background-color: blue;
                }
            }
        </style>
    </head>
    <body>
    </body>
    </html>
```

在例 12-1 中，定义了 3 个媒体查询。第 1 个媒体查询的条件是仅台式电脑、平板电脑或智能手机等设备并且视口宽度最大不超过 640px，在满足该条件时，<body>标记的背景颜色为粉色；第 2 个媒体查询的条件是仅台式电脑、平板电脑或智能手机等设备并且视口宽度在 700px 与 800px 之间，在满足该条件时，<body>标记的背景颜色为绿色；第 3 个媒体查询的条件是仅台式电脑、平板电脑或智能手机等设备并且视口宽度不小于 1000px，在满足该条件时，<body>标记的背景颜色为蓝色。

当视口宽度为 600px 时，这段代码在 Google Chrome 中的运行效果如图 12-7 所示，此时满足第 1 个媒体查询的条件，页面的背景颜色为粉色。

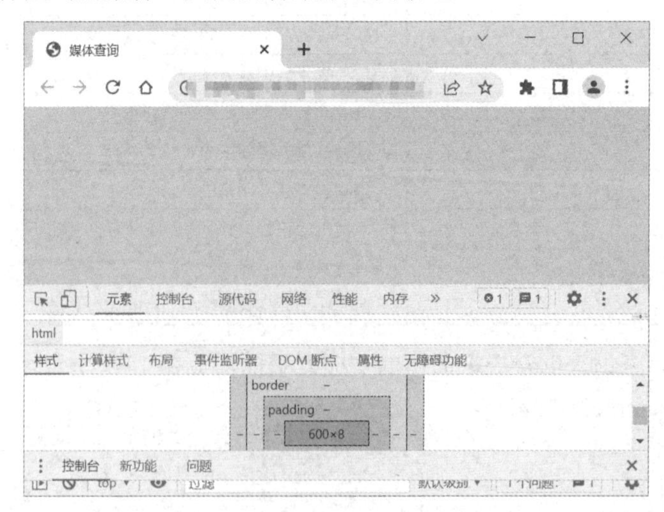

图 12-7　视口宽度为 600px 时的效果（1）

当视口宽度为 770px 时，这段代码在 Google Chrome 中的运行效果如图 12-8 所示，此时满足第 2 个媒体查询的条件，页面的背景颜色为绿色。

当视口宽度为 900px 时，这段代码在 Google Chrome 中的运行效果如图 12-9 所示，此时不满足任何一个媒体查询的条件，页面未加载任何样式，背景颜色为默认的白色。

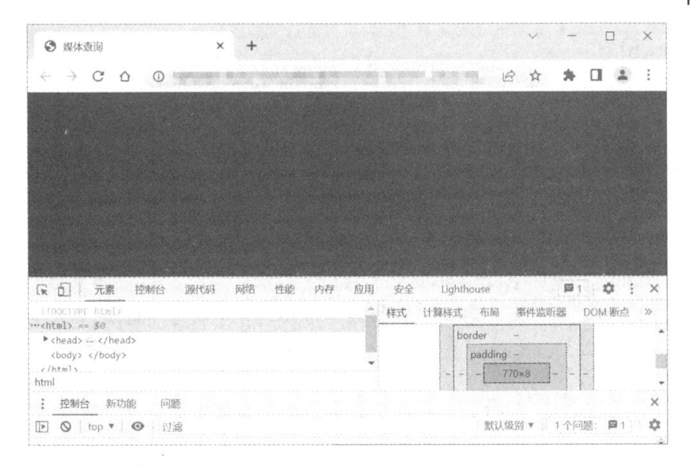

图 12-8　视口宽度为 770px 时的效果

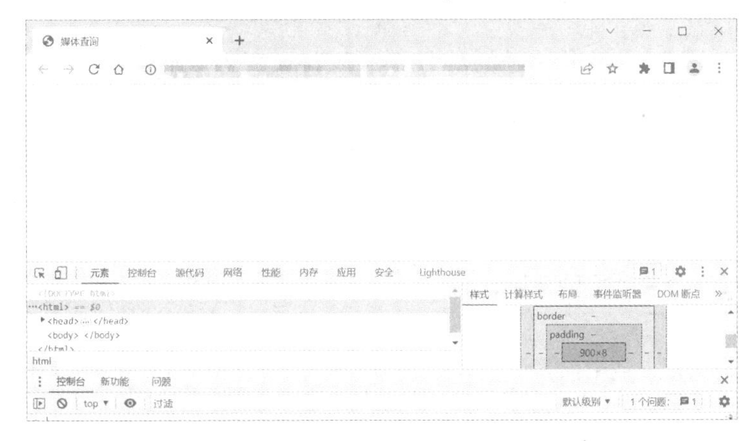

图 12-9　视口宽度为 900px 时的效果

当视口宽度为 1250px 时，这段代码在 Google Chrome 中的运行效果如图 12-10 所示，此时满足第 3 个媒体查询的条件，页面的背景颜色为蓝色。

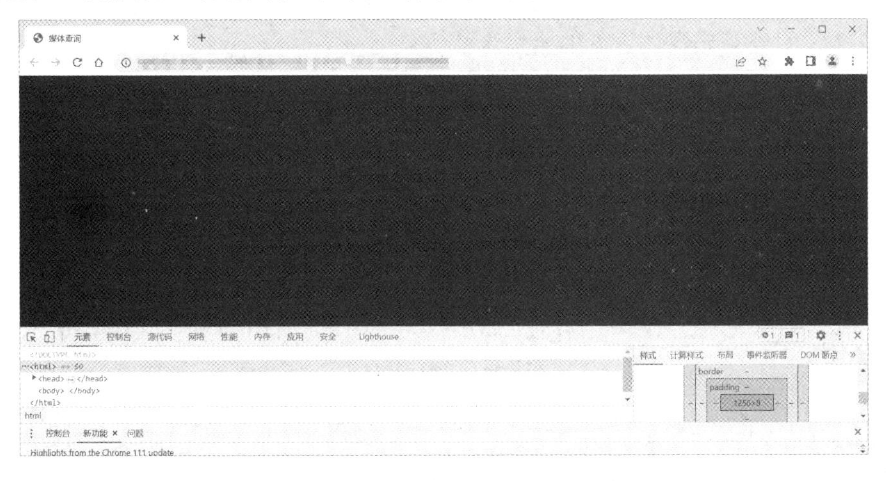

图 12-10　视口宽度为 1250px 时的效果

当网页的运行终端为平板电脑或智能手机等移动设备时，还可以根据设备的屏幕尺寸来设置相应的样式。对于屏幕设备同样可以使用“min/max”前缀，如“min-device-width”

或者“max-device-width”。

若终端设备是平板电脑或智能手机并且设备屏幕的最大宽度为 480px，则该媒体查询的代码如下。

```
@media screen and (max-device-width:480px){
        CSS 代码
}
```

在定义媒体查询时，还可以使用逗号分隔多个条件，在逗号分隔列表中的每个媒体查询都被作为独立查询对待，此时，如果条件表达式中的任何媒体查询为 true，则样式都会被运用。例如，在视口宽度小于或等于 640px，或者大于或等于 920px 时，<body>标记的背景颜色为粉色，该媒体查询的代码如下。

```
@media only screen and (max-width: 640px) , (min-width: 920px) {
    body {
        background-color: pink;
    }
}
```

按照语法，媒体特性的格式与 CSS 属性类似，但还是存在几点差异，一定要注意区分。

（1）媒体特性在用于条件表达式中时，用于描述对终端设备的要求，而属性则用于定义具体样式。

（2）大多数媒体特性能够接收可选的“min-”或“max-”前缀，表示应用于大于或等于，或者小于或等于某个值的情况。这些接收前缀的媒体特性在大多数情况下都会使用前缀，但也可以单独使用。

（3）在声明时属性总是需要一个值，而媒体特性不需要值，因为其条件表达式返回的只有 true 或 false。

（4）媒体特性仅接收单一值，如一个关键字、一个数字或者一个带单位标识符的数字，而属性可以接收复杂值。

5. 媒体查询的引入方式

媒体查询既可以在 CSS 内部使用（内联方式），也可以通过<link>标记外链使用，下面通过例 12-2 说明外链式媒体查询的定义方法。

【例 12-2】example03.html

```
<!DOCTYPE html>
<html lang="en">
<head>
    <meta charset="utf-8">
    <title>外链式媒体查询</title>
    <link rel="stylesheet" href="style/pink.css" media="only screen and (max-width: 640px)">
    <link rel="stylesheet" href="style/blue.css" media="only screen and (min-width: 1000px)">
</head>
<body>

</body>
</html>
```

在 HTML 文档的<head></head>标记对的内部，通过<link>标记引入 CSS 文件，同时通过<link>标记的 media 属性定义媒体查询，media 属性值就是媒体查询的条件表达式。在例 12-2 中，通过<link>标记定义了两个媒体查询，第 1 个媒体查询的条件是仅台式电脑、平板电脑或智能手机等设备并且视口宽度最大不超过 640px，在满足该条件时，pink.css 生效；第 2 个媒体查询的条件是仅台式电脑、平板电脑或智能手机等设备并且视口宽度不小于 1000px，在满足该条件时，blue.css 生效。

当视口宽度为 600px 时，这段代码在 Google Chrome 中的运行效果如图 12-11 所示，此时满足第 1 个媒体查询的条件，pink.css 生效，页面的背景颜色为粉色。

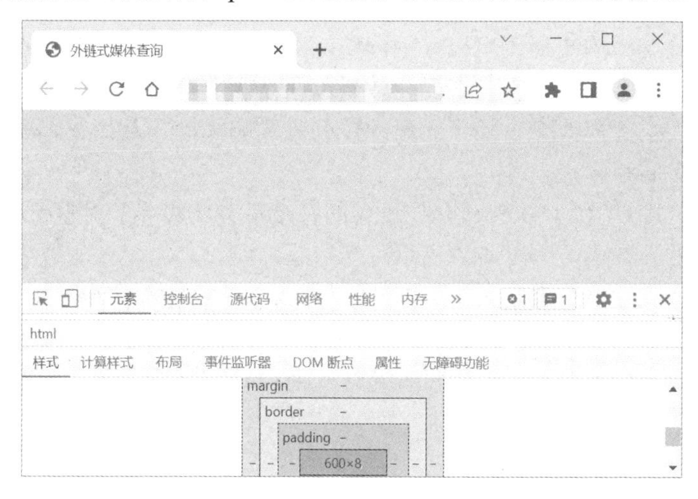

图 12-11　视口宽度为 600px 时的效果（2）

当视口宽度为 1100px 时，这段代码在 Google Chrome 中的运行效果如图 12-12 所示，此时满足第 2 个媒体查询的条件，blue.css 生效，页面的背景颜色为蓝色。

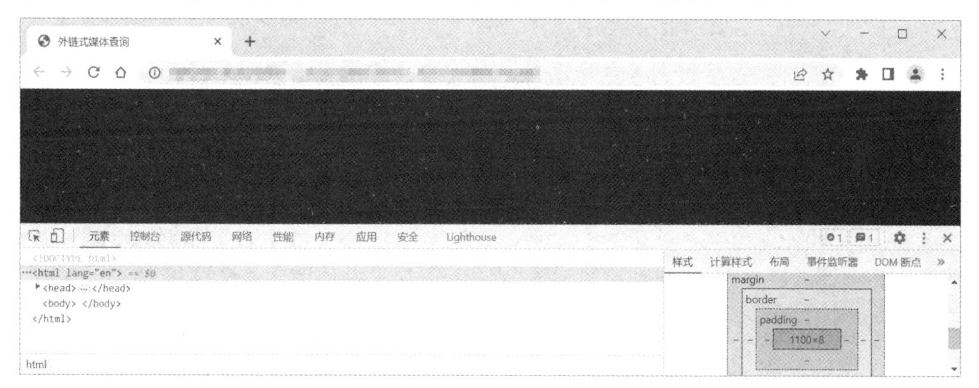

图 12-12　视口宽度为 1100px 时的效果

📖**注意：**在书写媒体特性时，一定要将其包含在小括号内，如 media="(min-width: 800px)"。在内部样式表中定义媒体查询时，也需要这样书写，如@media (max-width: 960px){…}。

6. 媒体查询的常用尺寸

响应式网页需要根据用户使用的终端设备进行相应的布局，而现在的设备特别是移动设备的型号非常多样，其分辨率各不相同。本着能够最大限度地兼容各主流移动设备和 PC 端显示器、样式代码结构清晰的原则，参考响应式框架 Bootstrap，可以这样划分媒体查询的响应尺寸，如表 12-3 所示。

表 12-3　常用的响应尺寸划分

设备	尺寸区间	宽度设置
超小屏幕（手机）	<768px	100%
小屏幕（平板电脑）	[768px, 992px)	750px
中等屏幕（桌面显示器）	[992px, 1200px)	970px
大屏幕（大桌面显示器）	>=1200px	1170px

针对单个响应尺寸的布局仍可以采用固定宽度的布局方式实现，可以设置一个父元素作为布局容器，让内部的子元素实现变化效果。在不同的响应尺寸下，先通过媒体查询来改变布局容器的大小，再改变内部子元素的排列方式和大小，从而在不同分辨率的屏幕下实现不同的页面布局和样式。

除了手机的宽度设置是 100%，其他设备的宽度都会比设备尺寸区间的最小值小一点，这样容器就不会占满屏幕，可以居中显示。

根据常见设备尺寸的分类结果，可以设置与之对应的媒体查询条件，如图 12-13 所示。在设置时，后面的样式会覆盖前面的样式，所以一定注意先后顺序，一般可以按照设备尺寸由小到大或者由大到小的顺序依次设置媒体查询。

```
/*超小屏幕（手机），  < 768px*/
@media screen and (max-width: 767px){   ...  }

/*小屏设备（平板），  >= 768px ~ 992px*/
@media screen and (min-width: 768px){   ...  }

/*中屏设备，  >= 992px ~ 1200px*/
@media screen and (min-width: 992px){   ...  }

/*大屏幕，  >= 1200px*/
@media screen and (min-width: 1200px){   ...  }
```

图 12-13　设置媒体查询

下面通过一个案例演示媒体查询的具体用法，如例 12-3 所示。

【例 12-3】example04.html

```
<!DOCTYPE html>
<html>
<head>
    <meta charset="utf-8">
    <title>响应式布局示例</title>
    <style>
        *{
            padding: 0;
            margin: 0;
        }
        .container{
            height: 150px;
            background-color: pink;
            margin: 0 auto;
        }
        .xs,.s,.m,.l{
            display: none;
```

```
        text-align: center;
        line-height: 150px ;
}
 /*超小屏幕（手机）< 768px*/
@media screen and (max-width: 767px){
        .container{
            width: 100%;
        }
        .xs{
          display: block;
        }
}
/*小屏设备（平板电脑）>= 768px ~ 992px*/
@media screen and (min-width: 768px){
        .container{
            width: 750px;
        }
        .s{
          display: block;
        }
        .xs{
          display: none;
        }
}
/*中屏设备>= 992px ~ 1200px*/
@media screen and (min-width: 992px){
        .container{
            width: 970px;
        }
        .m{
          display: block;
        }
        .xs,.s{
          display: none;
        }
}
/*大屏设备 >= 1200px*/
@media screen and (min-width: 1200px){
        .container{
            width: 1170px;
        }
        .l{
          display: block;
        }
        .xs,.s,.m{
          display: none;
        }
}
```

```
        </style>
    </head>
    <body>
        <!-- .container 为布局容器 -->
        <div class="container">
         <div class="xs">当前为超小屏幕</div>
         <div class="s">当前为小屏幕</div>
         <div class="m">当前为中等屏幕</div>
         <div class="l">当前为大屏幕</div>
        </div>
    </body>
    </html>
```

在例 12-3 中，定义了 4 个媒体查询，分别对应视口宽度小于 768px（手机）、视口宽度在 768px 与 992px 之间（平板电脑）、视口宽度在 992px 与 1200px 之间（中屏设备），以及视口宽度在 1200px 以上（大屏设备）。

当视口宽度为 1260px 时，这段代码在 Google Chrome 中的运行效果如图 12-14 所示，此时满足最后一个媒体查询的条件，container 的宽度为 1170px，显示类名为 l 的<div>标记，隐藏其余<div>标记。

图 12-14　视口宽度为 1260px 时的运行效果

当视口宽度为 1130px 时，这段代码在 Google Chrome 中的运行效果如图 12-15 所示，此时满足第 3 个媒体查询的条件，container 的宽度为 970px，显示类名为 m 的<div>标记，隐藏其余<div>标记。

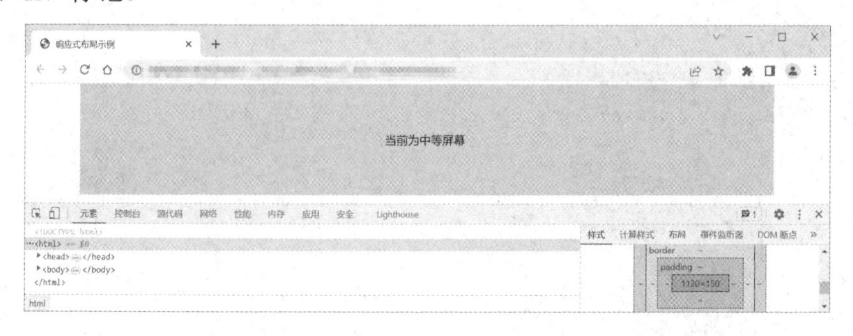

图 12-15　视口宽度为 1130px 时的运行效果

当视口宽度为 950px 时，这段代码在 Google Chrome 中的运行效果如图 12-16 所示，此时满足第 2 个媒体查询的条件，container 的宽度为 750px，显示类名为 s 的<div>标记，隐藏其余<div>标记。

图 12-16　视口宽度为 950px 时的运行效果

当视口宽度为 600px 时，这段代码在 Google Chrome 中的运行效果如图 12-17 所示，此时满足第 1 个媒体查询的条件，container 的宽度为 100%，显示类名为 xs 的<div>标记，隐藏其余<div>标记。

图 12-17　视口宽度为 600px 时的运行效果（3）

按照设备尺寸由大到小的顺序也可以定义媒体查询，示例代码可参考本项目的源代码 example05.html，在此不再赘述。

flex 弹性盒

12.1.3　弹性盒布局

Flex 是 Flexbox 的缩写，意为“弹性盒”，是 W3C 提出的一种新的布局技术，它为盒模型提供了最大的灵活性，使得块级元素的布局排列变得十分灵活，可以快捷、高效、灵活、响应式地实现各种页面布局。

Flex 布局技术采用更加有效的方式来对一个容器的子元素进行排列，并且可以灵活地分配容器空间，从而改变子元素的大小。当页面需要适应不同的屏幕大小以及设备类型时，Flex 布局是一种确保元素拥有恰当的样式的布局方式，其强大的伸缩性，在响应式开发中可以发挥极大的作用。

1. 创建弹性盒

弹性盒由弹性容器（Flex Container）和弹性子元素（Flex Item）组成。只要对某个元素设置 display 属性，且属性值为 flex 或 inline-flex，那么这个元素就成了弹性容器，具有了

Flex 弹性布局的特性，该元素的子元素就成了弹性子元素，一个弹性容器内可以包含一个或多个弹性子元素。弹性子元素也可以设置为另一个弹性容器，形成嵌套关系。因此一个元素既可以是弹性容器也可以是弹性子元素。

弹性容器默认存在两根轴，即主轴和交叉轴。主轴默认是水平方向从左向右的，交叉轴与主轴垂直，默认是垂直方向从上向下的，两轴之间呈 90°。弹性子元素永远沿主轴排列，每根轴的起点和终点决定了弹性子元素的对齐方式。

下面来创建一个简单的弹性盒布局，如例 12-4 所示。

【例 12-4】example06.html

```
<!DOCTYPE html>
<html>
<head>
        <meta charset="utf-8">
        <title>Flex 布局介绍</title>
        <style>
                *{
                        margin: 0;
                        padding: 0;
                }
                h2{
                        text-align: center;
                }
                ul {
                        width: 800px;
                        height:300px ;
                        margin: 0 auto;
                        list-style: none;
                        background: #C2C2C2;
                        display: flex;                  /*将 ul 转换为弹性容器*/
                }
                ul li {
                        width: 300px;
                        height: 200px;
                        margin-right: 20px;
                        text-align: center;
                        line-height: 200px;
                        background-color: pink;
                }
        </style>
</head>
<body>
        <h2>CSS3-Flex 弹性盒布局介绍</h2>
        <ul>
                <li>1</li>
                <li>2</li>
                <li>3</li>
        </ul>
```

```
</body>
</html>
```

在上述代码中，ul 元素通过 display:flex 转换为弹性容器，其子元素 li 变为弹性子元素。ul 元素的宽度为 800px，li 元素的宽度为 300px，且 margin 为 20px，在普通布局方式下，3 个 li 元素应在父元素 ul 中自上至下、各自独占一行显示。但在弹性盒布局方式下，3 个弹性子元素在父元素 ul 中自左至右、在一行中显示，且子元素会默认收缩尺寸以避免溢出父元素。

例 12-4 在 Google Chrome 中的运行效果如图 12-18 所示。

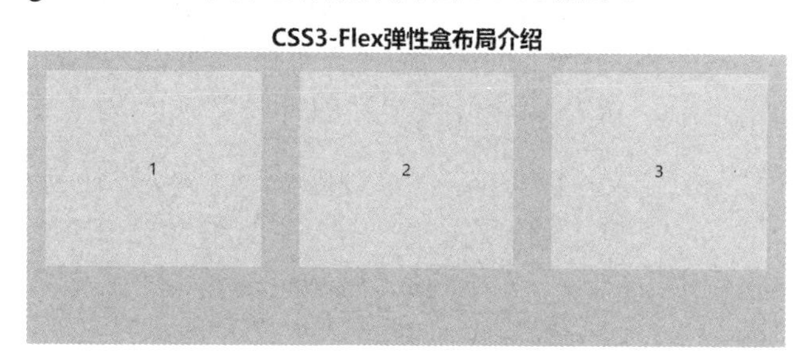

图 12-18　弹性盒布局效果示例

2. 弹性容器的 CSS 样式属性

要想进一步定义弹性子元素的排列方向、对齐方式、是否换行、排列顺序等布局样式，还需要为弹性容器或弹性子元素设置相应的 CSS 样式属性。这些样式属性可以分为两类，一类是应用在弹性容器上的 CSS 样式属性，用于为弹性容器本身或者全部弹性子元素设置样式；另一类则是应用在弹性子元素上的 CSS 样式属性，用于设置单个弹性子元素的表现行为。

应用于弹性容器的 CSS 样式属性如表 12-4 所示。

表 12-4　应用于弹性容器的 CSS 样式属性

属性	属性值	描述
flex-direction	row、row-reverse、column、column-reverse	定义主轴方向
flex-warp	nowrap、wrap、wrap-reverse	弹性子元素在主轴上排列不开时，是否换行
flex-flow	<flex-direction> || <flex-wrap>	flex-direction 属性和 flex-wrap 属性的简写形式
justify-content	flex-start、flex-end、center、space-between、space-around	弹性子元素在主轴上的对齐方式
align-items	flex-start、flex-end、center、baseline、stretch	单行弹性子元素在交叉轴上的对齐方式
align-content	flex-start、flex-end、center、spance-between、space-around、stretch	多行弹性子元素在交叉轴上的对齐方式

（1）flex-direction 属性。

一旦某个元素被转换为弹性容器，它就默认存在两根轴，即主轴和交叉轴，Flex 布局大部分的属性都是作用于主轴的，在交叉轴上很多时候只能被动地变化。弹性容器的主轴和交叉轴如图 12-19 所示。

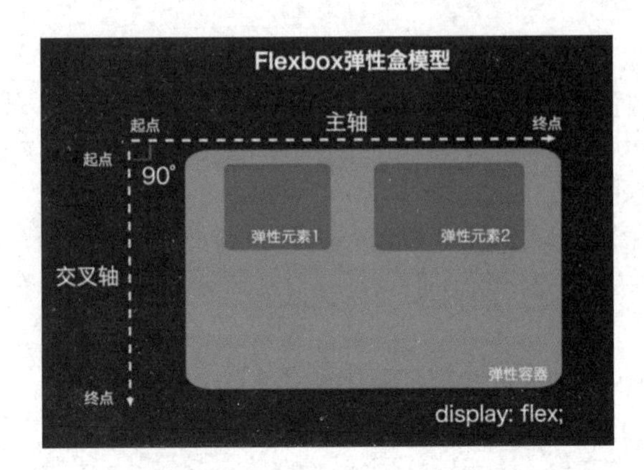

图 12-19　弹性容器的主轴和交叉轴

flex-direction 属性用来定义主轴方向，通过调整主轴方向（默认为水平方向）就可以调整弹性子元素的排列方向。一旦主轴方向被修改了，交叉轴就会相应地旋转 90°，弹性子元素的排列方式也会发生相应的改变。flex-direction 属性的基本语法格式如下。

```
flex-direction: row | row-reverse | column | column-reverse;
```

其中，各属性值的具体含义如下。

- row（默认值）：主轴为水平方向，起点在左端。
- row-reverse：主轴为水平方向，起点在右端。
- column：主轴为垂直方向，起点在上沿。
- column-reverse：主轴为垂直方向，起点在下沿。

图 12-20 所示为 flex-direction 属性的不同取值的效果，示例代码可参考本项目的源代码 example07.html。

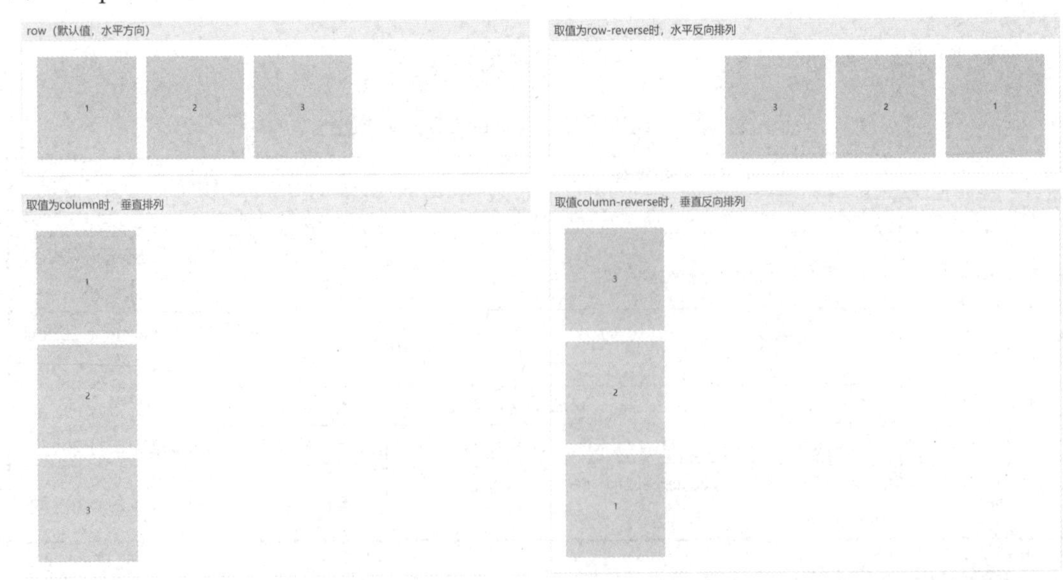

图 12-20　flex-direction 属性的不同取值的效果

（2）flex-wrap 属性。

弹性子元素永远沿主轴排列，如果主轴排不下，该如何处理呢？通过 flex-wrap 属性可以定义弹性子元素在主轴上排列不开时，是否进行换行。该属性的基本语法格式如下。

```
flex-wrap: nowrap | wrap | wrap-reverse;
```

其中，各属性值的具体含义如下。

- nowrap（默认）：不换行。这时弹性子元素会自动缩小宽度，在一行上填充，不会溢出容器。
- wrap：换行，第一行在上方。换行之后行与行之间的间距相等，涉及交叉轴上的多行对齐属性。
- wrap-reverse：反向换行，第一行在下方，每行元素之间的排列仍保留正向。

图 12-21 所示为 flex-wrap 属性的不同取值的效果，示例代码可参考本项目的源代码 example08.html。

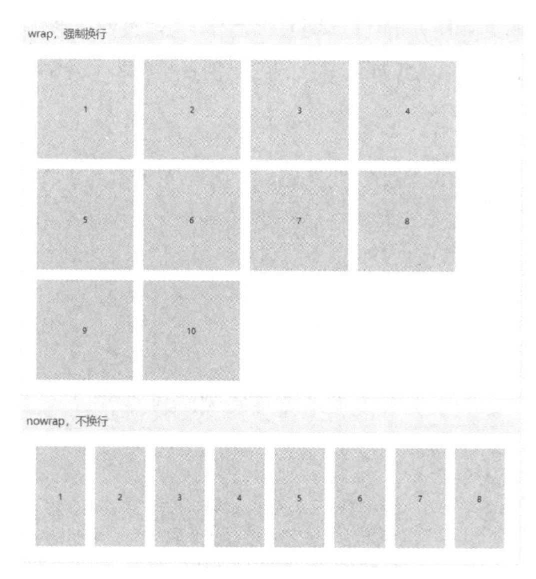

图 12-21　flex-wrap 属性的不同取值的效果

（3）flex-flow 属性。

flex-flow 属性是一个复合属性，是 flex-direction 属性和 flex-wrap 属性的简写形式，默认为 row nowrap，两个属性值中间以空格间隔。该属性的基本语法格式如下。

```
flex-flow:<flex-direction> || <flex-wrap>;
```

图 12-22 所示为 flex-flow 属性的取值为 wrap row-reverse 的效果，示例代码可参考本项目的源代码 example09.html。

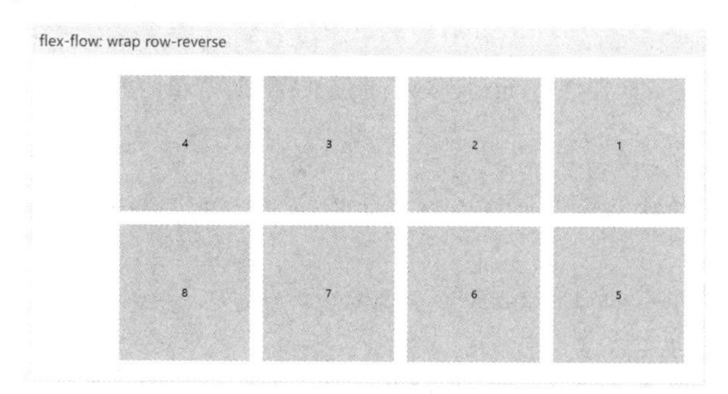

图 12-22　flex-flow 属性的取值为 wrap row-reverse 的效果

（4）justify-content 属性。

justify-content 属性定义了弹性子元素在主轴上的对齐方式。该属性的基本语法格式如下。

```
justify-content:flex-start | flex-end | center | space-between |space-around;
```

其中，各属性值的具体含义如下。

- flex-start（默认值）：弹性子元素沿主轴的起点对齐。
- flex-end：弹性子元素沿主轴的终点对齐。
- center：弹性子元素沿主轴居中对齐。
- space-between：弹性子元素沿主轴两端对齐，弹性子元素之间的间距相等。
- space-around：弹性子元素沿主轴的四周环绕对齐，每个弹性子元素两侧的间距相等。所以，弹性子元素之间的间距是弹性子元素与父容器的间距的两倍。

图 12-23 所示为 justify-content 属性的不同取值的效果，示例代码可参考本项目的源代码 example10.html。

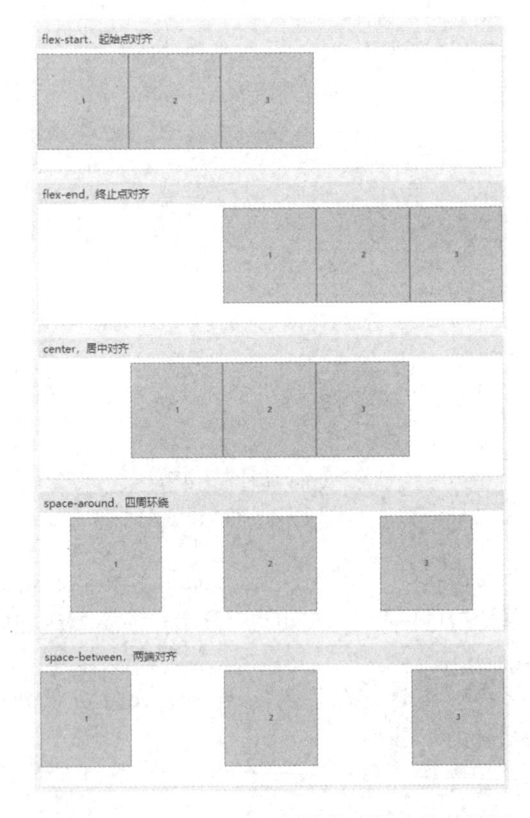

图 12-23　justify-content 属性的不同取值的效果

（5）align-items 属性。

align-items 属性定义了单行弹性子元素在交叉轴上如何对齐。该属性的基本语法格式如下。

```
align-items:flex-start | flex-end | center |baseline | stretch;
```

其中，各属性值的具体含义如下。

- stretch：默认值，拉伸对齐。如果弹性子元素未设置高度或高度为 auto，则弹性子元素将被拉伸，占满整个容器的高度。

- flex-start：单行弹性子元素沿交叉轴的起点对齐。
- flex-end：单行弹性子元素沿交叉轴的终点对齐。
- center：单行弹性子元素沿交叉轴的中点对齐。
- baseline：弹性子元素沿第一行文字的基线对齐。

图 12-24 所示为 align-items 属性的不同取值的效果，示例代码可参考本项目的源代码 example11.html。

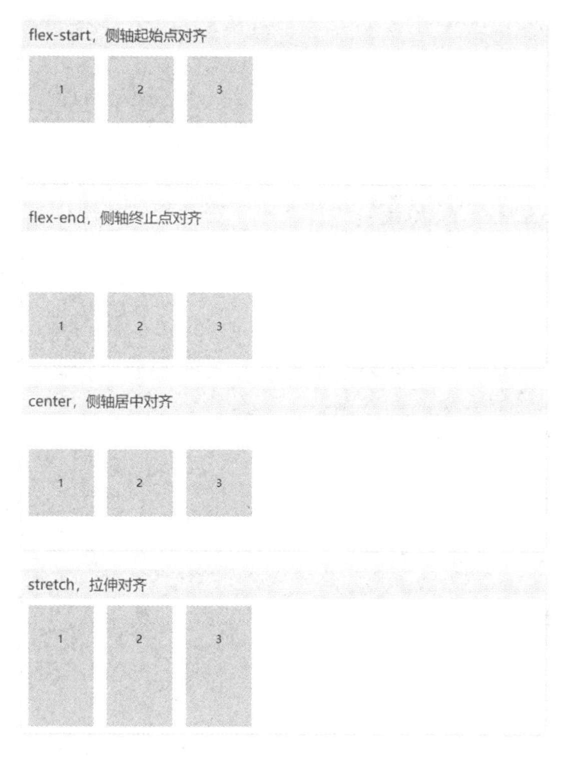

图 12-24　align-items 属性的不同取值的效果

（6）align-content 属性。

通过设置 flex-wrap 属性的值为 wrap，可以使弹性子元素在一行放不下时进行换行，在这种场景下就会在交叉轴上出现多行。可以通过 align-content 属性设置多行在交叉轴上对齐。该属性的基本语法格式如下。

```
align-content:flex-start | flex-end | center | spance-between | space-around |stretch;
```

其中，各属性值的具体含义如下。

- stretch：默认值，多行拉伸对齐。
- flex-start：沿交叉轴的起点对齐。
- flex-end：沿交叉轴的终点对齐。
- center：沿交叉轴的中点对齐。
- space-between：沿交叉轴的两端对齐，轴线之间的间隔平均分布。
- space-around：沿交叉轴的四周环绕对齐，每根轴线两侧的间隔都相等。

图 12-25 所示为 align-content 属性的不同取值的效果，示例代码可参考本项目的源代码 example12.html。

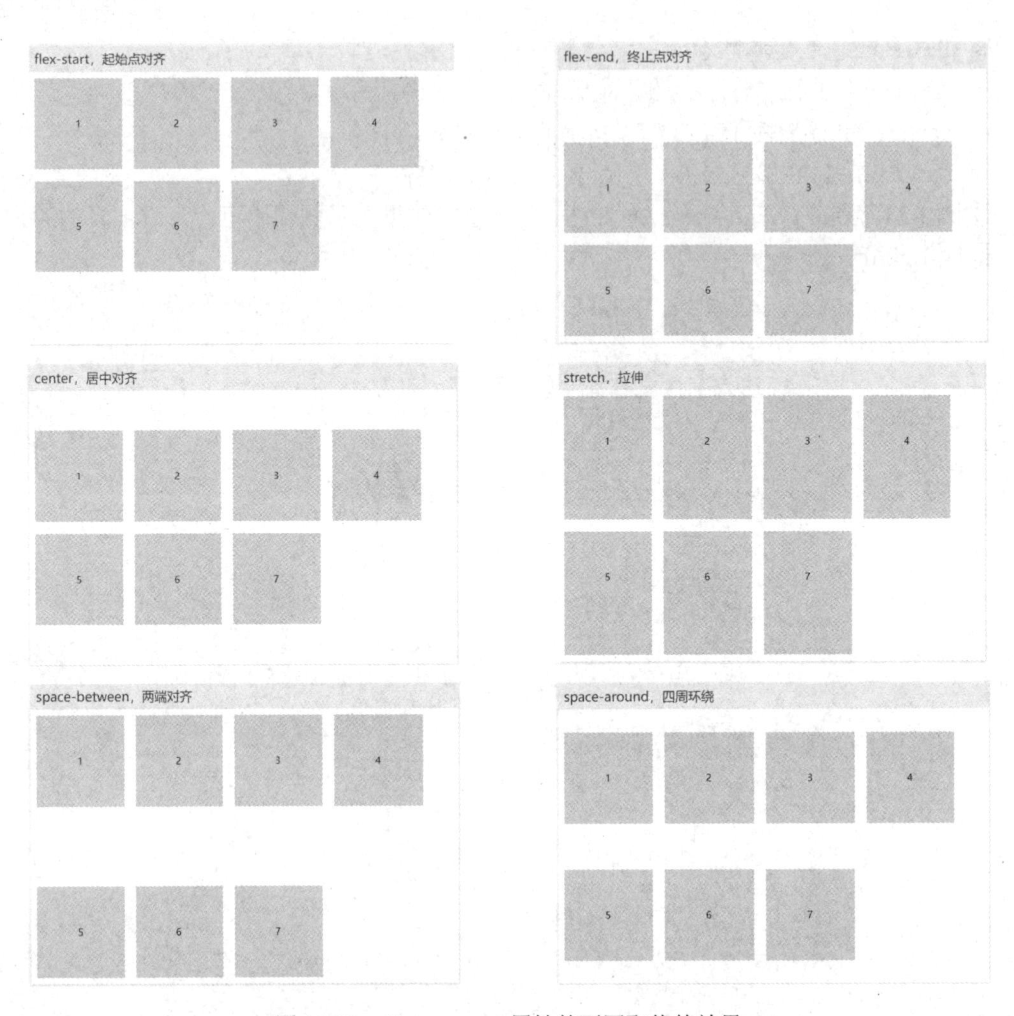

图 12-25　align-content 属性的不同取值的效果

📖注意：align-content 与 align-items 类似，但 align-content 只对多行元素有效，会以多行作为整体进行对齐，容器必须开启换行，而 align-items 只能设置单行弹性子元素在交叉轴上的对齐方式。

3. 弹性子元素的 CSS 样式属性

还有一类 CSS 样式属性是应用在弹性子元素上的，用于设置单个弹性子元素的对齐方式、缩放比例、排列顺序等。应用于弹性子元素的 CSS 样式属性如表 12-5 所示。

表 12-5　应用于弹性子元素的 CSS 样式属性

属性	属性值	描述
align-self	flex-start、flex-end、center、baseline、stretch	定义单个弹性子元素的交叉轴对齐方式
flex-shrink	数值，默认值为 1	定义弹性子元素的缩小比例
flex-grow	数值，默认值为 0	定义弹性子元素的放大比例
flex-basis	<length>或 auto ，默认值为 auto	定义弹性子元素在主轴上的初始尺寸
flex	数值，默认值为 0 1 auto，后面两个属性可选	复合属性，是 flex-grow、flex-shrink 和 flex-basis 的简写
order	数值	定义弹性子元素的排列顺序

（1）align-self 属性。

除了在弹性容器上设置单行弹性子元素沿交叉轴整体对齐，还可以通过 align-self 属性单独对某个弹性子元素设置交叉轴对齐方式。align-self 的属性值与 align-items 相同，可覆盖容器的 align-items 属性。默认值为 auto，表示继承父元素的 align-items 属性。该属性的基本语法格式如下。

```
align-self:flex-start | flex-end | center |baseline | stretch;
```

图 12-26 所示为 align-self 属性的不同取值的效果，示例代码可参考本项目的源代码 example13.html。

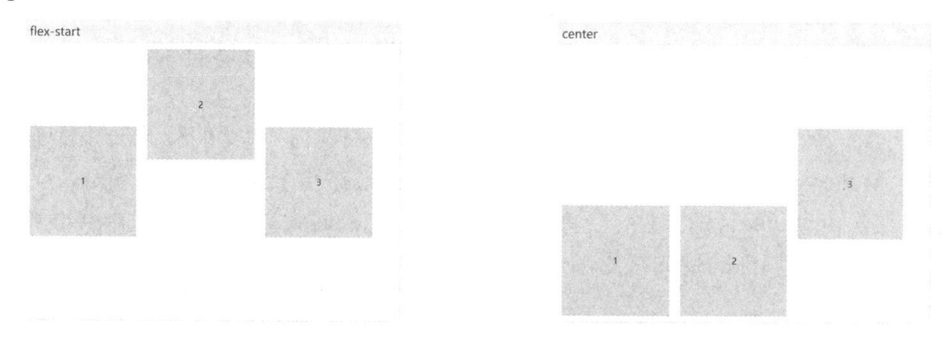

图 12-26　align-self 属性的不同取值的效果

（2）flex-shrink 属性。

当 flex-wrap 的属性值为 nowrap（不换行），或者弹性容器的宽度有剩余或不够分时，弹性子元素该如何“弹性”地伸缩自己的宽或高，进而在弹性容器中更好地排列呢？针对这样的情况，Flex 布局技术引入了 flex- shrink、flex- grow、flex- basis 和 flex 属性来进行进一步的约定。

当弹性子元素的总空间大于弹性容器的空间时，可以通过 flex-shrink 属性定义弹性子元素的缩小比例，以保证弹性子元素在缩小后可以正好被容纳在弹性容器的空间内。该属性的基本语法格式如下。

```
.container {
  display: flex;
  flex-wrap: nowrap;
}
.flex-item{
    flex-shrink:<number>;       /* default 1 */
}
```

flex-shrink 属性定义的是每个弹性子元素的缩小比例，但并不是严格意义上的等比例缩小，而是将弹性子元素本身的大小作为计算的其中一个因素，以避免一些本身宽度较小的元素在被收缩之后宽度变为 0 的情况出现。

如果一个弹性子元素的 flex-shrink 属性值为 0，其他都为 1，则在空间不足时，flex-shrink 属性值为 0 的弹性子元素不缩小，其他弹性子元素缩小。

（3）flex- grow 属性。

如果弹性容器的宽度大于弹性子元素的总宽度，那么弹性容器剩余的宽度该怎样分配呢？flex-grow 属性决定了弹性子元素要不要分配剩余空间以及各自分配多少。该属性的基本语法格式如下。

```
.flex-item{
    flex-grow:<number>;            /* default 0*/
}
```

flex-grow 属性定义了弹性子元素的放大比例，默认值为 0，即默认不分配弹性容器的剩余宽度。通过指定 flex-grow 为大于 0 的值，实现弹性容器剩余宽度的分配比例设置。

📖**注意：**在弹性容器无剩余宽度时，flex-grow 属性是无效的。同样，flex-shrink 属性在弹性容器宽度有剩余时，也是无效的。因此 flex-grow 属性和 flex-shrink 属性是针对两种不同场景的互斥属性。

（4）flex- basis 属性。

如果希望弹性子元素的尺寸固定，即不进行弹性调整，那么除了设置弹性子元素的 width 和 height 属性，还可以使用 flex-basis 属性。

flex-basis 属性设置的是弹性子元素在主轴上的初始尺寸，所谓的初始尺寸就是元素在 flex-grow 和 flex-shrink 属性生效前的尺寸，浏览器会根据这个属性计算主轴是否有剩余空间。它的默认值为 auto，即弹性子元素的本来大小。当同时设置 flex-basis、width 和 height 属性时，flex-basis 属性的优先级更高。该属性的基本语法格式如下。

```
.flex-item{
    flex-basis:<length> | auto ;         /*default auto*/
}
```

（5）flex 属性。

flex 属性是复合属性，是 flex-grow、flex-shrink 和 flex-basis 属性的简写，默认值为 0 1 auto，后面两个属性值可选。通过该属性可以便捷地对弹性子元素的尺寸进行设置。该属性的基本语法格式如下。

```
.flex-item{
    flex:<number>;          /*通常省略后两个属性值*/
}
```

图 12-27 所示为 flex 属性的不同取值的效果，示例代码可参考本项目的源代码 example14.html。

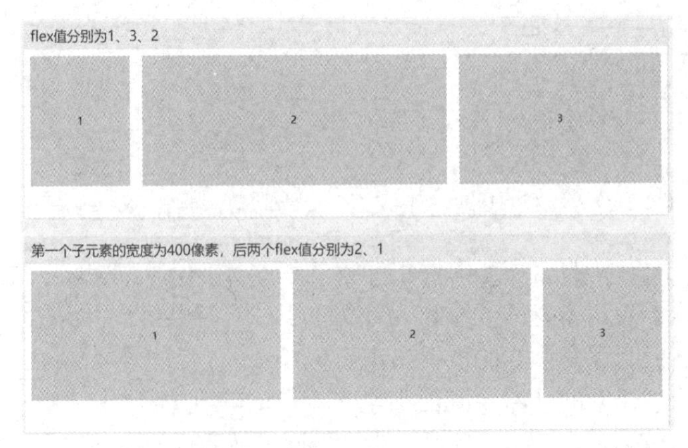

图 12-27　flex 属性的不同取值的效果

（6）order 属性。

在传统网页布局中，网页元素的出现顺序默认是由元素的定义顺序决定的，想要改变元素的出现顺序需要联合设置众多属性才可以实现。而在弹性容器中，弹性子元素的出现顺序可以由 order 属性轻松定义，弹性子元素的 order 属性值越小，排列越靠前，反之排列越靠后，当 order 属性值相同时，以 DOM 中的元素排列为准。该属性的基本语法格式如下。

```
.flex-item{
    order:<number>;
}
```

图 12-28 所示为 order 属性的设置效果，示例代码可参考本项目的源代码 example15.html。

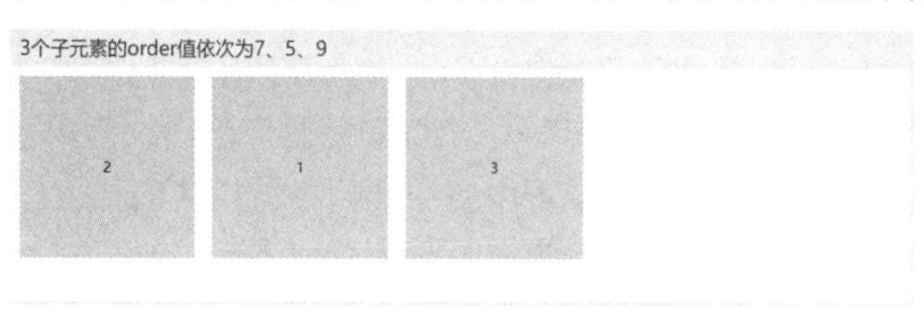

图 12-28　order 属性的设置效果

🕮提示：Flex 弹性盒子是 CSS3 的一种新的布局技术，除了 IE 8 及以下版本，受到了其他浏览器的广泛支持。Flex 弹性盒子充满弹性、异常灵活的属性设置，使得响应式布局和移动端布局都变得更加易于实现。但是 Flex 布局技术涉及的样式属性较多且相互影响，学习时需要详细区分各属性的异同，分析容易造成误解的细节，才能学通和弄懂。

【任务实施】使用响应式布局技术实现定制旅行页面的展示

【效果分析】

1. 结构分析

观察网页效果图，可以看到定制旅行页面是由头部区域、banner、内容区域、页脚区域等部分构成的，其中，内容区域又分为左侧边栏和右侧图文区域。这些部分都由<div>标记进行定义，内部再根据具体的图像或文字信息嵌套相应的标记，实现整体页面的排版。本页面实现了对大屏幕、小屏幕、超小屏幕等具有不同分辨率的设备的响应式开发，在不同类型的终端设备上显示或隐藏部分页面结构，最终为不同的终端设备制定不同的显示效果。定制旅行页面在大屏幕设备上的结构如图 12-29 所示。

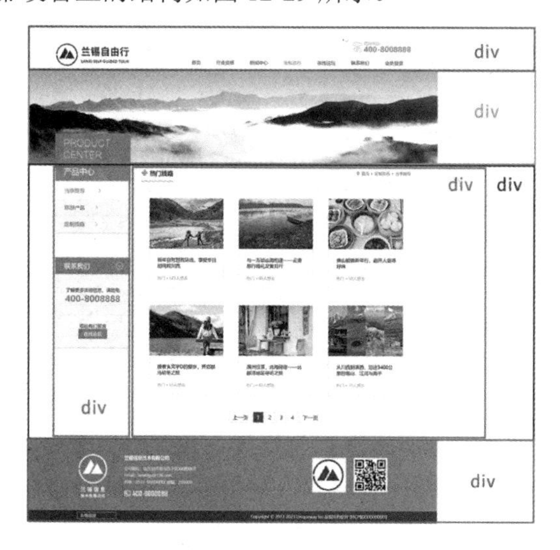

图 12-29　定制旅行页面结构图（大屏幕设备）

2. 样式分析

本页面通过媒体查询，对 3 种具有不同分辨率的终端设备进行响应，分别是 992px 以上的大屏幕设备、768px 到 992px 之间的小屏幕设备（如平板电脑）、768px 以下的超小屏幕设备（如手机），最终实现 3 套不同的页面样式。因为在大屏幕设备下显示的页面样式与网站首页以及在线论坛模块的结构、样式相似，所以可以先完成大屏幕设备页面的样式排版，再进一步制作小屏幕设备页面以及超小屏幕页面。

实现定制旅行页面的响应式开发大致分为 3 步，具体步骤如下。

（1）制作大屏幕设备的页面样式。其中，头部和页脚区域可以复用首页的样式，banner、左侧边栏以及右侧图文区域的标题区域可以复用热门推荐模块的样式。

（2）通过媒体查询，为小屏幕设备设置页面样式。

（3）通过媒体查询，为超小屏幕设备设置页面样式。

【模块制作】

1. 搭建 HTML 结构

根据上面的分析，使用相应的 HTML 标记来搭建网页结构，如例 12-5 所示。

【例 12-5】example16.html

```
<!DOCTYPE html>
<html>
        <head>
                <meta charset="utf-8">
                <title>定制旅行</title>
                <link rel="shortcut icon" href="./favicon.ico" />
                <link rel="stylesheet" href="style/web.css">
</head>
        <body id="pro">
        <!--头部区域-->
        <div class="header">
                …
                <ul class="nav">
                        …
                </ul>
        </div>
        <!--内页 banner 区域-->
        <div class="ny_banner_pro"></div>
        <!--内容区域-->
        <div class="ny_main">
                <!--左侧边栏-->
                <div class="aside float_l"> … </div>
                <!--右侧图文区-->
                <div class="ny_con float_r"> … </div>
        </div>
        <!--底部区域-->
        <div class="footer">
                …
        </div>
```

```
    </body>
</html>
```

因篇幅所限，以上示例代码只显示了部分 HTML 标记，完整代码可参考本项目的源代码 example16.html。在<head></head>标记对内引入了外部样式表文件 web.css，该样式表文件中已经定义了头部区域、左侧边栏、右侧图文区域和页脚区域的样式，例 12-5 的代码在 Google Chrome 中的运行效果如图 12-30 所示。

图 12-30　HTML 结构页面效果

2. 定义 CSS 样式

在样式表文件 example16.css 中写入 CSS 代码，控制定制旅行页面在大屏幕设备、小屏幕设备以及超小屏幕设备下的页面外观样式，采用从整体到局部的方式实现图 12-1、图 12-2、图 12-3 所示的效果，具体如下。

（1）大屏幕设备的样式设置。

首先定义网页在大屏幕设备上的外观样式。设置头部区域的类名为 hd_btn 的导航按钮为空元素，在大屏幕设备上隐藏；设置 banner 的高度为 280px，背景图像为大图。CSS 代码如下。

```
.header .hd_btn {            /*头部区域的导航按钮*/
    display: none;
}
.ny_banner_pro {             /*banner*/
    width: 100%;
    height: 280px;
    background: url(../images/ny_banner_pro.jpg) center;
}
```

设置类名为 box-bd 的 ul 元素为 Flex 弹性容器，并设置弹性子元素换行显示，弹性子元素的主轴对齐方式为四周环绕；设置弹性子元素（li 元素）的宽度为 228px，高度为 270px，背景颜色为白色，1px 实线边框、边框颜色为#ddd，上外边距为 50px，过渡时间为 0.3 秒；设置鼠标滑上 li 元素时的样式为向上移动 8px，添加半透明黑色的边框阴影。CSS 代码如下。

```
.box-bd {                     /*右侧图文区块，弹性容器*/
    display: flex;
    flex-wrap: wrap;
    justify-content: space-around;
}
.box-bd li {                  /*单个图文块，弹性子元素*/
    width: 228px;
    height: 270px;
    background-color: #fff;
    border: 1px solid #ddd;
    margin-bottom: 50px;
    transition: all .3s;
}
.box-bd li:hover {            /*鼠标滑上效果*/
    top: -8px;
    box-shadow: 2px 2px 2px 2px rgba(0, 0, 0, .3);
}
```

设置 li 元素内部图像的宽度为 100%；设置 li 元素内部的 h4 元素的上外边距、右外边距、下外边距为 20px，左外边距为 25px，字号为 14px，文字颜色为#050505，不加粗；设置 li 元素内部的类名为 info 的 div 元素的上外边距、下外边距为 0px，右外边距为 20px，左外边距为 25px，字号为 12px，文字颜色为#999；设置 info 内部的 span 元素的文字颜色为#ff7c2d。CSS 代码如下。

```
.box-bd li img {
    width: 100%;
}
.box-bd li h4 {
    margin: 20px 20px 20px 25px;
    font-size: 14px;
    color: #050505;
    font-weight: 400;
}
.box-bd .info {
    margin: 0 20px 0 25px;
    font-size: 12px;
    color: #999;
}
.box-bd .info span {
    color: #ff7c2d;
}
```

至此，定制旅行页面在大屏幕设备上的 CSS 样式制作完成，在将该样式应用于网页后，效果如图 12-3 所示。

（2）小屏幕设备的样式设置。

接下来定义页面在小屏幕设备（分辨率在 992px 与 768px 之间）上的外观样式。设置媒体查询的条件为仅台式电脑、平板电脑或智能手机等设备并且视口宽度最大不超过991px，在满足该条件时，下列样式生效。

设置类名为header的div元素的宽度为100%，即头部宽度为页面宽度；设置header内部的类名为logo的div元素的left属性值为30px，top属性值为16px，将logo定位在头部区域的左上角；设置logo内部的图像高度为40px；设置header内部的类名为tel的div元素的right属性值为30px，将电话号码定位在头部区域的右侧；设置header内部的类名为nav的ul元素的left属性值为30px，将导航定位在logo的下方，调整头部区域各部分的位置。

设置banner的高度为180px，背景图像为小图；设置类名为aside的div元素为空元素，将内容区域的左侧边栏隐藏；设置类名为ny_main的div元素的宽度为100%，将内容区域的宽度设置为页面宽度；设置类名为ny_con的图文区域的宽度为90%，取消浮动，在页面水平居中显示。

设置类名为ft_top的div元素的宽度为100%，将页脚浅蓝色部分的宽度设置为页面宽度，左右内边距为5%，边框和内边距包含在宽度内；设置类名为ft_btm的div元素的宽度为100%，将页脚深蓝色部分的宽度设置为页面宽度；设置类名为link的div元素为空元素，将友情链接隐藏；设置类名为copy的div元素为不浮动，将版权信息水平居中显示。CSS代码如下。

```
/*小屏设备（平板）>= 768px ~ 992px*/
@media only screen and (max-width:991px) {
    .header {                          /*头部区域*/
        width: 100%;
    }
    .header .logo {
        left: 30px;
        top: 16px;
    }
    .header .logo img {
        height: 40px;
    }
    .header .tel {
        right: 30px;
    }
    .header .nav {
        left: 30px;
    }
    .ny_banner_pro {                   /*banner*/
        height: 180px;
        background: url(../images/ny_banner_pro_m.jpg) center;
    }
    .aside {                           /*内容区域*/
        display: none;
    }
    .ny_main {
        width: 100%;
    }
    .ny_con {
```

```
            width: 90%;
            float: none;
            margin: 0 auto;
        }
        .ft_top {                          /*底部页脚区域*/
            width: 100%;
            padding: 5%;
            box-sizing: border-box;
        }
        .ft_btm {
            width: 100%;
        }
        .ft_btm .link {
            display: none;
        }
        .ft_btm .copy {
            float: none;
            text-align: center;
        }
}
```

至此，定制旅行页面在小屏幕设备上的CSS样式制作完成，在将该样式应用于网页后，效果如图12-1所示。

（3）超小屏幕设备的样式设置。

最后，定义页面在超小屏幕设备（768px以下）上的外观样式。设置媒体查询的条件为仅台式电脑、平板电脑或智能手机等设备并且视口宽度最大不超过767px，在满足该条件时，下列样式生效。

设置头部区域的样式。设置header的高度为72px；设置header内部的tel为空元素，将电话号码隐藏；设置header内部的导航按钮hd_btn为块级元素，将其显示出来，设置宽度和高度均为40px，1px实线边框，边框颜色为#00408f，边框圆角为3px，绝对定位且top属性值为16px，right属性值为5%，鼠标指针为小手形状；设置导航按钮hd_btn内部的i元素（蓝色线条）为块级元素，宽度为24px，高度为3px，背景颜色为#00408f，绝对定位，水平居中显示，设置第1个i元素的top属性值为10px，设置第2个i元素的top属性值为18px，设置第3个i元素的top属性值为26px；设置类名为nav的导航菜单绝对定位，top属性值为72px，left属性值为0px，宽度为100%，背景颜色为不透明度为90%的白色，上边框为1px实线，边框颜色为#00408f，转为空元素，默认状态下隐藏；设置nav内部的li元素取消浮动，下边框为1px实线，边框颜色为#00408f；设置li内部的a元素文字居中显示，无边框；通过hover伪类设置鼠标滑上导航按钮hd_btn时，显示导航菜单nav。

设置图文区域ny_con的宽度为96%，设置单个图文块的宽度为220px；设置页脚部分的二维码图像隐藏。CSS代码如下。

```
/*超小屏幕（手机）< 768px*/
@media only screen and (max-width:767px) {
        .header {                          /*头部*/
            height: 72px;
        }
```

```
.header .tel {
    display: none;
}
.header .hd_btn {                    /*头部区域的导航按钮*/
    display: block;
    width: 40px;
    height: 40px;
    border: 1px solid #00408f;
    border-radius: 3px;
    position: absolute;
    top: 16px;
    right: 5%;
    cursor: pointer;
}
.header .hd_btn i {
    display: block;
    width: 24px;
    height: 3px;
    background: #00408f;
    position: absolute;
    left: 50%;
    margin-left: -12px;
}
.header .hd_btn i:nth-child(1) {
    top: 10px;
}
.header .hd_btn i:nth-child(2) {
    top: 18px;
}
.header .hd_btn i:nth-child(3) {
    top: 26px;
}
.header .nav {                       /*头部的导航菜单，鼠标滑上导航按钮时展开*/
    position: absolute;
    top: 72px;
    left: 0;
    width: 100%;
    background: rgba(255, 255, 255, 0.9);
    border-top: 1px solid #00408f;
    display: none;
}
.header .nav li {
    float: none;
    border-bottom: 1px solid #00408f
}
.header .nav li a {
    text-align: center;
    border: none;
```

```
        }
        .header .hd_btn:hover+.nav {
            display: block;
        }
        .ny_con {                       /*图文区域*/
            width: 96%;
        }
        .box-bd li {                    /*图文区域的单个图文块*/
            width: 220px;
        }
        .ft_ewm {                       /*底部页脚区域，二维码图像*/
            display: none;
        }
    }
```

至此，定制旅行页面在超小屏幕设备上的CSS样式制作完成，在将该样式应用于网页后，效果如图12-2所示。

项目小结

本项目详细介绍了响应式网页设计、媒体查询的相关标记以及响应式网页的设置方法，并对Flex弹性布局进行了深入讲解。

通过对本项目的学习，学生应掌握对不同分辨率的设备的响应式开发，最终为不同的终端设备制作不同的显示效果，并通过Flex弹性盒子这种新的布局技术，对一个容器内的子元素进行对齐、排列、空间分配等操作，使得响应式布局和移动端布局都变得更加易于实现。

课后习题

一、单选题

1．响应式网页设计最早是由Ethan Marcotte在（　　）年提出的。

A．2009　　B．2010　　C．2011　　D．2012

2．以下代码中，哪一个可以使用媒体查询判断宽度（768px～992px）并引入对应CSS文件。（　　）

A．<link rel="stylesheet" href="one.css">

B．<link rel="stylesheet" media="screen and (min-width:992px)" href="two.css">

C．<link rel="stylesheet" media="screen and (max-width:992px) and (min-width:768px)" href="three.css">

D．<link rel="stylesheet" media="screen and (min-width:992px) and (max-width:768px)" href="three.css">

3．可以设置弹性子元素在主轴上的排列方式的样式属性是（　　）。

A．align-content　　B．align-items

C．justify-content　　D．align-self

4．下列表示弹性子元素换行的属性值是（　　）。

A．nowrap　　B．wrap

C．wrap-reverse　　D．auto

5．下列哪个样式定义了弹性子元素的缩小比例，默认值为 1，即如果空间不足，则该子元素将缩小。（　　）

A．flex-shrink　　B．flex-grow

C．flex-flow　　D．flex-basis

二、判断题

1．响应式网页设计最主要的目的是使页面布局适应任何的浏览窗口。（　　）

2．媒体查询要使用@media 关键字所定义的规则。（　　）

3．Flex 布局也称弹性布局，主要是为了更有效地对容器内的各项子元素进行布局。（　　）

4．Bootstrap 是最受欢迎的 HTML、CSS 和 JS 前端开发框架之一，用于开发响应式布局、移动设备优先的 Web 项目。（　　）

三、简答题

请描述 CSS3 的弹性盒布局模型及其使用场景。

反侵权盗版声明